“十三五”机电工程实践系列规划教材
机电工程创新实训系列

数字化设计与制造实训教程

总策划　郁汉琪
主　编　丁文政
副主编　侯军明　李孝平
　　　　卞　荣　牟　娟
参　编　施兆春　徐有峰　李小笠

东南大学出版社
SOUTHEAST UNIVERSITY PRESS
·南京·

内 容 简 介

《数字化设计与制造实训教程》为工程技术训练教材。全书在介绍数字化设计与制造理论知识的基础上，重点对RV减速器齿轮、凸轮机构、自动夹具、塑料模具、数控滑台和机床附件的数字化设计与制造实例进行了详细阐述。

工程案例在叙述上尽量按照工程项目任务的流程进行编排，便于教学和训练的组织。本书是为高等学校机械类现代工程技术训练编写的教材，也可作为近机械类或非机械类实践教学的教材。

图书在版编目(CIP)数据

数字化设计与制造实训教程/丁文政主编. —南京：东南大学出版社，2016.12

“十三五”机电工程实践系列规划教材·机电工程创新实训系列

ISBN 978-7-5641-6866-7

Ⅰ.①数… Ⅱ.①丁… Ⅲ.①机械设计—数字化—高等学校—教材 ②机械制造工艺—数字化—高等学校—教材 Ⅳ.①TH122 ②TH164

中国版本图书馆CIP数据核字(2016)第294430号

数字化设计与制造实训教程

出版发行	东南大学出版社
出 版 人	江建中
社　　址	南京市四牌楼2号
邮　　编	210096
经　　销	全国各地新华书店
印　　刷	南京工大印务有限公司
开　　本	787 mm×1092 mm　1/16
印　　张	11.25
字　　数	288千字
版　　次	2016年12月第1版
印　　次	2016年12月第1次印刷
书　　号	ISBN　978-7-5641-6866-7
印　　数	1—3000册
定　　价	28.00元

《“十三五”机电工程实践系列规划教材》编委会

序

南京工程学院一向重视实践教学，注重学生的工程实践能力和创新能力的培养。长期以来，学校坚持走产学研之路、创新人才培养模式，培养高质量应用型人才。开展了以先进工程教育理念为指导、以提高实践教学质量为抓手、以多元校企合作为平台、以系列项目化教学为载体的教育教学改革。学校先后与国内外一批著名企业合作共建了一批先进的实验室、实验中心或实训基地，规模宏大、合作深入，彻底改变了原来学校实验室设备落后于行业产业技术的现象。同时经过与企业实验室的共建、实验实训设备共同研制开发、工程实践项目的共同指导、学科竞赛的共同举办和教学资源的共同编著等，在产教融合协同育人等方面积累了丰富经验和改革成果，在人才培养改革实践过程中取得了重要成果。

本次编写的《"十三五"机电工程实践系列规划教材》是围绕机电工程训练体系四大部分内容而编排的，包括"机电工程基础实训系列""机电工程控制基础实训系列""机电工程综合实训系列"和"机电工程创新实训系列"等26册。其中"机电工程基础实训系列"包括《电工技术实验指导书》《电子技术实验指导书》《电工电子实训教程》《机械工程基础训练教程（上）》和《机械工程基础训练教程（下）》等5册；"机电工程控制基础实训系列"包括《电气控制与PLC实训教程（西门子）》《电气控制与PLC实训教程（三菱）》《电气控制与PLC实训教程（台达）》《电气控制与PLC实训教程（通用电气）》《电气控制与PLC实训教程（罗克韦尔）》《电气控制与PLC实训教程（施耐德电气）》《单片机实训教程》《检测技术实训教程》和《液压与气动控制技术实训教程》等9册；"机电工程综合实训系列"包括《数控系统PLC编程与实训教程（西门子）》《数控系统PMC编程与实训教程（法那科）》《数控系统PLC编程与实践训教程（三菱）》《先进制造技术实训教程》《快速成型制造实训教程》《工业机器人编程与实训教程》和《智能自动化生产线实训教程》等7册；"机电工程创新实训系列"包括《机械创新综合设计与训练教程》《电子系统综合设计与训练教程》《自动化系统集成综合设计与训练教程》《数控机床电气综合设计与训练教程》《数字化设计与制造综合设计与训练教程》

等5册。

该系列规划教材，既是学校深化实践教学改革的成效，也是学校教师与企业工程师共同开发的实践教学资源建设的经验总结，更是学校参加首批教育部"本科教学质量与教学改革工程"项目——"卓越工程师人才培养教育计划""CDIO工程教育模式改革研究与探索"和"国家级机电类人才培养模式创新实验区"工程实践教育改革的成果。该系列中的实验实训指导书和训练讲义经过了十年来的应用实践，在相关专业班级进行了应用实践与探索，成效显著。

该系列规划教材面向工程、重在实践、体现创新。在内容安排上既有基础实验实训、又有综合设计与集成应用项目训练，也有创新设计与综合工程实践项目应用；在项目的实施上采用国际化的CDIO[Conceive（构思）、Design（设计）、Implement（实现）、Operate（运作）]工程教育的标准理念，"做中学、学中研、研中创"的方法，实现学做创一体化，使学生以主动的、实践的、课程之间有机联系的方式学习工程。通过基于这种系列化的项目教育和学习后，学生会在工程实践能力、团队合作能力、分析归纳能力、发现问题解决问题的能力、职业规划能力、信息获取能力以及创新创业能力等方面均得到锻炼和提高。

该系列规划教材的编写、出版得到了通用电气、三菱电机、西门子等多家企业的领导与工程师们的大力支持和帮助，出版社的领导、编辑也不辞辛劳、出谋划策，才能使该系列规划教材如期出版。该系列规划教材既可作为各高等院校电气工程类、自动化类、机械工程类等专业，相关高校工程训练中心或实训基地的实验实训教材，也可作为专业技术人员培训用参考资料。相信该系列规划教材的出版，一定会对高等学校工程实践教育和高素质创新人才的培养起到重要的推动作用。

教育部高等学校电气类教学指导委员会主任

胡敏強

2016年5月于南京

前言

随着现代产品需求的个性化和多样化,以及产品更新换代周期的加快,对产品的设计和制造过程提出了巨大的挑战。原来,一个产品从工程设计到实体装配,往往要经过一个漫长的过程,至少包括产品设计方案规划阶段、详细设计阶段、成熟出图阶段、工艺准备阶段、生产准备阶段、零部件制造阶段和装配调试阶段等。而数字化设计与制造则是利用数字化技术完成产品设计和制造的全过程,包括产品的三维(3D)设计、虚拟装配、仿真、虚拟制造、虚拟检测和通过数字化机床加工出实际产品,数字化技术的应用大大缩短了产品的设计和制造周期,提升了产品的质量。现在数字化设计与制造技术正在飞机和汽车等行业被越来越广泛地应用。

数字化设计与制造作为一门实践性很强的综合性学科,它涉及机械设计、机械加工工艺、数控技术、现代测试技术、计算机仿真技术等多门学科。要想深刻地理解和掌握,仅有理论知识的学习是远远不够的,实际工程项目的训练是深入了解和掌握数字化设计与制造技术的有效途径。为了满足实训教学的需要,在参考了大量国内外资料的基础上,结合多年来的实践教学经验、数字化设计与制造科研成果和项目教学改革,编写了这本实训教程。本书简化了学科理论体系的详细论述,在结构上以实际教学训练项目为纲;在选材上力求源于实际工程项目,尽可能反映数字化设计与制造技术的综合应用,着重于实际训练的可操作性,实例的选择在制造领域具有典型性;在撰写手法上每个实例都按照从设计到制造的实施全过程进行叙述,从而便于学习。

本书选取了齿轮设计与制造实例、凸轮机构设计与制造实例、夹具设计与制造实例、模具设计与制造实例、数控滑台设计与制造实例、机床附件设计与制造实例等6个工程教学项目。全书共分7章,第1章主要介绍了数字化设计与制造的基本概念,数字化设计与制造的内容,数字化设计与制造的学科体系,以及详细的数字化造型技术、数字化仿真技术、数字化制造技术和产品数字化开发的集成技术的内涵。第2章介绍了齿轮产品的数字化设计与制造,内容包括齿轮设计与制造的基础知识和一个RV减速器齿轮的设计与制造实施过程。第3章介绍了凸轮机构的数字化设计与制造,包括凸轮机构的简介和一个对心平底直动推杆盘形凸轮机构的设计与制造实施过程。第4章介绍了夹具的设计与制造,包括专用夹具设计方法和一个外排气侧平衡轴套筒钻铣夹具的设计与制造实施过程。第5章介绍了模具的设计与制造,包括注塑模具设计方法和一个风扇叶片塑料模具的设计与制造实施过程。第6章介绍了数控滑台的设计与制造,包括数控滑台设计方法和一个二维数控滑台的设计与制造实施过程。第7章介绍了一种车床自动上下料机构的设计与制造实施过程。

本书的第1章由南京工程学院丁文政和李小笠编写;第2章由丁文政和华北科技学院李孝平编写;第3章～第7章分别由南京工程学院卞荣、施兆春、侯军明、牟娟和徐有峰编写,研究生陈轩宇也做了大量工作。全书由丁文政统稿并担任主编,侯军明、李孝平、卞荣、牟娟担任副主编。本书由刘桂芝教授级高级工程师担任主审,参加审稿的还有南京工大数控科技有限公司于春建高级工程师。

本书可作为普通高等院校、高等职业院校机电类各专业学生实践教学用书,亦可供工业企业技术人员参考和自学之用。

在编写过程中,我们广泛参考了国内外多种同类著作、教材和教学参考书,在此我们谨向有关作者表示衷心的感谢。

数字化设计与制造技术的发展日新月异,限于作者的水平和学识,书中难免还存在错误和不妥之处,竭诚希望使用本书的读者提出宝贵意见,以利于本书质量的改进和提高,不胜感谢!

编　者

2016年6月

目 录

1　数字化设计与制造基础

1.1　数字化设计与制造技术概述

1.1.1　数字化设计与制造概念

随着信息技术的快速发展，以及全球经济一体化进程的加快，现代制造企业发生了重大变化：产品生命周期缩短，交货期成为主要竞争因素，大市场和大竞争基本形成，用户需求个性化，多品种小批量生产比例增大。

为了适应这些变化，现代制造也出现了新的模式，其核心表现为：在制造企业中全面推行数字化设计与制造技术。通过在产品全寿命周期中的各个环节普及与深化计算机辅助技术、系统及集成技术的应用，提升企业在设计、制造、管理等多方面的技术水平，促进传统产业在各个方面的技术更新，使企业在持续动态多变、不可预测的全球性市场竞争环境中生存发展，并不断扩大其竞争优势。

数字化设计与制造是以计算机软硬件为基础，以提高产品开发质量和效率为目标的相关技术的有机集成。与传统产品研发手段相比，它更强调计算机、数字化信息、网络技术以及智能算法在产品开发中的作用。

1.1.2　数字化设计与制造的内容

数字化设计与制造主要包括计算机辅助设计(CAD)、计算机辅助制造(CAM)、计算机辅助工艺设计(CAPP)、计算机辅助工程分析(CAE)、产品数据管理(PDM)等内容。

数字化设计的内涵是支持企业的产品开发全过程、支持企业的产品创新设计、支持产品相关数据管理、支持企业产品开发流程的控制与优化等，归纳起来就是产品建模是基础，优化设计是主体，数控技术是工具，数据管理是核心，它们的关系如图 1.1 所示。

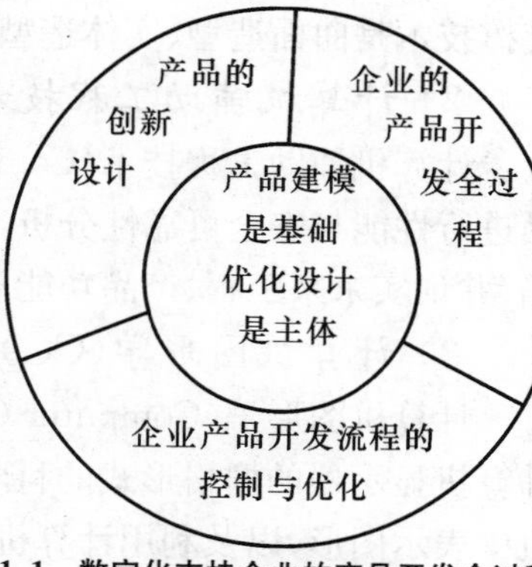

产品的创新设计
企业的产品开发全过程
产品建模是基础
优化设计是主体
企业产品开发流程的控制与优化

图 1.1　数字化支持企业的产品开发全过程

1.1.3　数字化设计与制造的学科体系

随着计算机技术、网络技术、数据库技术的成熟以及产品数据交换标准的不断完善，各种数字化开发技术呈现交叉、融合、集成的趋势，使得功能更完整、信息更畅通、效率更显著、使用更便捷。图 1.2 是产品数字化开发环境及其学科体系。

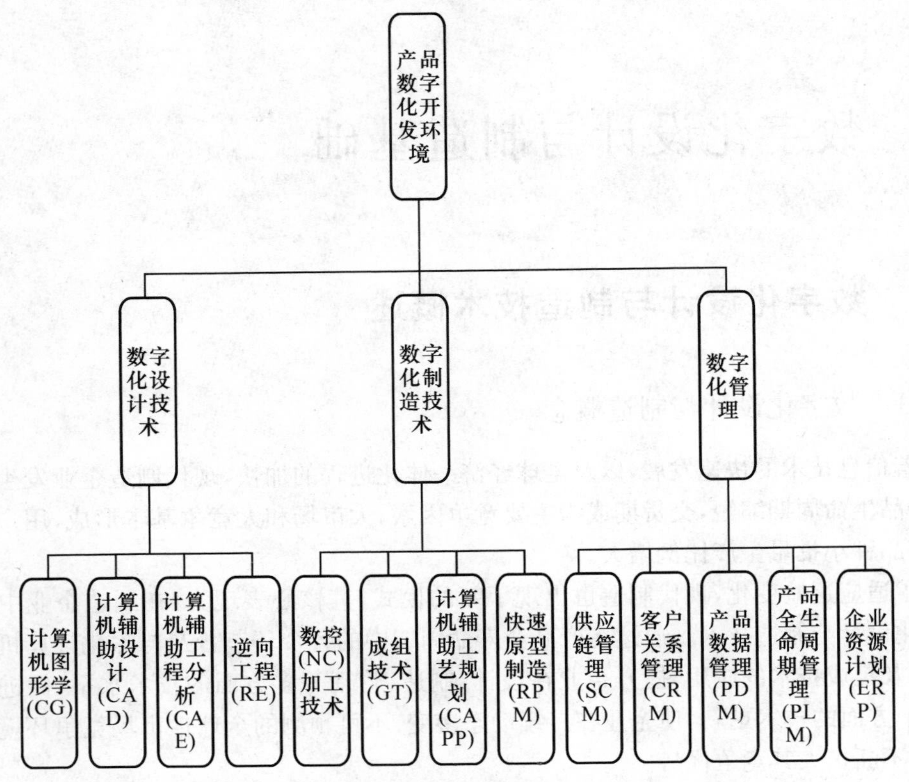

图 1.2　产品数字化开发环境及其学科体系

1）计算机辅助设计技术(CAD)

计算机辅助设计(Computer Aided Design，CAD)作为信息化、数字化的源头，它包含的内容很多，如概念设计、优化设计、有限元分析、计算机仿真、计算机辅助绘图等。主要完成产品的总体设计、部件设计和零件设计，包括产品的三维造型和二维产品图绘制。CAD 的支撑技术是曲面造型、实体造型、参数化设计、特征技术和变量参数技术。

2）计算机辅助工程技术(CAE)

计算机辅助工程技术(Computer Aided Engineering，CAE)主要指用计算机对工程和产品进行性能与安全可靠性分析，对其未来的工作状态和运行行为进行模拟，及早发现设计缺陷，并证实未来工程、产品功能和性能的可用性和可靠性。

3）计算机图形学(CG)

计算机图形学(Computer Graphics，CG)是一种使用数学算法将二维或三维图形转化为计算机显示器的栅格形式的科学。即，计算机图形学的主要研究内容就是研究如何在计算机中表示图形，以及利用计算机进行图形的计算、处理和显示的相关原理与算法。其研究内容包括图形硬件、图形标准、图形交互技术、光栅图形生成算法、曲线曲面造型、实体造型、真实感图形计算与现实算法、非真实感绘制，以及科学计算可视化、计算机动画、自然景物仿真、虚拟现实等。

4）逆向工程技术(RE)

逆向工程(Reverse Engineering，RE)也称为反求工程。它是在没有产品原始图纸、文档的情况下，对已有的三维实体（样品或模型），利用三维数字化测量设备准确、快速测得轮廓的几何数据，并加以建构、编辑、修改生成通用输出格式的曲面数字化模型，从而生成三维CAD实体模型、数控加工程序或者为快速成型制造所需的模型截面轮廓数据的技术。

5）计算机辅助工艺设计技术(CAPP)

计算机辅助工艺设计(Computer Aided Process Planning，CAPP)是通过向计算机输入被加工零件的几何信息（图形）和工艺信息（材料、热处理、批量等），由计算机自动输出零件的工艺路线和工序内容等工艺文件的过程。CAPP 从根本上改变了依赖于个人经验，人工编制工艺规程的落后局面，促进了工艺过程的标准化和最优化，提高了工艺设计质量。CAPP 的支撑技术是信息建模技术、工艺设计自动化和产品数据交换标准。

6）成组技术(GT)

成组技术(Group Technology，GT)是利用事物间的相似性，按照一定的准则分类成组，同组事物能够采用同一方法进行处理，以便提高效益的技术。全面采用成组技术会从根本上影响企业的管理体制和工作方式，提高标准化、专业化和自动化程度。在机械制造工程中，成组技术是计算机辅助制造的基础。

7）快速成型(RP)

快速成型(Rapid Prototyping，RP)技术是 20 世纪 90 年代发展起来的，被认为是近年来制造技术领域的一次重大突破。它综合了机械工程、CAD、数控技术、激光技术及材料科学技术，可以自动、直接、快速、精确地将设计思想物化为具有一定功能的原型或直接制造零件，从而可以对产品设计进行快速评价、修改及功能试验，有效地缩短了产品的研发周期。

8）产品数据库管理(PDM)

产品数据管理(Product Data Management，PDM)是从管理 CAD/CAM 系统的高度上诞生的先进的计算机管理系统软件。它管理的是产品整个生命周期内的全部数据。工程技术人员根据市场需求设计的产品图纸和编写的工艺文档仅仅是产品数据中的一部分。除此之外，PDM 还要对相关的市场需求、分析、设计与制造过程中的全部更改历程、用户使用说明及售后服务等数据进行统一有效的管理。其关注的是研发设计环节。

9）企业资源计划(ERP)

企业资源计划(Enterprise Resource Planning，ERP)系统，是指建立在信息技术基础上，对企业的所有资源（物流、资金链、信息流、人力资源）进行整合集成管理，采用信息化手段实现企业供销链管理，从而达到对供应链上的每一环节实现科学管理。

在企业中，ERP 的管理主要包括三个方面：生产控制（计划、制造）、物流管理（分销、采购、库存管理）和财务管理（会计核算、财务管理）。

1.2 数字化造型技术

产品造型又称为产品建模。它是将人头脑中构想的产品模型转换成图形、符号或算法的表示形式。

在产品的造型过程中应该注意如下原则：

(1) 产品造型应该反映产品的模型空间；

(2) 通过产品建模能表示产品的全部信息。

数字化产品模型是基于计算机技术，在现代设计方法的指导下，支持当今制造系统，能够较好地定义和表达产品全生命周期各阶段产品数据内容，它们之间的相互关系及活动过程的数字化信息模型。数字化产品造型是产品建立数字化模型的过程。

说到数字化造型技术，就必须要提到CAD/CAM。CAD/CAM的几何建模是用合适的数据结构描述真实世界中的三维物体的几何形状，供计算机识别和处理信息数据模型。采用CAD/CAM技术已成为整个制造行业当前和将来技术发展的重点。

计算机辅助设计技术(CAD)的首要任务是为产品设计和生产对象提供方便、高效的数字化表示和表现的工具。数字化表示是指用数字形式为计算机所创建的设计对象生成内部描述，比如二维图、三维线框、曲面、实体和特征模型(见图1.3)。而数字化表现是指在计算机屏幕上生成真实感图形，创建虚拟现实环境，多通道人机交互、多媒体技术等。

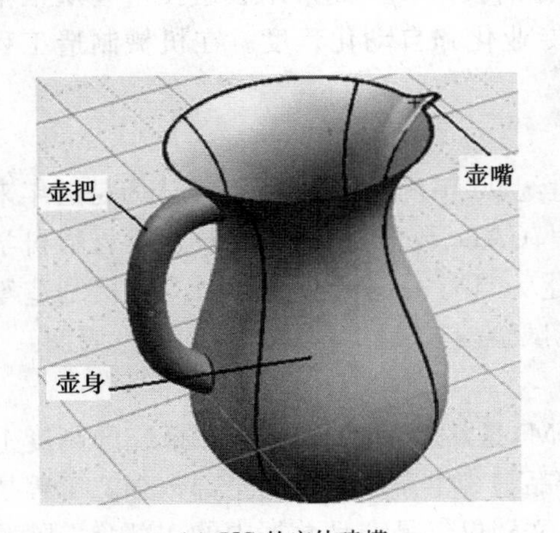

(a) UG的实体建模

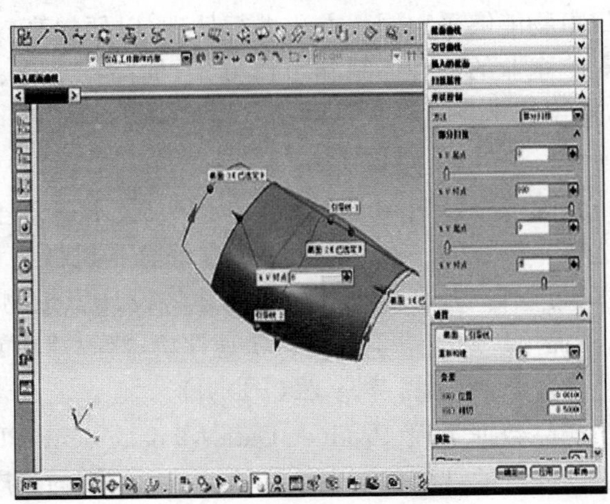

(b) UG的曲面建模

图1.3　UG的数字化造型

CAD的概念不仅仅是体现在辅助制图方面，它更主要起到了设计助手的作用，帮助广大工程技术人员从繁杂的查手册、计算中解脱出来。极大提高了设计效率和准确性，从而缩短产品开发周期，提高产品质量、降低生产成本，增强行业竞争能力。

CAD与CAM密不可分，甚至比CAD本身的应用还要广泛。几乎每一个现代制造企业都离不开大量的数控设备。随着对产品质量要求的不断提高，要高效地制造高精度的产品，CAM技术不可或缺。设计系统只有配合数控加工才能充分显示其巨大的优越性。同时，数控技术也只有依靠设计系统产生的模型才能发挥其效率。所以，在实际应用中，二者很自然地结合起来，形成CAD/CAM系统。

在这个系统中，设计和制造的各个阶段可利用公共数据库的数据，即通过公共数据库将设计和制造的各个阶段联系成为一个整体。数控自动编程系统利用设计的结果和产生的模型，形成数控加工机床所需的信息。CAD/CAM大大缩短了产品的制造周期，显著提高生产效率和产品质量，并产生了巨大的经济效益。

目前，机械工程领域使用的CAD/CAM软件很多，而UG软件就是我们熟知的其中一种。UG软件具有卓越的集成功能。在造型方面，除了其他软件所具有的通用功能外，它还拥有灵活的复合建模、齐备的仿真设计、细腻的动画渲染和快速的原型工具。仅复合建模就可让用户在实体建模(Solid)、曲面建模(Surface)、线框建模(Wireframe)和基于特征的参数建模中任意选择,使设计者可根据工程设计实际情况确定最佳建模方式,从而得到最佳设计效果。在加工功能方面,UG软件针对计算机辅助制造的实用性和适应性,通过覆盖制造过程,实现制造的自动化、集成化和用户化,从而在产品制造周期、产品制造成本和产品制造质量等方面都给用户提供很大的收益。

1.3 数字化仿真技术

仿真是通过对系统模型的实验,研究已存在的或设计中的系统性能。仿真可以再现系统的状态、动态行为以及性能特征,主要用于分析系统配置是否合理、性能是否满足要求、预测系统可能存在的缺陷,为系统设计提供决策支持的科学依据。因此,仿真技术的应用具有十分重要的意义。

数字化仿真就是在计算机上将描述实际系统的几何、数字模型转化为能被计算机求解的仿真模型,并编制相应的仿真程序进行求解,以获得系统性能参数的方法及过程。数字化仿真的基本步骤如图1.4所示。

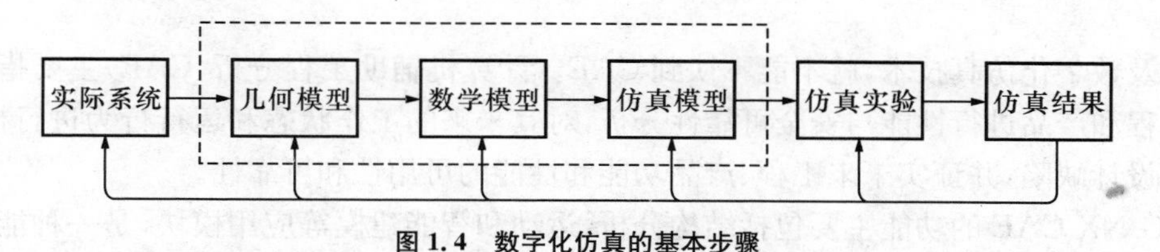

图1.4 数字化仿真的基本步骤

数字化仿真技术在零部件研制过程中各阶段的具体应用归纳如下:

(1) 概念化设计阶段

对设计方案进行技术、经济分析以及可行性的研究,最终为用户提供科学依据,帮助用户选择合理的设计方案。

(2) 设计建模阶段

建立系统及零部件模型,通过对模型的分析、判断出产品外形、质地以及物理特性是否满意。

(3) 设计分析阶段

分析产品及系统的强度、刚度、振动、噪声、可靠性等一系列指标,判断产品及系统是否达到满意要求。

(4) 设计优化阶段

通过仿真结果对系统结构及参数进行调整,实现系统特殊性能或综合性能的优化。

(5) 制造阶段

对于刀具加工过程的走刀轨迹以及零件间的可装配性进行模拟仿真,及早发现加工、装配中可能存在的问题。

(6) 样机实验阶段

对系统动力学、运动学及运动性能进行仿真,模拟虚拟样机的实验,在安全的模式下对设计目标进行仿真,以确认设计目标的完善性。

(7) 系统运行阶段

进一步进行仿真模拟，对系统结构及参数进行调整，实现性能的持续性改进以及优化。

通过以上对于数字化仿真技术在具体零部件研制过程中的应用，总结出数字化仿真具有的优点：

(1) 有利于提高产品质量

数字化仿真技术在产品还没有实际开发出来以前，就已经研究产品在各种工作环境下的表现，以保证产品具有良好的综合性能。

(2) 有利于缩短产品开发周期

采用数字化仿真技术，可以在计算机上完成产品的概念设计、结构设计、加工、装配以及系统性能的仿真，提高设计的一次成功率，从而缩短设计周期。

(3) 有利于降低产品开发成本

数字化仿真都是以虚拟样机代替实际样机或模型进行实验，有助于显著降低开发成本。

(4) 可以完成复杂产品的操作、使用训练

复杂产品或技术系统的操作控制必须进行系统训练。以真实产品或系统进行训练，费用昂贵且风险极大。采用数字化仿真技术，可以再现系统的实际工作过程，甚至可以有意识地设计出各种故障和险情，让受训人员进行处理和排除，从而在虚拟环境中掌握系统的操作和控制。

涉及数字化仿真技术，就不能不谈到CAE。计算机辅助工程分析(CAE)主要指用计算机对工程和产品进行性能与安全可靠性分析，对其未来的工作状态和运行行为进行模拟，及早发现设计缺陷，并证实未来工程、产品功能和性能的可用性和可靠性。

UG NX CAE的功能主要包括结构分析、运动和智能建模等应用模块，是一种能够进行质量自动评测的产品开发系统。它提供了简便易学的性能仿真工具，任何设计人员都可以进行高级的性能分析，从而获得更高质量的模型。

- 设计仿真

设计仿真主要利用UG的结构分析模块(Structures)。该模块能将几何模型转换为有限元模型，可以进行线性静力分析、标准模态与稳态热传递分析和线性屈曲分析，同时还支持对装配部件(包括间隙单元)的分析，分析结果可用于评估、优化各种设计方案，提高产品质量。图1.5就是在模块中进行有限元分析。

- 运动仿真

运动仿真模块(Motion)可对任何二维或三维机构进行运动学分析、动力学分析和设计仿真，并且能够完成大量的装配分析，如干涉检查、轨迹包络等。

该模块交互的运动学模式允许用户同时控制5个运动副，可以分析反作用力，并用图表示各构件间位移、速度、加速度的相互关系，同时反作用力可输出到有限元分析模块中。图1.6是凸轮机构的仿真运动结果。

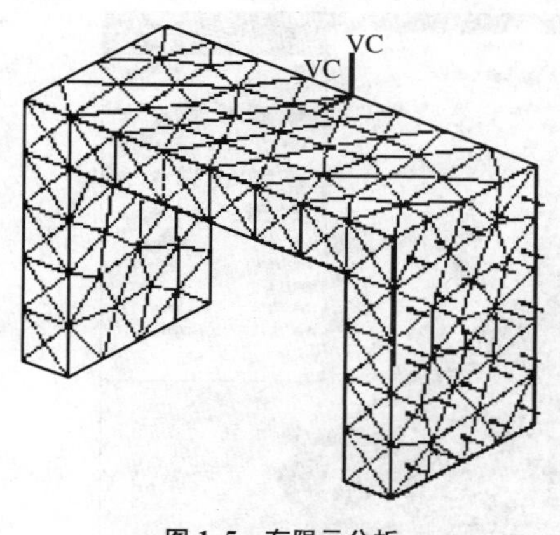

图 1.5 有限元分析

图 1.6 凸轮机构仿真运动

- 注塑流动分析(Mold Flow Adviser)模块可以帮助模具设计人员确定注塑模的设计是否合理,可以检查出不合适的注塑模几何体并予以修正。

1.4 数字化制造技术

数字化制造技术是以制造工程理论为基础,是信息技术和制造技术的有机融合与集成。数字化制造技术是对传统制造技术的扩展、创新和突破,主要体现在:

(1) 数字化制造是基于产品数字化设计的制造。以产品的数字化模型为基础,通过对产品结构的仿真分析,实现产品设计的最优化,进而实现产品制造、工艺管理、成本核算、控制、检测以及装配的数字化。

(2) 数字化制造是以控制为中心的制造。它以数字化方法实现加工过程物料、设备、人员及生产组织等信息的存储和控制。它在加工过程仿真的基础上,对企业生产组织、调度和控制决策等制造过程进行优化。

(3) 数字化制造是基于数字化管理的制造。要想实现数字化制造的潜在效益,就必须对整个研制过程的各类信息进行集成管理,实现各个产品开发的核心过程的集成。因此,只有建立了功能完善的数字化管理系统,才能充分体现数字化制造系统的价值。

数字化制造的核心技术主要包括数控加工技术(CAM)和计算机辅助工艺规划(CAPP)。计算机辅助制造技术(CAM)是指利用计算机辅助完成从生产准备到产品制造整个过程的活动,完成复杂零件的数控加工,包括工艺过程设计、工装设计、NV 自动变成、生产作业计划、生产控制、质量控制等。CAM 的支撑技术是数控编程、刀具轨迹生成、数控加工仿真技术。

UG NX CAM 系统拥有的过程支持功能,对于机械制造类的公司有非常重要的价值。在这个工业领域中,对加工多样性的需求较高,包括零件的大批量加工以及对铸造和焊接件的高效精加工。如此广泛的应用要求 CAM 软件必须灵活,并且具备对重复过程进行捕捉和自动重用的功能。UG NX CAM 子系统拥有非常广泛的加工能力,从自动粗加工到用户定义的精加工,十分适合这些应用。图 1.7 所示是生成铣削四周轮廓的刀具轨迹。该模块可以自动生成加工程序,控制机床或加工中心加工零件。

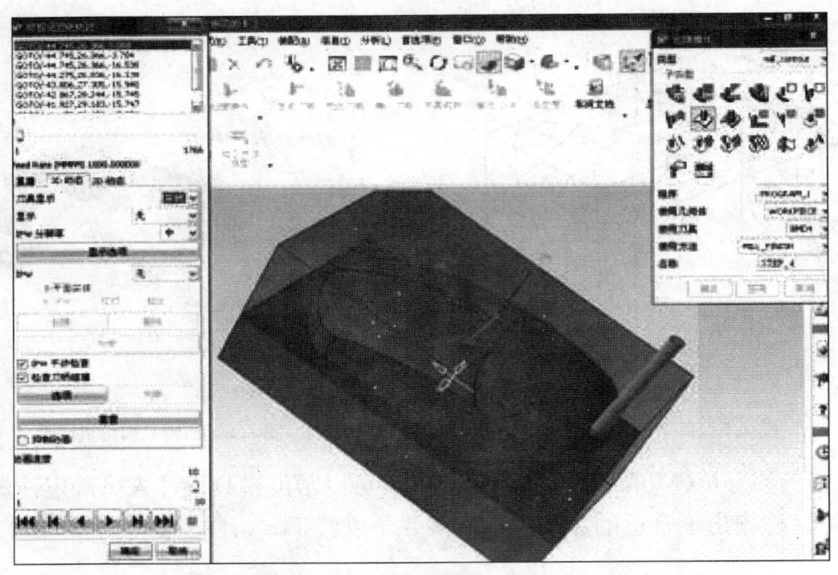

图 1.7 生成铣削四周轮廓的刀具轨迹

1.5 产品数字化开发的集成技术

产品制造包括产品从市场需求到最终的报废过程中的全生命周期活动。这些活动不仅局限于企业内部,还涉及多个企业之间的协作,甚至扩展到全球范围内的动态企业联盟。目前,产品制造面临的新挑战包括对于新产品(P)及其开发时间(T)、质量(Q)、成本(C)、服务(S)、环境清洁(E)和知识含量(K)的持续改善与竞争。

产品制造数字化集成技术正是为了适应这种竞争背景,在相关新技术推动下提出并发展的一门综合性使能技术。它融合了信息技术、建模与仿真技术、现代管理技术、设计/生产/实验技术、系统工程技术及产品有关的专业技术,并将它们综合应用于企业或集团产品研制的全系统、全生命周期活动中,使其中的人/组织、经营管理、技术(三要素)及信息流、物流、价值流、知识流集成优化,进而改善企业(或集团)的 P/T/Q/C/S/E/K,以达到增强企业或集团的市场竞争能力,实现跨越式发展的目标。

产品制造数字化集成的内容主要针对"产品全生命周期",即从产品的市场需求到最终的报废处理活动中的信息集成、过程集成、企业集成;异地空间范围的全系统活动中的人流、信息流、物流、价值流、知识流集成;系统中人/经营管理/技术的集成。关键技术主要包括系统总体集成技术、共性支撑技术、中间件/共性集成平台技术、面向应用的集成技术等。图 1.8 是系统集成的关键技术。

面向应用的集成技术包括 PDM/PLM 技术。PLM(产品全生命周期管理)是以产品为核心,以产品供应链为主线,为企业提供一种从整体上实现对产品生命周期中各个阶段及相关信息、过程和资源进行优化管理的解决方案。传统的 PDM 主要局限于产品的工程设计领域,而对于 PLM 来说,则要管理产品全生命周期各个不同阶段的信息、过程和资源,还要管理信息与信息、资源与资源、过程与过程、信息与过程、信息与资源、资源与过程之间更加复杂的关系。图 1.9 是 CAXA PLM 的产品构架。

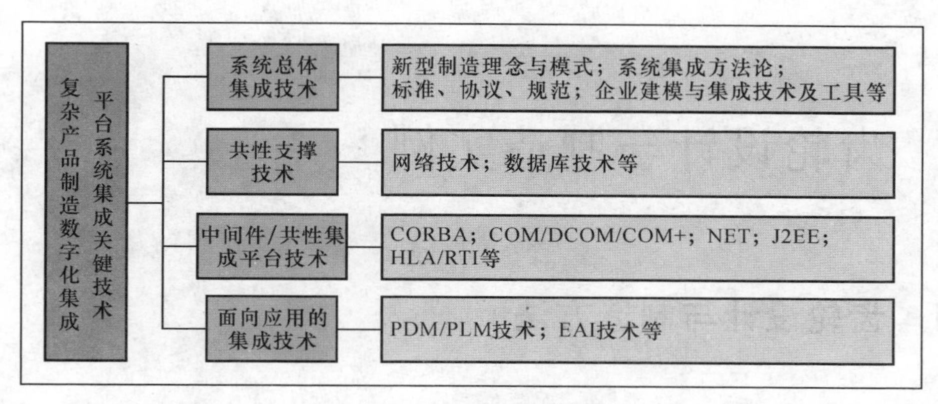

图 1.8 系统集成关键技术

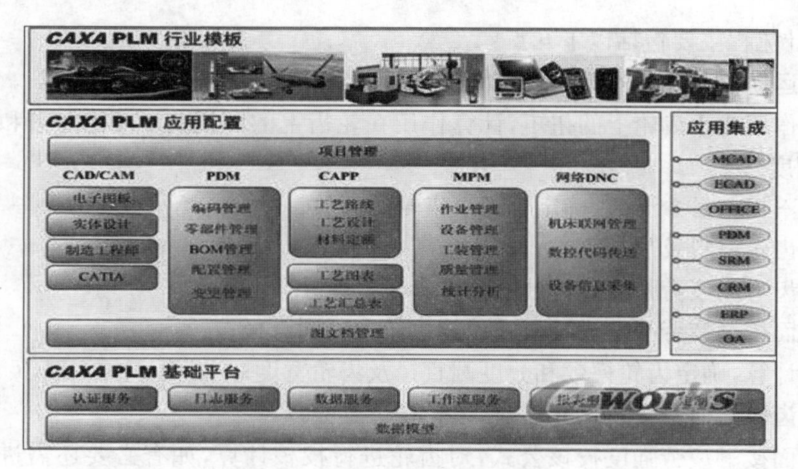

图 1.9 CAXA PLM 的产品构架

PLM 包含以下方面的内容：

- 基础技术和标准(例如 XML、可视化、协同和企业应用集成)；
- 信息创建和分析的工具(如机械 CAD、电气 CAD、CAM、CAE、计算机辅助软件工程 CASE、信息发布工具等)；
- 核心功能(例如数据仓库、文档和内容管理、工作流和任务管理等)；
- 应用功能(如配置管理)；
- 面向业务/行业的解决方案和咨询服务(如汽车和高科技行业)。

2 齿轮设计与制造实例

2.1 齿轮设计与制造方法

2.1.1 常见齿轮设计流程

齿轮设计流程主要包括以下几点：

① 根据运动传动链，确定齿轮传动比；

② 根据作用在小齿轮上的扭矩，计算作用在轮齿上的圆周力 F_t（径向力和轴向力计算轴的强度、刚度）；

③ 根据不根切最少齿数，确定合理小齿轮的齿数；

④ 选择齿轮材料及热处理方式；

⑤ 由轮齿弯曲疲劳强度设计公式计算齿轮模数；

⑥ 由齿面接触疲劳强度设计公式计算齿轮分度圆直径；

⑦ 根据计算，确定齿轮模数和分度圆直径及齿轮宽度；

⑧ 确定齿轮几何参数及尺寸（包括齿轮变位参数）；

⑨ 由齿面接触疲劳强度校核公式，对齿轮进行校核计算，如有必要还需进行齿面抗胶合能力计算；

⑩ 由齿轮结构设计确定齿轮传动的润滑方式。

2.1.2 典型圆柱齿轮制造工艺

一个齿轮的加工过程是由若干工序组成的。为了获得符合精度要求的齿轮，整个加工过程都是围绕着齿形加工工序服务的。齿形加工方法很多，按加工中有无切削，可分为无切削加工和有切削加工两大类。

无切削加工包括热轧齿轮、冷轧齿轮、精锻、粉末冶金等新工艺。无切削加工具有生产率高，材料消耗少、成本低等一系列的优点，目前已推广使用。但因其加工精度较低，工艺不够稳定，特别是生产批量小时难以采用，这些缺点限制了它的使用。

有切削加工，具有良好的加工精度，目前还是齿形的主要加工方法。按其加工原理可分为成形法和展成法两种。

成形法的特点是所用刀具的切削刃外形与被切齿轮轮槽的外形相同，如图 2.1 所示。用成形原理加工齿形的方法有：用齿轮铣刀在铣床上铣齿、用成形砂轮磨齿、用齿轮拉刀拉齿等方法。这些方法由于存在分度误差及刀具的安装误差，所以加工精度较低，一般只能加工出 9～10 级精度的齿轮。此外，加工过程中需作多次不连续分齿，生产率也很低。因此，主要用于单件小批量生产和修配工作中加工精度不高的齿轮。

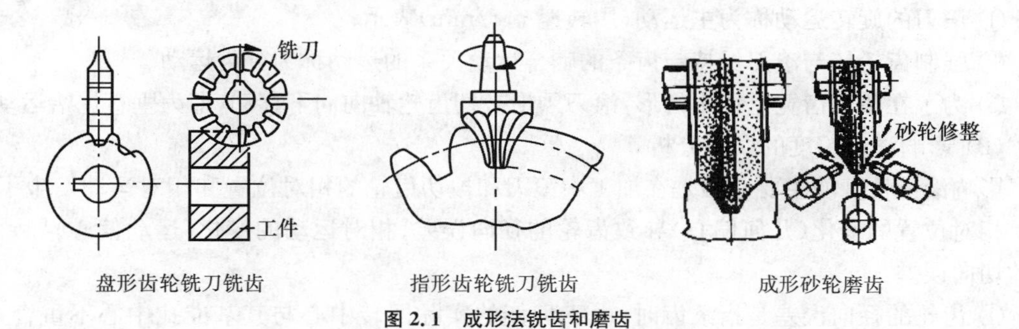

图 2.1 成形法铣齿和磨齿

展成法是应用齿轮啮合的原理来进行加工的，用这种方法加工出来的齿形轮廓是刀具切削刃运动轨迹的包络线。齿数不同的齿轮，只要模数和齿形角相同，都可以用同一把刀具来加工。用展成原理加工齿形的方法有：滚齿、插齿、剃齿、珩齿和磨齿等方法。其中剃齿、珩齿和磨齿属于齿形的精加工方法。展成法的加工精度和生产率都较高，刀具通用性好，所以在生产中应用十分广泛。

1）滚齿

（1）滚齿的原理及工艺特点

滚齿是齿形加工方法中生产率较高、应用最广的一种加工方法。滚切齿轮属于展成法，可将看作无啮合间隙的齿轮与齿条传动。当滚齿旋转一周时，相当于齿条在法向移动一个刀齿，滚刀的连续传动，犹如一根无限长的齿条在连续移动。当滚刀与滚齿坯间严格按照齿轮与齿条的传动比强制啮合传动时，滚刀刀齿在一系列位置上的包络线就形成了工件的渐开线齿形。随着滚刀的垂直进给，即可滚切出所需的渐开线齿廓，如图 2.2 所示，齿轮滚刀可视为将一个蜗杆开槽、铲背所形成的。滚齿加工的通用性较好，既可加工圆柱齿轮，又能加工蜗轮；既可加工渐开线齿形，又可加工圆弧、摆线等齿形；既可加工大模数齿轮，大直径齿轮，又可加工小模数小规格齿轮。

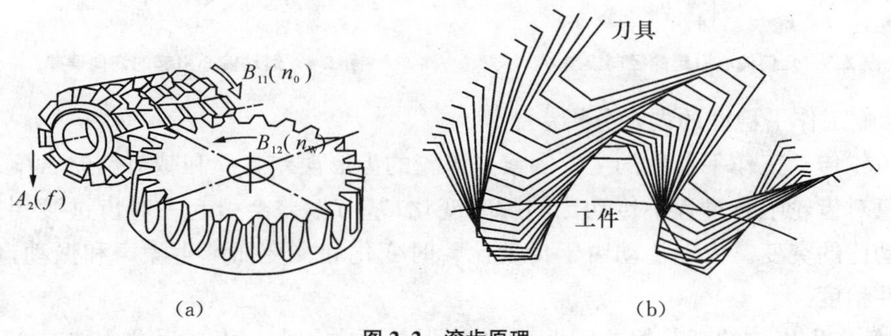

图 2.2 滚齿原理

滚齿可直接加工 8～9 级精度齿轮，也可用作 7 级以上齿轮的粗加工及半精加工。滚齿可以获得较高的运动精度，但因滚齿时齿面是由滚刀的刀齿包络而成，参加切削的刃数有限，因而齿面的表面粗糙度值较大。为了提高滚齿的加工精度和齿面质量，宜将粗、精滚齿分开。

滚齿的主要运动包括：

① 滚刀的旋转运动称为主运动，用转速 n(r/min)表示；

② 强制齿轮坯与滚刀保持与齿条的啮合运动关系的运动称为分齿运动。

③ 为了在整个齿宽上切出齿形，滚刀须沿被切齿轮轴向向下移动，即为垂直进给运动。

(2) 影响滚齿精度的误差分析

影响滚齿精度的主要原因是在加工中滚刀和被切齿轮的相对位置和相对运动发生了变化。相对位置的变化(几何偏心)导致齿轮的径向误差；相对运动的变化(运动偏心)导致齿轮的切向误差。

① 齿轮的径向误差是指滚齿时，由于齿坯的实际回转中心与其基准孔中心不重合，使所切齿轮的轮齿发生径向位移而引起的周节累积公差，如图 2.3 所示，齿轮的径向误差一般可通过丈量齿圈径向跳动 ΔF_r 反映出来。

② 齿轮的切向误差是指滚齿时，实际齿廓相对理论位置沿圆周方向(切向)发生位移，如图 2.4 所示。当齿轮出现切向位移时，可通过丈量公法线长度变动公差 ΔF_w 来反映。切齿时产生齿轮切向误差的主要原因是传动链的传动误差造成的。在分齿传动链的各传动元件中，对传动误差影响最大的是工作台的分度精度，工作台回转中发生转角误差，并复映给齿轮。

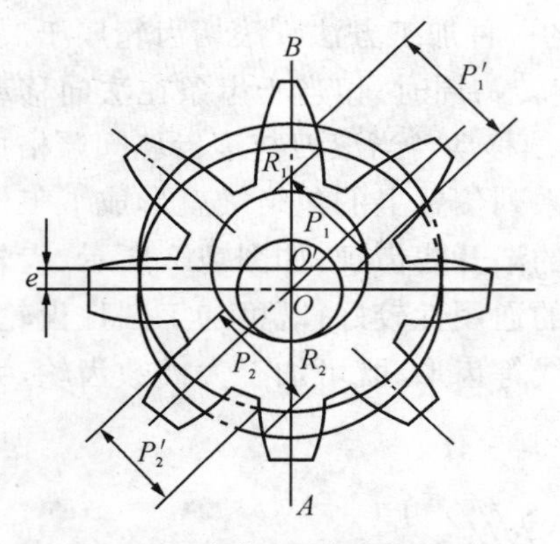

图 2.3　几何偏心引起的径向误差

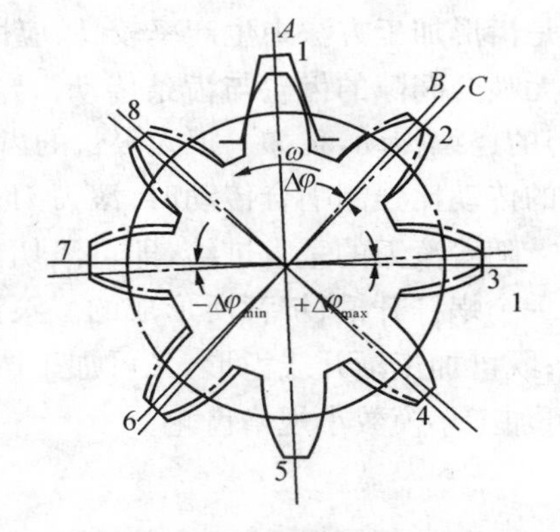

图 2.4　运动偏心引起的切向误差

(3) 影响工作平稳性的误差分析

影响齿轮传动工作平稳性的主要因素是齿轮的齿形误差 Δf_f 和基节偏差 Δf_{pb}。齿形误差会引起每对齿轮啮合过程中传动比的瞬时变化；基节偏差会引起一对齿过渡到另一对齿啮合时传动比的突变。齿轮传动由于传动比瞬时变化和突变而产生噪声和振动，从而影响工作平稳性精度。

滚齿时，产生齿轮的基节偏差较小，而齿形误差通常较大。齿形误差主要是由于齿轮滚刀的制造刃磨误差及滚刀的安装误差等原因造成的，因此在滚刀的每一转中都会反映到齿面上，由于齿轮的齿面偏离了正确的渐开线，使齿轮传动中瞬时传动比不稳定，影响齿轮的工作平稳性。齿轮的基节极限偏差主要受滚刀基节偏差的影响，为减少基节偏差，滚刀制造时应严格控制轴向齿距及齿形角误差，同时对影响齿形角误差和轴向齿距误差的刀齿前刀面的非径向性误差也要加以控制。

（4）影响齿轮接触精度的误差分析

齿轮齿面的接触状况直接影响齿轮传动中载荷分布的均匀性。滚齿时，影响齿高方向的接触精度的主要原因是齿形公差 Δf_f 和基节极限偏差 Δf_{pb}。影响齿宽方向的接触精度的主要原因是齿向偏差 ΔF_β。产生齿向偏差的主要原因：

① 滚齿机刀架导轨相对于工作台回转轴线存在平行度误差；

② 齿坯装夹歪斜；

③ 电子齿轮箱耦合精度。

（5）提高滚齿加工效率的途径

① 高速滚齿。国内滚齿速度已由一般的 $v=30$ m/min 提高到 $v=100$ m/min 以上，轴向进给量 $f=1.38\sim2.6$ mm/r，使生产效率提高 25%。国外高速钢滚刀滚齿速度已提高到 100～150 m/min；硬质合金滚刀已试验到 400 m/min 以上。

② 采用多头滚刀可明显提高生产效率，但加工精度较低，齿面粗糙，因而多用于粗加工中。当齿轮加工精度要求较高时，可采用大直径滚刀，使参加展成运动的刀齿数增加，加工齿面粗糙度较细。

③ 改进滚齿加工方法：多件加工，径向切进，轴向窜刀和对角滚齿。

2）剃齿

剃齿加工是根据一对螺旋角不等的螺旋齿轮啮合的原理，剃齿刀与被切齿轮的轴线空间交叉一个角度，如图 2.5 所示，剃齿刀为主动轮 1，被切齿轮为从动轮 2，它们的啮合为无侧隙双面啮合的自由展成运动。在啮合传动中，由于轴线交叉角"φ"的存在，齿面间沿齿向产生相对滑移，此滑移速度 $v_{切}=(v_{t2}-v_{t1})$ 即为剃齿加工的切削速度。剃齿刀的齿面开槽而形成刀刃，通过滑移速度将齿轮齿面上的加工余量切除。由于是双面啮合，剃齿刀的两侧面都能进行切削加工，但由于两侧面的切削角度不同，一侧为锐角，切削能力强；另一侧为钝角，切削能力弱，以挤压擦光为主，故对剃齿质量有较大影响。为使齿轮两侧获得同样的剃削条件，则在剃削过程中，剃齿刀做交替正反转运动。综上所述，剃齿加工的过程是剃齿刀与被切齿轮在轮齿双面紧密啮合的自由展成运动中，实现微细切削过程，而实现剃齿的基本条件是轴线存在一个交叉角，当交叉角为零时，切削速度为零，剃齿刀对工件没有切削作用。

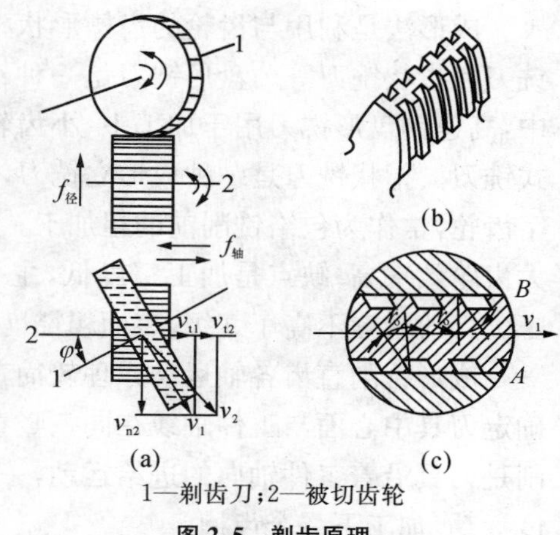

1—剃齿刀；2—被切齿轮

图 2.5 剃齿原理

（1）剃齿加工的主要运动包括：

① 剃齿刀带动工件的高速正、反转运动——基本运动；

② 工件沿轴向往复运动——使齿轮全齿宽均能剃出；

③ 工件每往复一次做径向进给运动——切除全部余量。

（2）剃齿工艺特点：

① 剃齿加工精度一般为 6～7 级，表面粗糙度 R_a 为 0.8～0.4 μm，用于未淬火齿轮的精加工；

② 剃齿加工的生产效率高，加工一个中等尺寸的齿轮一般只需 2～4 min，与磨齿相比较，可提高生产效率 10 倍以上；

③ 由于剃齿加工是自由啮合，机床无展成运动传动链，故机床结构简单，机床调整容易。

(3) 剃齿刀的选用

剃齿刀的精度分 A、B、C 三级，分别加工 6、7、8 级精度的齿轮。剃齿刀分度圆直径随模数大小有三种：85 mm、180 mm、240 mm，其中 240 mm 应用最普遍。分度圆螺旋角有 5°、10°、15°三种，其中 5°和 10°两种应用最广。15°多用于加工直齿圆柱齿轮；5°多用于加工斜齿轮和多联齿轮中的小齿轮。在剃削斜齿轮时，轴交叉角 φ 不宜超过 10°～20°，不然剃削效果不好。

(4) 剃后的齿形误差与剃齿刀齿廓修形

剃齿后的齿轮齿形有时出现节圆四周凹进，如图 2.6 所示，一般在 0.03 mm 左右。被剃齿轮齿数越少，中凹现象越严重。为消除剃后齿面中凹现象，可对剃齿刀进行齿廓修形，需要通过大量实验才能最后确定。也可采用专门的剃前滚刀滚齿后，再进行剃齿。

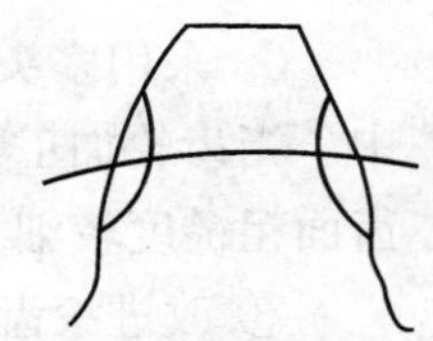

图 2.6 剃齿齿形误差

3) 成形铣齿

成形法是利用与齿轮的齿槽形状相同的刀具直接加工出齿轮齿廓，其常用刀具有盘状铣刀和指状铣刀等。盘形铣刀是一种铲齿的成形铣刀，用于加工直齿或斜齿圆柱齿轮。其中，高速钢盘形铣刀用于加工中、小齿轮，而加工大模数齿轮则采用镶硬质合金刀片的装配式铣刀。指状铣刀是一种成形立铣刀，用于加工大模数的直齿和斜齿轮，它也可用于加工人字齿轮，常作为包络铣削前的粗加工。成形铣齿的主要优点是：刀具结构简单，成本低，加工大齿轮效率高；缺点是加工精度低，主要用于单件小批量生产以及大模数大规格齿轮的加工。一般精度不高于 9 级，表面粗糙度值不小于 R_a 1.6 和 R_y 6.3。

成形铣削直齿各轴运动原理较简单，选好合适的成形铣刀以后，刀具绕自身轴线旋转，确定刀具中心面与工件轴线在同一竖直面上，沿工件径向进给到合理切深位置，最后进给切削是刀具沿着工件轴向的进给运动，一个齿形加工完成以后，将齿轮绕着轴线做 $360/z$ 的分度运动，加工下一个齿槽。

成形铣削斜齿轮，需要利用轴向进给轴与工件旋转的联动关系完成齿槽的一次成形。如图 2.7 所示，铣刀相对于直齿加工要旋转一个螺旋角 β，即铣刀处于图示位置 2，在加工过程中工件仅绕自身轴线做旋转运动，而铣刀既要绕自身轴线做旋转运动又要沿工件轴线做进给运动，且刀具的进给与工件的旋转必须满足一定的关系。

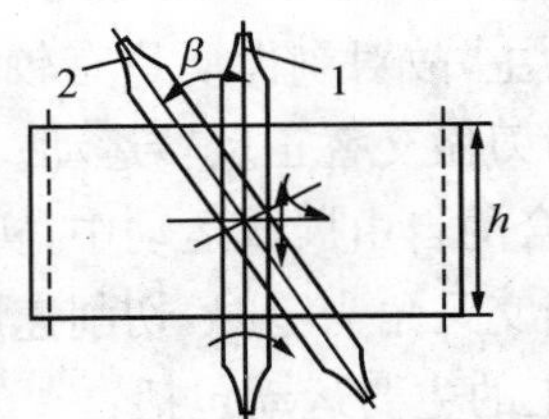

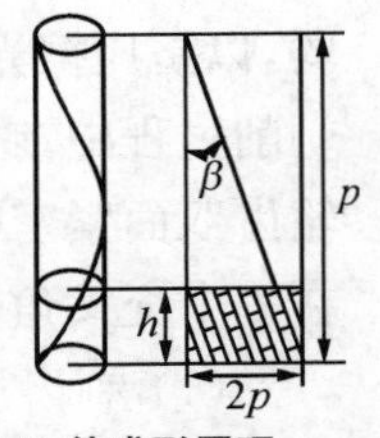

图 2.7 成形铣削斜齿轮刀具与工件成形原理

如图 2.7 右侧为走刀螺旋线展开图，由斜齿轮螺旋线性质可知，螺旋线沿轴线移动一个螺旋线导程 p 的同时必须绕轴线旋转 2π。即有如下关系式 $p\tan\beta=\pi d$，p 为螺旋线导程，d 为齿轮分度圆直径，β 为螺旋角。与直齿相同，每加工完一个齿后，齿轮齿坯退刀并作分度运动，在实际应用过程中，为了减少转台分度精度对齿轮加工精度的影响，常作跨齿数加工。

成形法铣齿常见铣削质量分析及原因：

① 齿数不对，可能造成的原因是分度计算错误或者刀具和工件毛坯选错与程序不对应。

② 齿厚不等或齿距误差超差，可能的原因是工件未校正好，致使工件径向圆跳动过大；或者转台分度出现问题，分度精度过差，蜗轮副未消隙等。

③ 齿高、齿厚不正确，可能的原因是铣削层深度调整不对，铣刀模数或刀号选择错误。

④ 齿面表面粗糙度值太大，可能的原因是铣刀钝了或铣削用量选择过大；工件装夹不稳或铣刀安装不好，有摆差；分度头主轴未固紧，刚性不足，铣削时工件振动较大；主轴或工作台松动，铣削时机床振动较大。

4）磨齿

磨齿是目前齿形加工中精度最高的一种方法。它既可磨削未淬硬齿轮，也可磨削淬硬的齿轮。磨齿精度 4～6 级，齿面粗糙度为 R_a 0.8～0.2 μm。对齿轮误差及热处理变形有较强的修正能力。多用于硬齿面高精度齿轮及插齿刀、剃齿刀等齿轮刀具的精加工。其缺点是生产效率低，加工成本高，故适用于单件小批生产。

(1) 磨齿原理及方法

根据齿面渐开线的形成原理，磨齿方法分为仿形法和展成法两类。仿形法磨齿是用成形砂轮直接磨出渐开线齿形；展成法磨齿是将砂轮工作面制成假想齿条的两侧面，通过与工件的啮合运动包络出齿轮的渐开线齿面。

(2) 提高磨齿精度和磨齿效率的措施

① 合理选择砂轮

砂轮材料选用白刚玉（WA），硬度以软、中软为宜。粒度则根据所用砂轮外形和表面粗糙度要求而定，一般在 46＃～80＃的范围内选取。对蜗杆型砂轮，粒度应选得细一些。由于其展成速度较快，为保证齿面较低的粗糙度，粒度不宜较粗。此外，为保证磨齿精度，砂轮必须经过精确平衡。

② 提高机床精度

主要是提高工件主轴的回转精度，如采用高精度轴承，提高分度盘的齿距精度，并减少其安装误差等。

③ 采用合理的工艺措施

主要有：按工艺规程进行操纵；齿轮进行反复的定性处理和回火处理，以消除因残余应力和机械加工而产生的内应力；提高工艺基准的精度，减少孔和轴的配合间隙对工件的偏心影响；隔离振动源，防止外来干扰；磨齿时室温保持稳定，每磨一批齿轮，其温差不大于 1 ℃；精细修整砂轮，所用的金刚石必须锋利，等等。

④ 磨齿效率的提高主要是减少走刀次数，缩短行程长度及增加磨削用量等。常用措施如下：磨齿余量要均匀，以便有效地减少走刀次数；缩短展成长度，以便缩短磨齿时间。粗加工时可用无展成磨削；采用大气孔砂轮，以增大磨削用量。

5）包络铣削

包络铣削主要针对零退刀槽或小退刀槽人字齿轮的加工，采用通用立铣刀侧刃对齿面进行包络成形铣削。人字齿轮相当于两个斜齿轮合并而成，不但具备斜齿轮的优点，还克服了斜齿轮会产生较大的轴向力这一缺点，具有较大重合度，承载能力高，传动可靠、平稳和轴向载荷小等特点，主要应用于大型、重载设备。

包络铣削的加工方法属于通用刀具加工范畴，不受限于特殊齿轮刀具，其编程思路也和通用铣削方法类似，找到满足切削要求的切触点，由一系列刀具轮廓的包络线形成所加工的齿面，对其加工轨迹进行规划，并进行后处理生成满足特定机床结构的加工代码。为了提高人字齿轮的加工精度，避免三维软件的二次建模误差，由齿轮的数学模型直接求解切削点位数据。包络法铣削齿轮加工精度能达到 6～7 级，是目前为止加工零退刀槽人字齿较好的方法。

6）齿轮加工方案的选择

齿轮加工方案的选择，主要取决于齿轮的精度等级、生产批量和热处理方法等。下面提出齿轮加工方案选择时的几条原则，以供参考：

(1) 对于 8 级及 8 级以下精度的不淬硬齿轮，可用铣齿、滚齿或插齿直接达到加工精度要求。

(2) 对于 8 级及 8 级以下精度的淬硬齿轮，需在淬火前将精度提高一级，其加工方案可采用：滚(插)齿—齿端加工—齿面淬硬—修正内孔。

(3) 对于 6～7 级精度的不淬硬齿轮，其齿轮加工方案：滚齿—剃齿。

(4) 对于 6～7 级精度的淬硬齿轮，其齿形加工一般有两种方案：

① 剃-珩磨方案

滚(插)齿—齿端加工—剃齿—齿面淬硬—修正内孔—珩齿。

② 磨齿方案

滚(插)齿—齿端加工—齿面淬硬—修正内孔—磨齿。

剃-珩方案生产效率高，广泛用于 7 级精度齿轮的成批生产中。磨齿方案生产效率低，一般用于 6 级精度以上的齿轮。

(5) 对于 5 级及 5 级精度以上的齿轮，一般采用磨齿方案。

(6) 对于大批量生产，用滚(插)齿-冷挤齿的加工方案，可稳定地获得 7 级精度齿轮。

2.2　项目任务介绍

RV(Rotary-Vector)减速器是在摆线行星减速机构的形式上建立的二级封闭传动机构，如图 2.8 所示，它具有轴向尺寸小、结构紧凑、速比灵活、运转精度高并且使用寿命长等特性。在精密减速器中，RV 减速器已经成为工业机器人专用的减速器，用在机器人的大臂、机座、肩部等负载比较重的位置，它作为二级减速器，传动效率高达 92%、抗冲击能力强并且回差小于 1 弧分，在疲劳强度和刚度及回差方面都优于谐波减速器。

图 2.8　RV 减速器结构图

RV 减速器关键零部件由输入轴(齿轮轴)、曲轴、渐开线行星轮、摆线轮、针齿、针齿壳、刚性盘及输出机构(行星架)等零件构成。

零件介绍（见图 2.9）：

① 齿轮轴（输入轴）：用于传递输入的动力，并且与渐开线行星轮相互啮合。

② 行星齿轮：通过渐开线行星轮内键槽与曲轴的一端固连在一起，三个行星轮均匀地安装于同一个圆上，主要将动力平均分为三部分，传送到下一级的摆线轮。

③ 曲轴（转臂）：曲轴带动两个摆线轮转动，一端通过花键与行星轮固连在一起，另一部分与两个摆线轮连接，为了能使运动传递平稳，呈 120°均匀分布。

④ 摆线轮：为了平衡径向力，减少振动，采用两个一样的摆线轮，呈 180°的相位差安装。

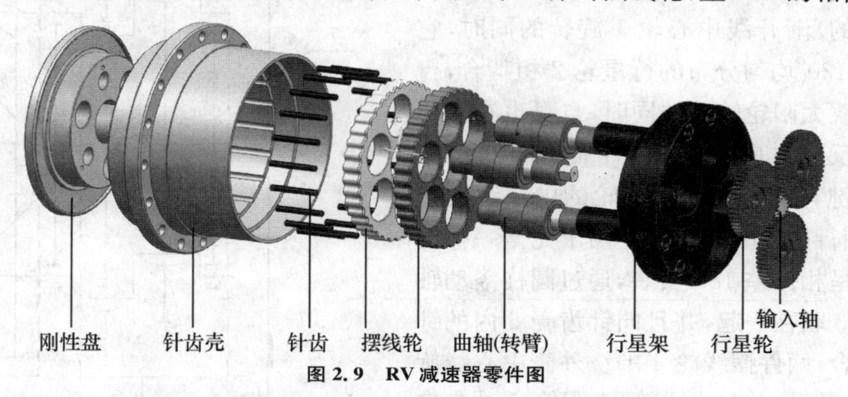

图 2.9　RV 减速器零件图

⑤ 针轮：针轮是由针齿和针齿壳两部分组成的，在针齿壳内部安装一定数量的针齿。

⑥ 刚性盘及行星架（输出机构）：行星架作为 RV 减速器和外界从动零件连接的输出机构，刚性盘与行星架通过柱销连接在一起而传递动力，曲轴的输出端是通过安装在刚性盘上三个分布均匀的轴承孔来支撑的。

参照日本帝人 RV-450E 型减速器的技术条件，确定设计条件如下：

减速器额定功率：$P=4.28$ kW；减速器减速比：$i=81$；减速器输出轴转速：$n=5$ r/min；减速器输出转动旋转方向：正反转。

RV 减速器的设计要求如下：

① 减速器采用壳固定，轴输入行星架输出；

② 减速器设计寿命 3 000 h；

③ 减速器结构尺寸不超过 ϕ 380 mm×200 mm；

④ 减速器效率要求大于 85％；

⑤ 减速器齿轮详细设计时应着重考虑轮系尺寸、材料选择、热处理等；

⑥ 减速器润滑采用固体润滑剂；参照日本帝人 RV-E 型减速器，润滑剂采用 Nabtesco 公司制造的 MolywhiteRE00 润滑脂；

⑦ 减速器有正反转要求，设计时需将减速器的输出回差控制 60arcsec 左右。

本项目任务要求：

① 根据给定的减速器设计条件，确定渐开线齿轮相关几何参数；

② 绘制三维实体图和二维工程图，明确 RV 减速器的结构和动力传递原理；

③ 由使用需求给定渐开线齿轮精度等级，规划渐开线齿轮加工工艺；

④ 通过 CAM 软件/Matlab 编程，建立渐开线齿轮齿廓数学模型，根据工艺需求生成齿轮加工代码。

2.3　项目方案设计

RV 减速器是由第一级渐开线圆柱齿轮行星减速机构和第二级三(或双)曲柄摆线针轮行星减速机构组成,其传动结构简图如图 2.10 所示,传动的动力是由主动轮齿轮轴上的中心轮 1 输入的,渐开线中心轮 1 旋转的同时,它与三个呈 120°均匀分布的行星轮 2 相啮合,行星轮在围绕太阳轮转动的同时,自身也在以与太阳轮相反的方向自转。三个曲轴 3 上的渐开线外花键与渐开线行星齿轮的内花键固连在一起,随行星轮一起转动。两个完全一样的摆线轮 4 呈相位差 180°安装,通过圆柱滚动轴承与曲轴 3 联在一起,并且同针齿壳 6 内的针齿 5 相啮合,两件摆线轮 4 围绕外壳中心线旋转,自身也转动,并与中心轮(太阳轮)1 的方向相同,摆线轮 4 的自转速度通过三对曲轴上的轴承传递给输出机构(行星架),并以 1∶1 的速比传递给输出轴 7。

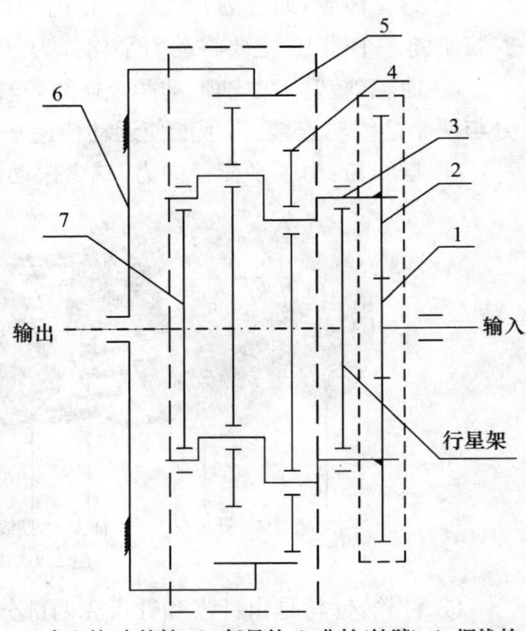

1-中心轮(齿轮轴);2-行星轮;3-曲轴(转臂);4-摆线轮;5-针齿;　6-针齿壳;　7-输出机构(行星架)

图 2.10　RV 减速器的结构简图

① 根据 RV 减速器结构简图设计传动简图,计算传动比,由给定的总传动比 81 计算得到 RV 减速器中渐开线行星轮传动的传动比,由设计条件确定齿轮齿数及模数;

② 确定齿轮材料及热处理方式,确定齿轮齿数、模数,计算作用在轮齿上的力的大小、圆周力、径向力;依据接触疲劳强度、弯曲疲劳强度对其进行校核;

③ 依据渐开线齿轮齿廓生成原理,建立其齿廓方程,由 Matlab 编程得到齿廓上的离散数值点,在三维软件中建立参数化三维实体模型,运用 CAM 软件生成 NC 加工代码。

2.4　设计计算

2.4.1　RV 减速器配齿的计算

RV 减速器是由第一级渐开线行星传动与第二级摆线轮减速两部分构成,由于渐开线行星传动中行星轮的轴线和摆线轮的轴线都是在运动的,即有两个行星机构,因而 RV 减速器的传动比不能按照一般的齿数反比来计算,RV 减速器是由中心轮和曲轴针齿壳封闭起来的,将 RV 减速器的传动过程可以简化成图 2.11 所示。

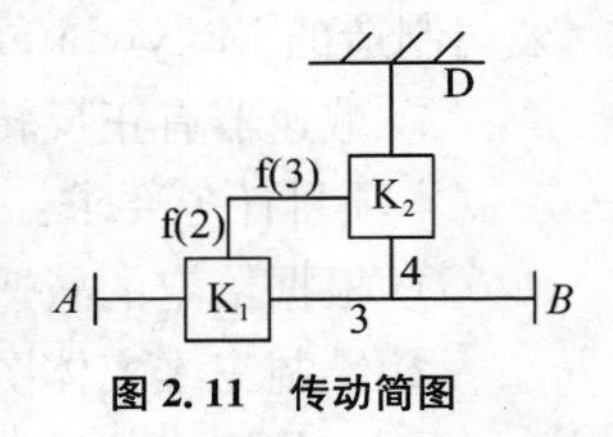

图 2.11　传动简图

RV 减速器中包含两部分行星结构 K_1 和 K_2,行星轮 2 与曲轴 3 都作为辅助机构 f,B 端是输出轴,且 $\omega_4=\omega_7$,因此可以根据封闭式差动轮系中求速比的方法得到如下方程关系式：

$$i_{AB}=1-i_{Af}^{B}\times i_{fD}^{B} \tag{2.1}$$

$$i_{17}^{5}=1-i_{14}^{7}\times i_{fD}^{B} \tag{2.2}$$

若针齿壳固定不动时，$\omega_5=0$，整体机构的传动比：

$$i_{17}^{5}=1+\frac{z_2}{z_1}\times z_p \tag{2.3}$$

若行星架固定不动时，$\omega_7=0$，整体机构的传动比：

$$i_{17}^{5}=-\frac{z_2}{z_1}\times z_p \tag{2.4}$$

式中：z_1——齿轮轴上的中心轮齿数；

z_2——行星轮齿数；

z_p——针齿齿数，$z_4+1=z_p$；

z_4——摆线轮的齿数。

定行星轮个数 $n_p=3$，为满足行星轮的装配条件，渐开线中心轮齿数 z_1 应为 n_p 的整数倍，并且中心轮齿数要满足不根切条件，即 $z_1\geqslant 17$。

为使第二级摆线针轮行星传动部分输入转矩不至过大，第一级渐开线行星传动的齿数比 $\frac{z_2}{z_1}\geqslant 1.5$。

对于第二级摆线针轮行星传动，设计采用一齿差摆线针轮行星传动，因此针齿齿数 z_p 必须为偶数。

为使曲柄轴承与摆线轮之间作用力不至过大，渐开线行星齿轮中心距 a_0 应是针齿中心圆半径 r_p 的 $\frac{1}{2}\sim\frac{3}{5}$，这个可归为结构尺寸条件。

根据针齿中心圆半径设计计算经验公式：

$$r_p=(0.85\sim 1.3)\sqrt[3]{T} \tag{2.5}$$

式中：T——输出转矩；

$$T=9\ 550\frac{P}{n_H}i\eta \tag{2.6}$$

式中：η——减速器传动的效率；

$$\eta=\eta_{17}\eta_B \tag{2.7}$$

式中：η_B——轴承总效率且 $\eta_B=\eta_{B1}\eta_{B2}\eta_{B3}$；

η_{B1}——曲柄轴承效率，这里取 $\eta_{B1}=0.99$；

η_{B2}——曲柄支撑轴承效率，这里取 $\eta_{B2}=0.99$；

η_{B3}——行星架支撑轴承效率，这里取 $\eta_{B3}=0.99$；

η_{17}——封闭差动齿轮传动效率。

$$\eta_{17}=\frac{(i_7^H-1)(i_7^H-\eta_7^H-i_1^H i_7^H\eta_1^H)}{(i_7^H-\eta_7^H)(i_7^H-1-i_1^H i_7^H)}=\frac{\left(\frac{z_5}{z_4}-1\right)\left(\frac{z_5}{z_4}-\eta_7^H+\frac{z_2}{z_1}\frac{z_5}{z_4}\eta_1^H\right)}{\left(\frac{z_5}{z_4}-\eta_7^H\right)\left(\frac{z_5}{z_4}-1+\frac{z_2}{z_1}\frac{z_5}{z_4}\right)} \tag{2.8}$$

式中：η_1^H——渐开线齿轮啮合效率，这里取 $\eta_1^H=0.992$；

η_7^H——摆线齿轮啮合效率，这里取 $\eta_7^H=0.998$。

根据上述条件，计算出 RV 减速器齿数的组合，计算流程如图 2.12 所示，最终选定各齿轮齿数组合如表 2.1 所示。

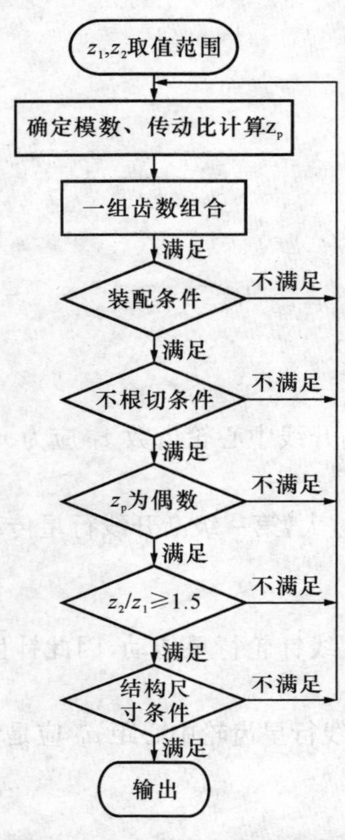

图 2.12　RV 减速器配齿计算流程图

表 2.1　各齿轮齿数组合

中心轮齿数 z_1	行星轮齿数 z_2	针轮齿数 z_p	摆线轮齿数 z_4	模数 m	传动比 i_{17}
18	38	38	37	3	81.222

2.4.2　渐开线行星齿轮强度校核

1）渐开线行星齿轮传动受力分析及计算

第一级渐开线行星传动齿轮的受力分析图如图 2.13 所示，其中图 2.13(a)为中心轮 1 的受力图，图中 T_1 为输入转矩，n_1 为输入转速，F_{21} 为中心轮 1 所受每个行星轮 2 的圆周力，F_{r2} 为中心轮 1 所受每个行星轮 2 的径向作用力。图 2.13(b)为行星轮 2 的受力图，图中 F_{12} 和 F_{r1} 分别为行星轮 2 所受中心轮 1 的圆周力和径向作用力。

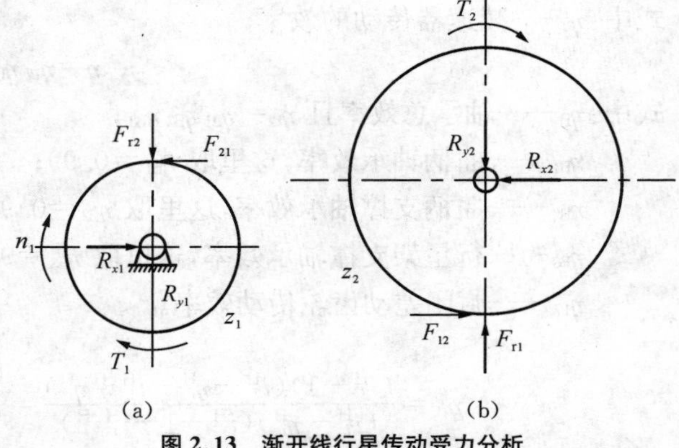

图 2.13　渐开线行星传动受力分析

设行星轮数目为 n_p，通过受力分析可知中心轮所受每个行星轮的圆周作

用力

$$F_{21}=\frac{2T_1}{n_p m z_1} \tag{2.9}$$

中心轮所受每个行星轮的径向作用力为：

$$F_{r2}=F_{21}\tan\alpha \tag{2.10}$$

每个行星轮所受中心轮的圆周作用力为：

$$F_{12}=F_{21} \tag{2.11}$$

每个行星轮所受中心轮的径向作用力为：

$$F_{r1}=F_{r2} \tag{2.12}$$

代入数据得：

$$T_1=9\ 550\frac{P}{n_H}=9\ 550\times\frac{4.28}{5\times 81}=100.923\ \text{N}\cdot\text{m} \tag{2.13}$$

$$F_{21}=\frac{2T_1}{n_p m z_1}=2\times\frac{100.923}{3\times 3\times 18}\times 1\ 000=1\ 245.96\ \text{N} \tag{2.14}$$

$$F_{r2}=F_{21}\tan\alpha=1\ 245.96\times\tan(20\pi/180)=453.5\ \text{N} \tag{2.15}$$

由此可得到，中心轮 1 所受每个行星轮的圆周作用力为 1 245.96 N，中心轮 1 所受每个行星轮的径向作用力为 453.5 N。

2）渐开线行星齿轮强度校核

对渐开线传动部分：齿轮的校核包括齿轮的接触疲劳强度校核和弯曲疲劳强度校核，计算方法采用 GB/T 3480—1997《渐开线圆柱齿轮承载能力计算方法》，校核计算公式如表 2.2 和表 2.3 所示。考虑行星传动的特点，引入载荷不均匀系数 K_{HP}。

表 2.2 齿面接触强度计算公式

强度条件		$\sigma_H \leqslant \sigma_{HP}$ 或 $S_H \geqslant S_{Hmin}$
计算接触应力 σ_H	小轮	$\sigma_{H1}=Z_B\sigma_{H0}\sqrt{K_A K_v K_{H\beta} K_{H\alpha} K_{HP}}$
	大轮	$\sigma_{H2}=Z_D\sigma_{H0}\sqrt{K_A K_v K_{H\beta} K_{H\alpha} K_{HP}}$
节点处计算接触应力的基本值 σ_{H0}		$\sigma_{H0}=Z_H Z_E Z_\varepsilon Z_\beta\sqrt{\frac{F_t}{d_1 b}\frac{u\pm 1}{u}}$
许用接触应力 σ_{HP}		$\sigma_{HP}=\frac{\sigma_{Hlim} Z_{NT} Z_L Z_v Z_R Z_W Z_X}{S_{Hmin}}$
接触强度的计算安全系数 S_H		$S_H=\frac{\sigma_{Hlim} Z_{NT} Z_L Z_v Z_R Z_W Z_X}{\sigma_H}$

表 2.3 齿面弯曲强度计算公式

强度条件	$\sigma_F \leqslant \sigma_{FP}$ 或 $S_F \geqslant S_{Fmin}$
齿根应力基本值	$\sigma_{F0}=\frac{F_t}{bm}Y_F Y_S Y_\beta$
计算齿根应力	$\sigma_F=\sigma_{F0} K_A K_v K_{F\beta} K_{F\alpha} K_{HP}$
许用齿根应力	$\sigma_{FP}=\frac{\sigma_{Flim} Y_{ST} Y_{NT}}{S_{Fmin}} Y_{\delta relT} Y_{RrelT} Y_X$
弯曲强度计算安全系数	$S_F=\frac{\sigma_{Flim} Y_{ST} Y_{NT} Y_{\delta relT} Y_{RrelT} Y_X}{\sigma_F}$

具体符号定义参照 GB/T 3480—1997，校核结果如表 2.4，表 2.5 所示。

表 2.4　行星传动啮合齿轮副的接触疲劳强度计算结果

项目		计算接触应力 σ_H(MPa)	许用接触应力 σ_{HP}(MPa)	接触强度最小安全系数 S_{Hmin}	接触强度的计算安全系数 S_H
渐开线行星轮啮合副	齿轮 1	914.613	1 128.818	1.25	1.54
	齿轮 2	898.970	1 281.132		1.78

表 2.5　行星传动啮合齿轮副的弯曲疲劳强度计算结果

项目		计算弯曲应力 σ_F(MPa)	许用弯曲应力 σ_{FP}(MPa)	弯曲强度最小安全系数 S_{Fmin}	弯曲强度的计算安全系数 S_F
渐开线行星轮啮合副	齿轮 1	150.727	524.515	1.60	5.57
	齿轮 2	137.391	377.916		4.40

从计算结果可以看出 RV 减速器第一级渐开线传动部分齿轮的接触疲劳强度和弯曲疲劳强度都能满足设计要求。

2.4.3　渐开线齿轮齿廓方程的推导

当一直线沿半径为 r_b 的圆作纯滚动时，此直线上任意一点 k 的轨迹 ef 称为该圆的渐开线，该圆称为基圆，该直线称为发生线，渐开线所对应的中心角 θ_k 称为渐开线 ek 段的展角，σ_0 称为齿槽半角，u 作为参变数，如图 2.14 所示。

由渐开线的性质性质可知 $af=\overset{\frown}{ae}$，渐开线 ef 的方程式为：

$$\begin{cases} x=r_b\cos(\sigma_0+u)+r_b u\sin(\sigma_0+u) \\ y=r_b\sin(\sigma_0+u)-r_b u\cos(\sigma_0+u) \end{cases} \tag{2.16}$$

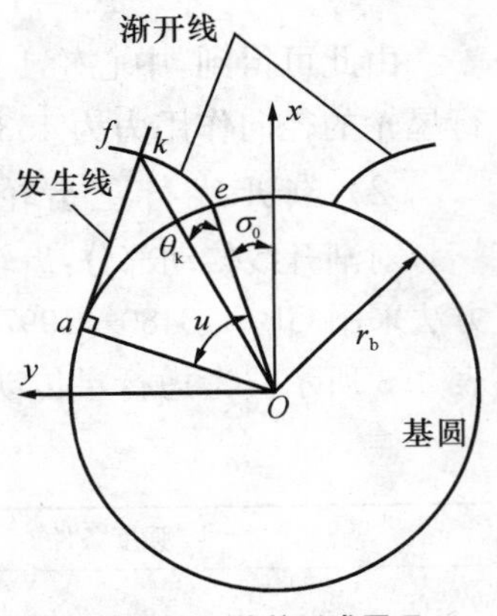

图 2.14　渐开线的形成原理

2.4.4　外啮合标准渐开线直齿轮的基本几何参数

表 2.6 为渐开线直齿轮基本几何参数计算表，表 2.7 为渐开线行星齿轮副参数计算结果。

表 2.6　渐开线直齿轮基本几何参数计算表

名称	代号	取值	名称	代号	取值
模数	m	由强度计算或结构设计确定，并按照规定取标准值	齿距	p	$p=m\pi$
齿数	z	由传动比及齿轮强度确定	基圆齿距	p_b	$p_b=p\cos\alpha$
分度圆柱螺旋角	β	0	齿顶高	h_a	$h_a=m(h_a^*+x)$
分度圆压力角	α	取标准值	齿根高	h_f	$h_f=m(h_a^*+c^*-x)$
齿顶高系数	h_a^*	取标准值，可取 1	全齿高	h	$h=h_a+h_f$
顶隙系数	c^*	取标准值，可取 0.25	齿顶圆直径	d_a	$d_a=d+2h_a$
分度圆直径	d	$d=mz$	齿根圆直径	d_f	$d_f=d-2h_f$
基圆直径	d_b	$d_b=d\cos\alpha$	中心距	a	$a=m(z_1+z_2)/2$
变位系数	x	—	节圆直径	d'	$d'=d$

表 2.7　渐开线行星齿轮副参数计算结果

名称	代号及数值	名称	代号及数值
齿数	$z_1=18$	齿顶高	$h_{a1}=3.836$ mm
	$z_2=38$		$h_{a2}=2.164$ mm
模数	$m=3$ mm	齿根高	$h_{f1}=2.914$ mm
压力角	$\alpha=20°$		$h_{f2}=4.586$ mm
中心距	$a=84$ mm	全齿高	$h=6.75$ mm
变位系数	$x_1=0.2787$		$h=6.75$ mm
	$x_2=-0.2787$	齿顶圆直径	$d_{a1}=61.672$ mm
齿顶高系数	$h_a^*=1$		$d_{a2}=118.328$ mm
顶隙系数	$c^*=0.25$	齿根圆直径	$d_{f1}=48.172$ mm
分度圆直径	$d_1=54$ mm		$d_{f2}=104.828$ mm
	$d_2=114$ mm	齿宽	$B_1=18$ mm
			$B_2=14$ mm

2.4.5　Matlab 计算程序

为在平面上准确绘制出渐开线直齿轮轮廓的形状，利用表 2.5、表 2.6 中的数据，在 Matlab 软件中编制程序如下：

```
clear
clc
syms phi
rk=26; %给定渐开线起点处的半径
m=3;z=18;alpha=20*pi/180;
B=18; %齿宽
d=m*z; %分度圆直径
r=d/2; %分度圆半径
rb=r*cos(alpha); %基圆半径
x=0.2787; %变位系数
ra=r+(1+x)*m %齿顶圆半径,齿顶高系数取1
rf=r-(1.25-x)*m %齿根圆半径,顶隙系数取0.25
alphak=acos(rb/rk);
uk=tan(alphak);
ua=tan(acos(rb/ra));
sigma=pi/(z*2)-tan(alpha)+alpha; %基圆齿槽半角
xk=rb*sin(sigma+uk)-rb*uk*cos(sigma+uk);
yk=rb*cos(sigma+uk)+rb*uk*sin(sigma+uk);
phi=linspace(-(sigma+uk),-pi/2,10);
mu=linspace(uk,tan(acos(rb/ra)),30);
```

```
x1=rb. * sin(sigma+mu)-rb. * mu. * cos(sigma+mu);
y1=rb. * cos(sigma+mu)+rb. * mu. * sin(sigma+mu); %右侧渐开线
x2=-x1;
y2=y1; %左侧渐开线
plot(x1,y1,'b',x2,y2,'b')
hold on
if xk * (1-sin(sigma+uk))/cos(sigma+uk)>=yk-rf
  ro=(yk-rf)/(1-sin(sigma+uk));
  x=ro. * cos(phi)+xk-ro * cos(sigma+uk);
  y=ro. * sin(phi)+ro+rf; %齿根圆弧　右侧圆弧
  plot([0 xk-ro * cos(sigma+uk)],[rf  rf],'g'); %右侧齿根直线段
  hold on
  plot([0-xk+ro * cos(sigma+uk)],[rf  rf],'g'); %左侧齿根直线段
  hold on
  plot(x,y,'k') %右侧圆弧
  hold on
  plot(-x,y,'k') %左侧圆弧
  hold on
else
  ro=(xk-(yk-rf) * tan(sigma+uk)) * cos(sigma+uk)/(1-sin(sigma+uk));
  x=ro. * cos(phi);
  y=ro. * sin(phi)+ro+rf;
  plot([ro * cos(sigma+uk)  xk],[ro * (1-sin(sigma+uk))+rf  yk],'g'); %右侧相切
直线段
  hold on
  plot([-ro * cos(sigma+uk)-xk],[ro * (1-sin(sigma+uk))+rf  yk],'g'); %左侧相
切直线段
  hold on
  plot(x,y,'k') %右侧圆弧
  hold on
  plot(-x,y,'k') %左侧圆弧
  hold on
end
axis equal
```

图 2.5 为单个齿轮齿廓。

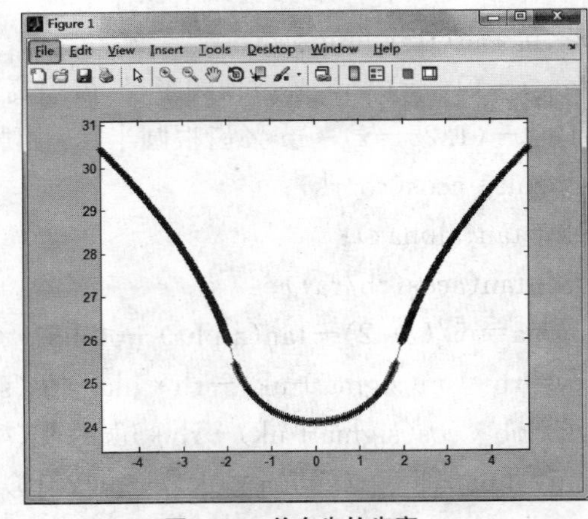

图 2.15　单个齿轮齿廓

2.5 结构设计

1) 建模分析

齿轮建模最基本和最重要的是渐开线,而渐开线的建立离不开表达式。而且表达式是参数化建模的依据,所以表达式的确立是整个参数化建模的核心。前面已经建立了渐开线的数学表达式,并对齿根过渡进行了设计计算。其他变量可根据实际设计的零件特征确立,如孔径、键槽宽度、凸台高度等。

齿轮的基体,可以通过"拉伸""旋转"或"圆柱"直接建立一个圆柱体。圆柱体的直径要根据建齿的方式而定。齿的建立有求和、求差两种。求和即先建立一个齿,然后与齿根圆求和,求差即先建一个齿槽,然后与齿顶圆求差。因为求差法建模速度更快、操作方便、出错少,因此下面将以求差法进行建模。

以求差法建模,那么圆柱体直径即为齿顶圆。渐开线建立后,可利用镜像曲线得到另一半的渐开线,组成拉伸曲线。镜像用的对称平面,可以先建立参考面,然后以其为基准,绕 Z 轴转过特定的角度。该角度大小为 $360/4z$,即每个齿所占角度的一半。从齿轮的齿的分布角度来看,可利用"实例特征"(阵列),先建立一个齿或一个齿槽,然后再进行实例的阵列,完成多个齿的建模。

2) 齿轮建模过程

以某齿轮为例描述建立三维实体模型的过程,应用时只需改变相应参数即可,齿轮参数如下:

$\alpha=20°$(压力角);$z=18$(齿数);$m=3$(模数);$h_a^*=1$(齿顶高系数);

$c^*=0.25$(顶隙系数);$x=0.2787$(变位系数);$d=mz$(分度圆直径);

$d_b=d\cos(\alpha)$(基圆直径);$d_a=d+2m(h_a^*+x)$(齿顶圆直径);

$d_f=d-2m(h_a^*+c^*-x)$(齿根圆直径);$t=1$(系统变量);$s=45t$(展开角)。

$$x_t=d_b/2*\cos(s)+d_b/2\sin(s)\mathrm{rad}(s)(X\text{ 坐标})$$

$$y_t=d_b/2*\sin(s)-d_b/2\cos(s)\mathrm{rad}(s)(Y\text{ 坐标})$$

$$z_t=0(Z\text{ 坐标})$$

(1) 新建文件(见图 2.16)

(2) 建立表达式

打开"表达式"工具,或者按 Ctrl+E 打开表达式窗口。然后在表达式窗口中输入上述表达式。输入过程中要注意变量的单位,默认是"mm",必须修改为相应单位,无单位者则选"恒定",也可将全部变量单位设为"恒定",可减少不必要的错误,如图 2.17 所示。

表达式中,h_a^* 是齿顶高系数,一般情况下是 1,c^* 是顶隙系数,一般是 0.25。变位系数 x 的值为 0,即该齿轮为标准齿轮。所以,通过更改 x 的值可以绘制出不同的变位齿轮。而对于一般的标准齿轮,把 x 的值消去,h_a^* 和 c^* 的值代入公式中,可以得到公式 $d_a=m(z+2)$;$d_f=m(z-2.5)$以上公式与常规标准齿轮公式完全符合。压力角 α 的值现已经规范化,一般取 20°。s 是展开角,即渐开线绕原点转过的角度,可以确定渐开线的长度,一般而言,45°展开角的渐开线可满足建模要求,当然也可根据实际要求更改展开角的值。至于 X、Y、Z 坐标命名为 x_t、y_t、z_t,是因为系统默认坐标名称为 x_t、y_t、z_t。NX 中存在一个系统变量 t,取值范围是 0~1,系统默认名称也是 t。

综上所述，更改参数时，主要更改 m、z、x 的值，其他不需更改。当然，对于特殊的齿轮，可能需要更改其 h_a^* 和 c^* 的值。

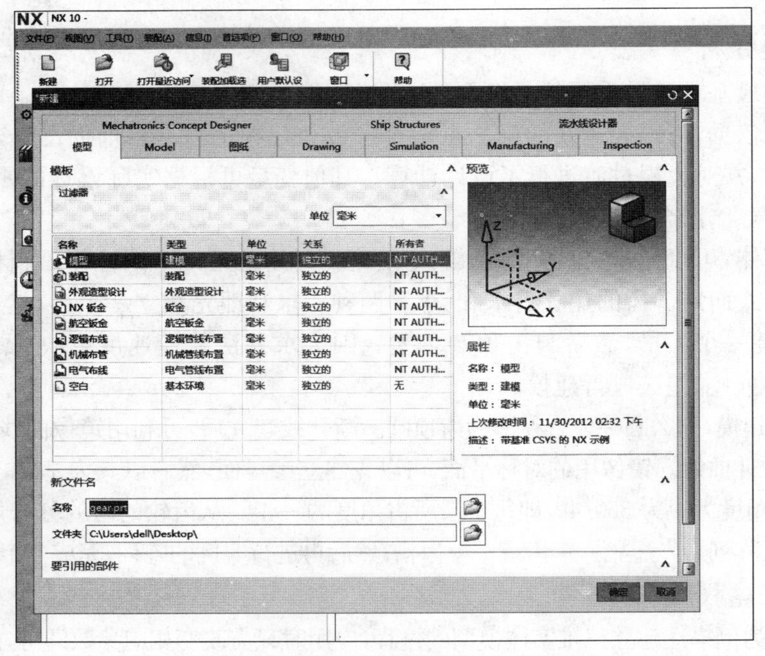

图 2.16　新建文件

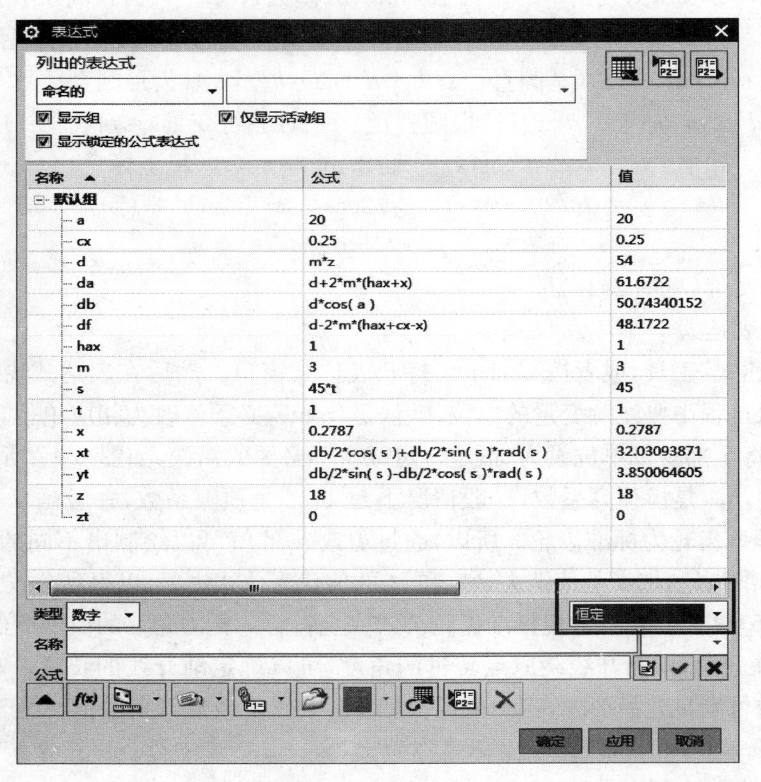

图 2.17　建立表达式

（3）建立渐开线

打开“规律曲线”工具，弹出规律曲线对话框，找不到命令工具可应用 NX 的命令查找器功能，如图 2.18 所示。选择“根据方程”，然后依次按“确定”，弹出对话框中的变量保持默认不变，依次定义 X、Y、Z 的坐标，即可得到一条渐开线。

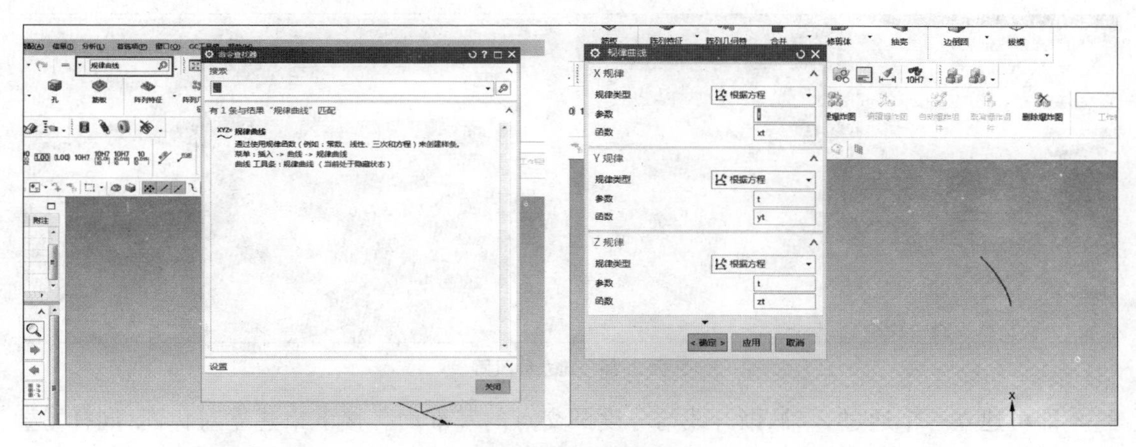

图 2.18 建立渐开线

（4）建立基本圆

使用“圆弧/圆”工具，在弹出对话框中勾选“限制”——“整圆”、“设置”——“关联”。“关联”可使建立的圆与其他元素之间相关联，使得改变参数时不出错，其他工具若有“关联”选项皆要勾选，下面不再赘言。基本圆的圆心选择原点，半径依次输入“$d/2$”、“$d_a/2$”、“$d_f/2$”，第四个圆为辅助圆，用于齿槽求差，端点选择渐开线的外端点，如图 2.19 所示。

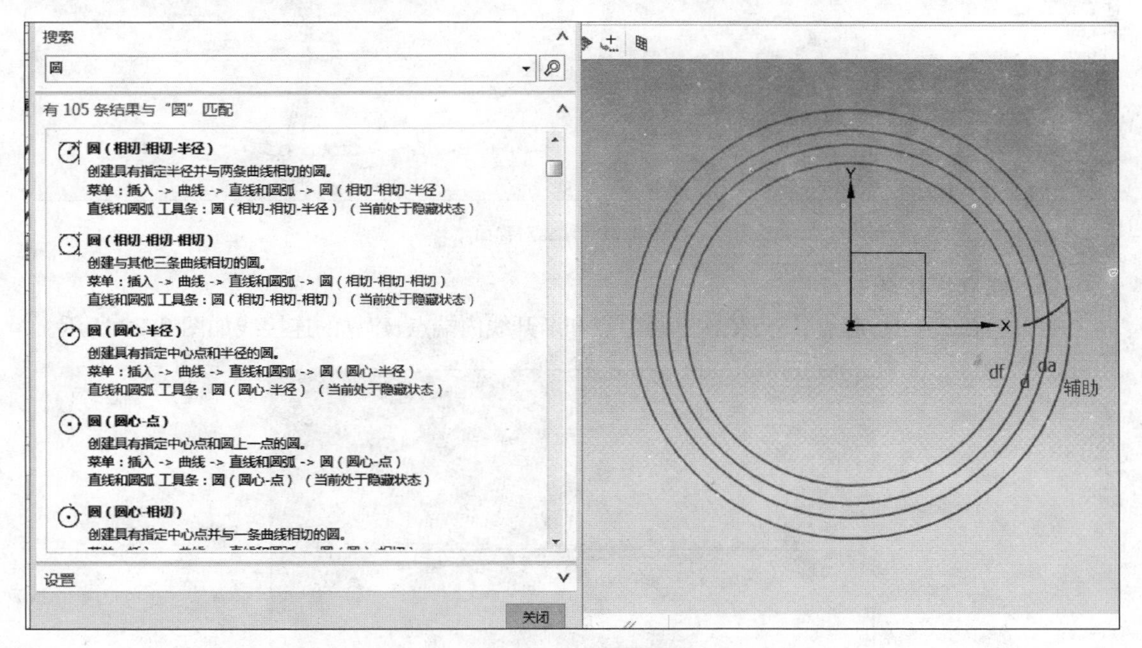

图 2.19 建立基本圆

（5）建立对称面

建立对称面前要先建立参照面。首先插入基准点，选择类型“交点”，如图 2.20 所示，选择渐开线及分度圆；接着打开“基准平面”工具，选择自动判断，然后依次选择 Z 轴、渐开线与分度圆的交点。

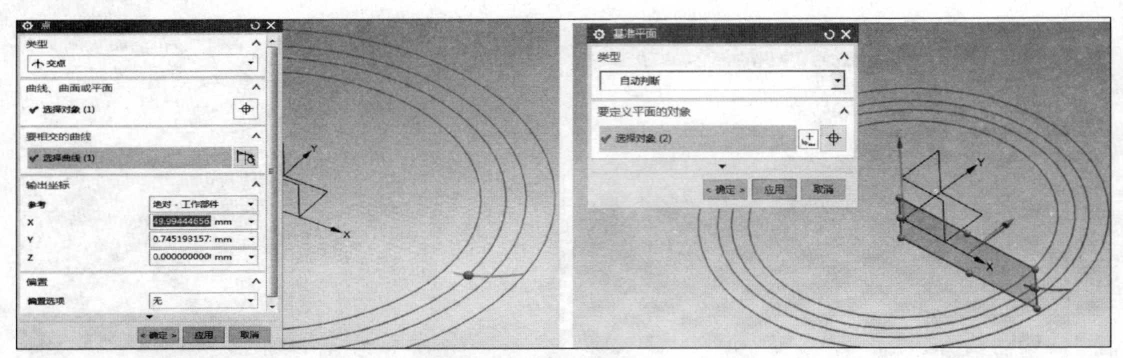

图 2.20　建立参照面

即可建立一个通过 Z 轴、渐开线与分度圆交点的基准面。接下来建立对称面，同样“选择自动判断”，然后依次选择 Z 轴和新建的参照面，再在“角度”对话框中输入“$\frac{360}{4z}$”。建立对称面如图 2.21 所示。

图 2.21　建立对称面

（6）建立连接线

打开“直线”工具，起点、终点依次选择原点和渐开线内端点，建立的连接线如图 2.22 所示。

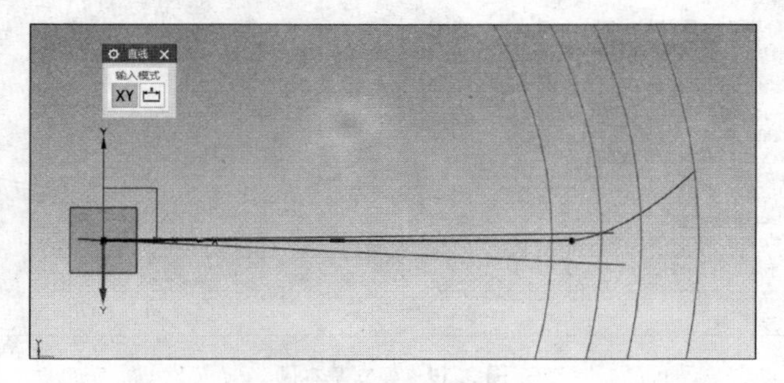

图 2.22　建立连接线

(7) 建立倒圆角圆弧

打开“圆弧/圆”工具,取消“整圆”选项,选择“三点画圆弧”,“起点”、“端点”都选择“相切”,而后依次选择渐开线和齿根圆,确定好圆心位置,然后输入倒圆半径,半径值根据实际情况而定,如图 2.23 所示。

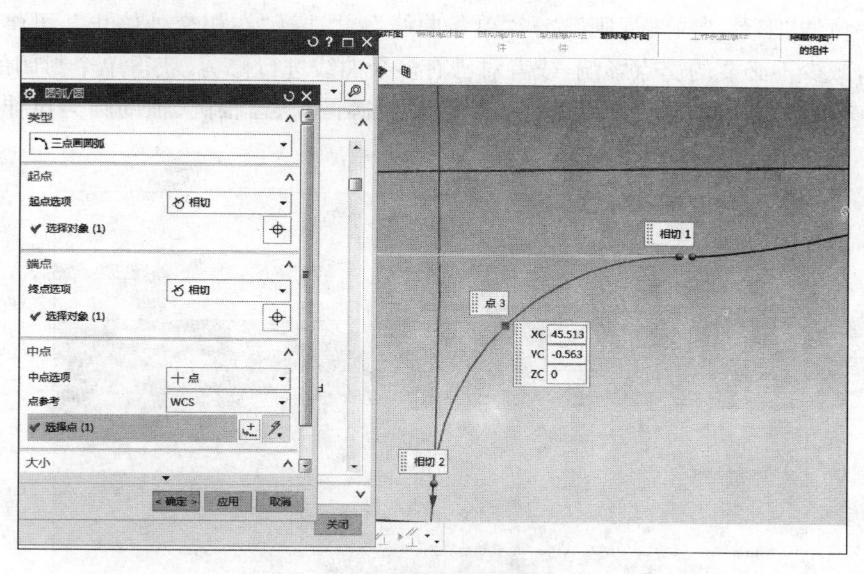

图 2.23 建立倒圆角圆弧

在实际应用中,由于齿轮的参数千变万化,有时会出现基圆小于齿根圆,即渐开线内端与齿根圆有交点,此时,连接线就没必要建立了,而倒圆圆弧也应该选择渐开线与齿根圆为相切边线。因此,当齿轮参数更改变化太大时,倒圆圆弧可能出错,此时重新定义圆弧的相切边和半径就可以解决问题。

(8) 建立镜像曲线

打开“镜像曲线”,依次选择渐开线、连接线、倒圆圆弧,以对称面为镜像面进行镜像,如图 2.24 所示。

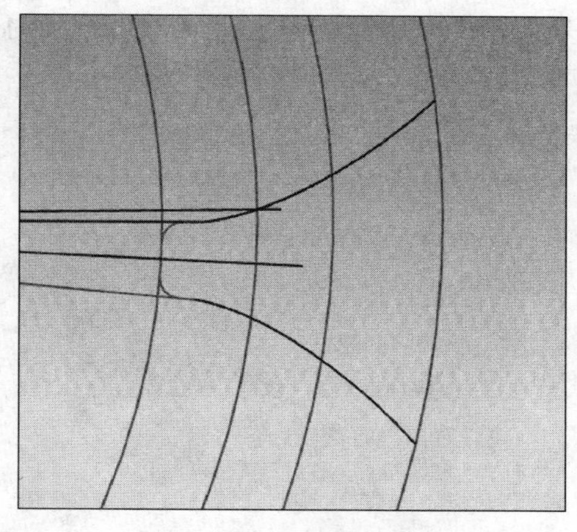

图 2.24 建立镜像曲线

(9) 建立齿顶圆柱体

使用"拉伸"工具，选择齿顶圆为拉伸曲线，然后再对圆柱体上下边进行倒角处理，倒角大小根据实际情况而定。

(10) 第一个齿槽的建立

打开"拉伸"工具，"曲线规则"选择"单条曲线"，并选择"在相交处停止"，可将不必要的曲线隐藏，减少不必要的交点影响，或者对已有多余曲线进行修剪，获得单个封闭的曲线槽，但会影响参数化，然后依次选择渐开线、连接线、倒圆圆弧、齿根圆、辅助圆为拉伸曲线进行拉伸，布尔选择求差，效果如图 2.25 所示。

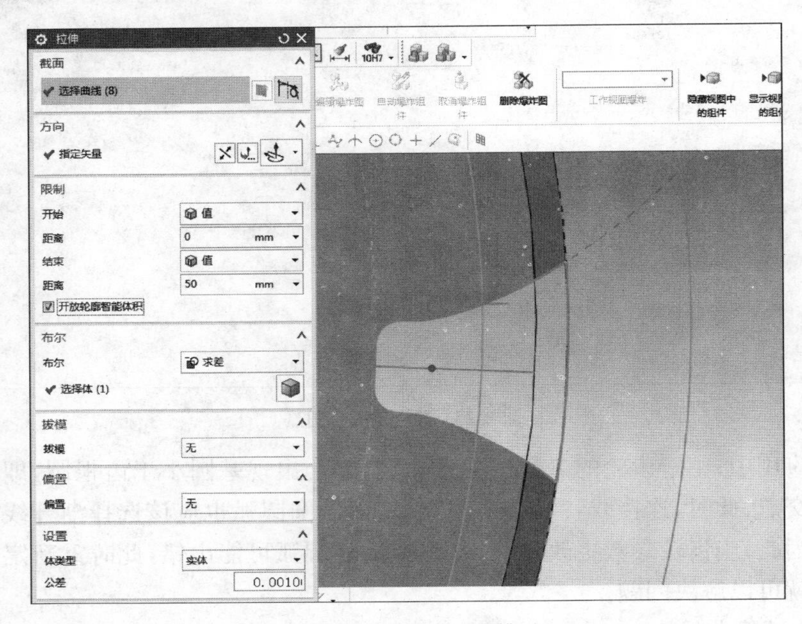

图 2.25　建立第一齿槽

(11) 齿槽阵列

打开"实例特征"工具，选择"圆形阵列"，然后以第一个齿槽为阵列对象，数量输入"z"，角度输入"360/z"，阵列效果如图 2.26 所示，注意是阵列特征而不是几何特征，否则求差运算得不到阵列。

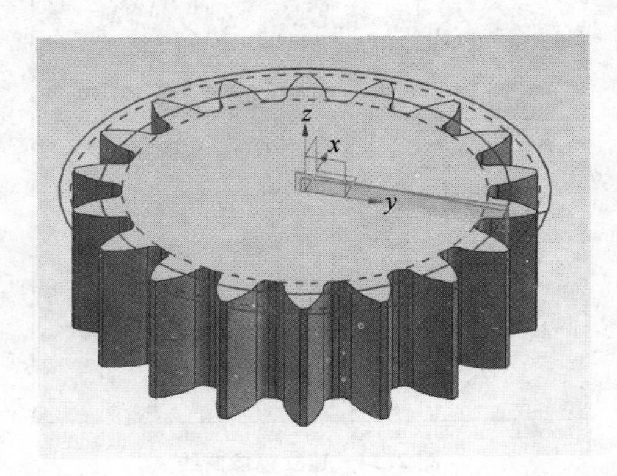

图 2.26　建立齿槽阵列

齿轮主体建模自此结束，其他细节特征如凸台、孔、键槽，可根据实际应用的需要加以建立，具体应用如图 2.27 所示。

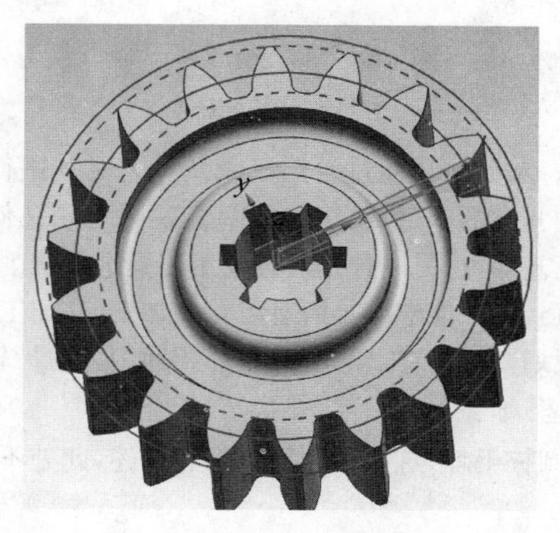

图 2.27　齿轮模型图

2.6　工程图设计

将上述齿轮模型转化为二维工程图，如图 2.28 所示。

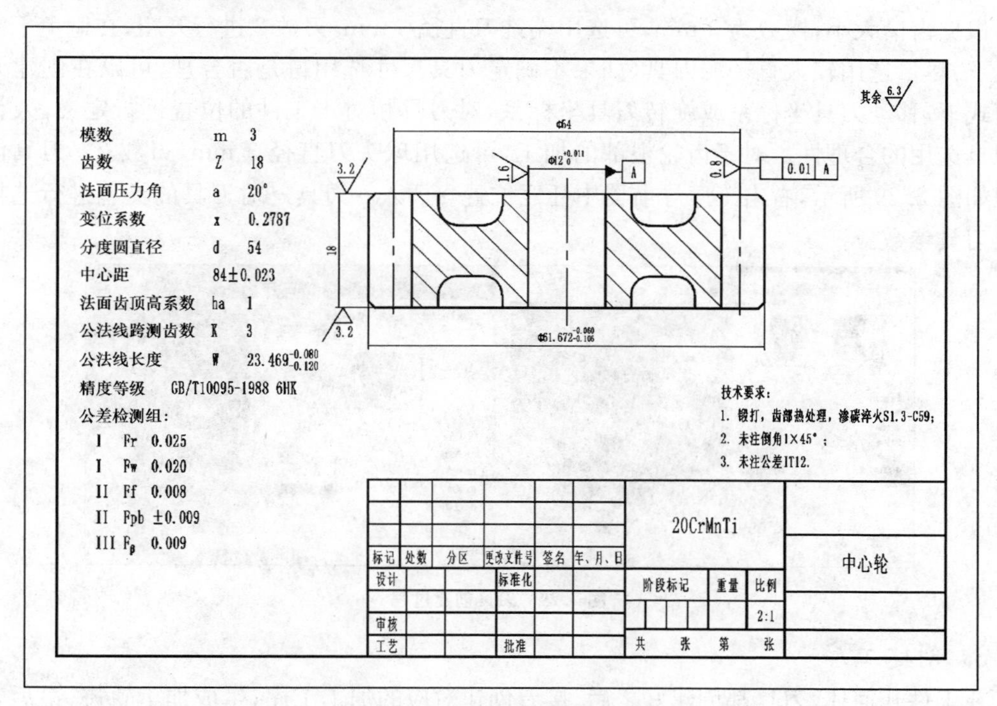

图 2.28　齿轮二维工程图

2.7　零件的 CAM 加工

2.7.1　通用 CAM 软件加工方法

齿轮的加工有两种途径，一种是通过专用机床及工艺对其进行加工，如前所述，专用的加工代码可以借助于自主开发的软件直接生成，只需输入齿轮几何参数，机床结构参数，选用的刀具以及所选用的工艺即可；另一种是通过通用刀具进行铣削加工，这种方法加工效率低，其优势是通用性比较强，几乎能够满足所有齿轮的加工，该加工方法需要借助通用 CAM 软件对其切削轨迹进行规划，本节首先以此为例，介绍通用方法齿轮加工代码的生成过程。

1）首先设定加工坐标系

创建几何体，定义好圆柱毛坯；这在前面章节都有描述，此处不再赘述。

2）创建刀具

创建工序之前，首先需要对加工的对象进行分析，确定加工工序，寻找合适的加工刀具，并创建刀具。本项目中齿轮轮齿的加工主要是对渐开线齿槽以及齿根圆弧进行铣削。首先需要对其进行开粗，选用“型腔铣”工序，选用端铣刀。为了加工及编程的方便，齿根圆弧和齿面的半精加工和精加工都可以选用“固定轴轮廓铣”→“流线驱动的方式”，此道工序选用球头刀。

根据齿槽大小，模数为 3 mm，可选用端铣刀直径 3 mm，刃数 2 进行开粗，在避免干涉的情况下，尽量选用较大直径的刀具，如果不确定刀具尺寸选用得是否合理，可以在创建刀具的模式下，移动刀具坐标系或旋转刀具坐标系，对刀具相对于工件的位置进行定义，人为判断刀具选用的合理性。对于齿轮根部的加工，可选用球头刀直径 3 mm，刃数 2。刀具创建过程如图 2.29 所示，右击工序导航器中任意位置→插入→刀具→对刀具的类型进行选择→定义刀具参数。

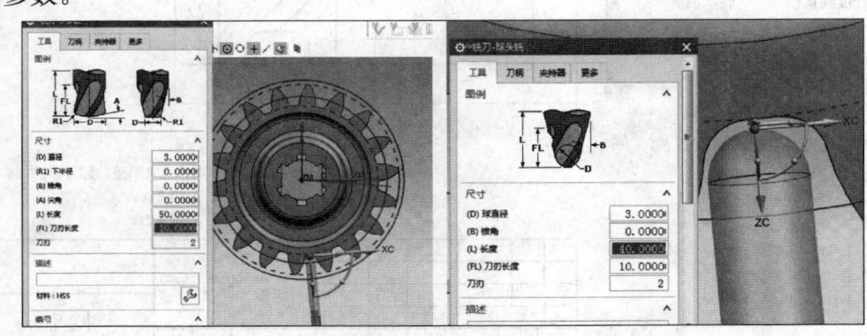

图 2.29　刀具创建过程

3）创建工序

在工件几何体、刀具都创建好之后，接着创建对应的加工工序，生成加工轨迹，最后转化成加工代码：

（1）右击“工序导航器中”→插入→工序，在轮廓铣中，选择子类型“型腔铣”，确定好对应的刀具及第一步中所创建的几何体，点击确定，弹出型腔铣详细任务单。

对其中的一些参数进行定义，主要有“指定切削区域”“指定刀轴矢量”“确定切削参数（每刀切削深度、切削步距等，视具体情况而定）”；点击指定矢量，弹出定义对话框，类型选择“面/平面法向”，点击确定，回到型腔铣定义菜单，可在最下面操作子菜单中，点击生成，查看刀路，也可直接点击确定，在工具栏中点击生成刀轨，主要步骤及结果如图 2.30 所示。

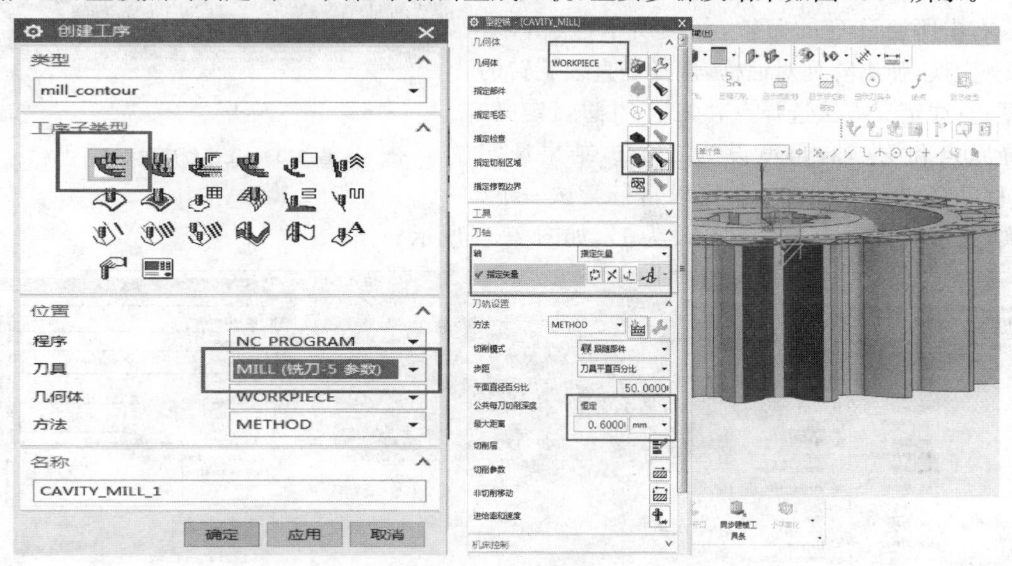

图 2.30 工序创建过程 1

(2) 创建“流线铣”，创建工序，在“mill_contour”类型中，选择“固定轴轮廓铣”子类型，定义好对应的刀具及工件几何体，点击确定，结果如图 2.31 所示。

指定切削区域，指定驱动方法为“流线”，弹出流线驱动方法对话框，在下方驱动设置里边，步距定义为“残留高度”模式，根据加工需求，定义残留高度数值，其余默认，点击确定，指定刀轴矢量，方法和前述相同，定义面/平面法向为固定轴矢量，如图 2.32 所示。

图 2.31 工序创建过程 2

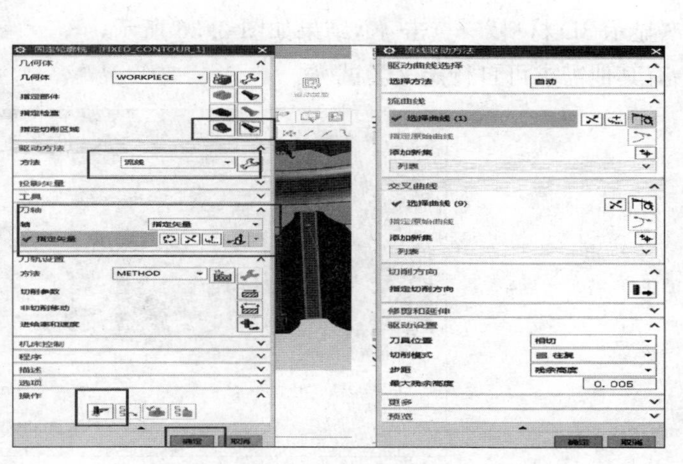

图 2.32 工序创建过程 3

点击生成，结果如图 2.33 所示。

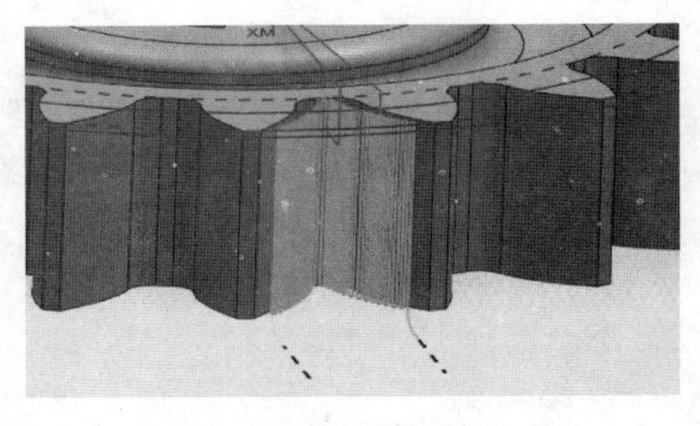

图 2.33　工序创建过程 4

(3) 因为齿轮具有圆周方向平均分布的特性，对已经生成好的单个齿槽刀轨进行实例变换，即可生成剩余齿槽的加工轨迹。

右击所要阵列的刀轨，如图所示，点击“对象”→变换，弹出阵列对话框，选择绕直线旋转的类型；直线定义方法选择点和矢量，并进行定义，选择原点和 Z_c 轴，角度设为 360/z，结果选实例，移动、复制的效果不同，可以自行尝试一下，距离/角度分割设为 1，实例数设为 17，如图 2.34 所示。

图 2.34　工序创建过程 5

点击确定，结果如图 2.35 所示，此处仅提供一种方法，在实际加工过程中，可以利用转台的分度功能，对旋转坐标系进行设定，只需要生成一个齿槽的加工代码即可。

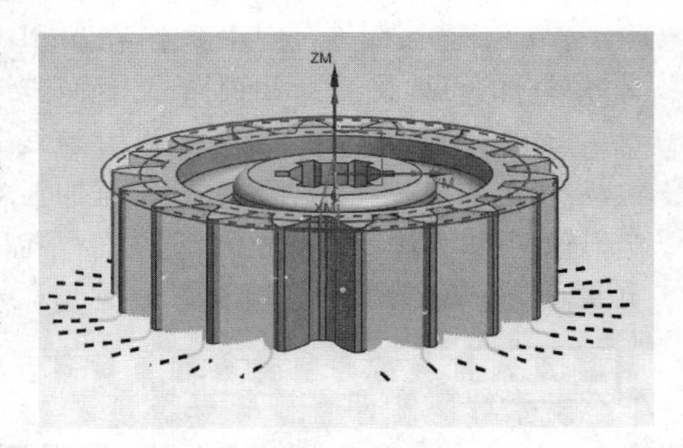

图 2.35　工序创建过程 6

4) *加工仿真*

刀轨生成完成后，对其进行切削仿真，选择需要仿真切削的刀路，点击“机床仿真”→选中“显示 3D 材料”→点击 ▶，结果如图 2.36 所示，有其他需求可自行定义尝试。

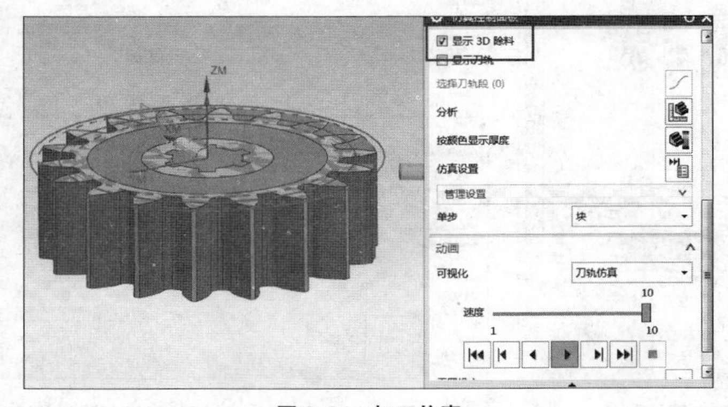

图 2.36　加工仿真

2.7.2 专用机床及专用软件加工

1) 渐开线齿轮加工工艺分析

在专用齿轮加工机床上加工齿轮时,需要对其加工工艺进行分析,选择合适的齿轮加工工艺,确定加工工艺后,选用合适的刀具及机床,采用专用齿轮加工 CAM 软件直接生成加工代码,此处对渐开线直齿轮的加工工艺需求进行简单的分析。

RV 减速器的第一级减速为合理均载的行星传动,齿轮的宽径比大于 4,是盘形齿轮,刚性比较差,加工过程中产生局部弹性变形。精度等级不能差于 5 级,精加工需要进行磨齿。将负载相等地分布在行星轮上,三个渐开线齿轮的齿厚或者公法线实际尺寸应该相等,保证三个渐开线行星轮一致,在加工齿形时,将三个行星轮装在一个心轴上,一次滚齿,采用砂轮进行磨削时,保证砂轮和被磨齿轮的相对位置不变,即可保证三个渐开线齿轮的齿厚一样。

毛坯的选择,齿轮的加工方法很多,切削加工是常用的方法,在大批量生产时,采用精密铸造、精密锻造、热轧及冷挤压工艺,铸造适合形状复杂、精度要求不高的齿轮,棒料适合小体积、造型容易、强度要求不高的零件,锻造出的零件精度高,适合耐磨、耐冲击,并且锻造毛坯的纤维组织与轴线垂直,分布合理,所以选择模锻。

零件的热处理,在齿坯粗加工前,为了消除齿轮的应力,改善材料的加工性能,细化晶粒,使内部组织更均匀,常选用正火处理或者退火处理作为预处理,齿形加工完成后,齿面进行淬火加低温回火,淬火后的齿形变形小,但内孔直径会收缩,所以淬火后应修正。

以前述所建齿轮模型为例,简述渐开线齿轮的加工工艺如下:

(1) 毛坯选用模锻。

(2) 正火处理,加热到 840 ℃,保持温度 1 h,迅速降低到 600 ℃保温 1 h,在空气中冷却,硬度 170～207HBS。

(3) 机加工。

刀具选择:刀具 1 粗车,刀具 2 精车,刀具 3 扩孔钻,刀具 4 铰刀;工序如下:

① 以毛坯外圆面为基准,用刀具 1 粗车端面,用刀具 3 扩花键底孔,之后用刀具 4 镗花键底孔至所需尺寸,花键底孔留 0.2 mm 的余量;

② 以花键底孔与端面作为定位基准,拉花键至尺寸;

③ 以花键孔定位安装在心轴上,用刀具 1 粗车两端内孔,用刀具 2 精车两端内孔至图样要求;

④ 以花键孔和端面定位,进行铣齿/滚齿;

⑤ 倒角,去毛刺;

⑥ 齿部高频淬火;

⑦ 插花键;

⑧ 成形磨齿,以花键孔定位,三个行星轮同时磨削,保证一致性。

2) 轮齿部分典型加工工艺程序及仿真

根据自主开发的齿轮加工代码生成软件,生成成形铣齿/滚齿加工代码,也可根据加工原理自行手动编制加工代码,并利用 VERICUT 仿真软件建立实体机床模型,切削验证加工代码的正确性。

首先借助通用三维建模软件 UG 建立机床的三维实体模型，如图 2. 37 所示，并导出为 STL 格式（注意直接将装配体导出，这样在导入到 VERICUT 软件中时能保持装配关系）。

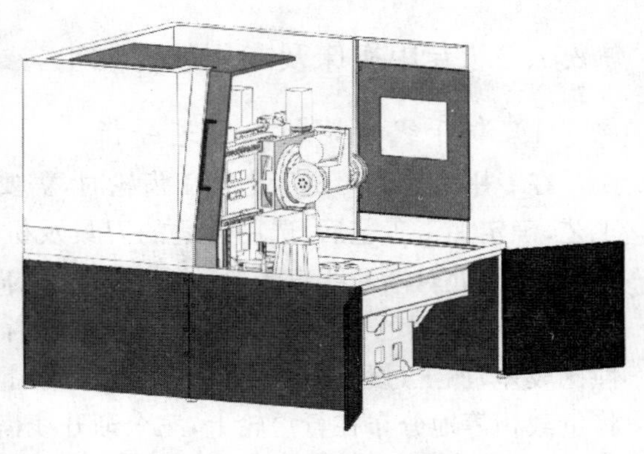

图 2. 37 专用齿轮加工机床模型

将 STL 模型导入到 VERICUT 软件中；在导入实体模型之前，首先建立一个新的项目，并根据实际机床的轴配置，在 VERICUT 中定义各运动轴，新建一个 VERICUT 项目，点击文件→新项目，在弹出的对话框中，选择毫米为单位，命名项目名称，如图 2. 38 所示。

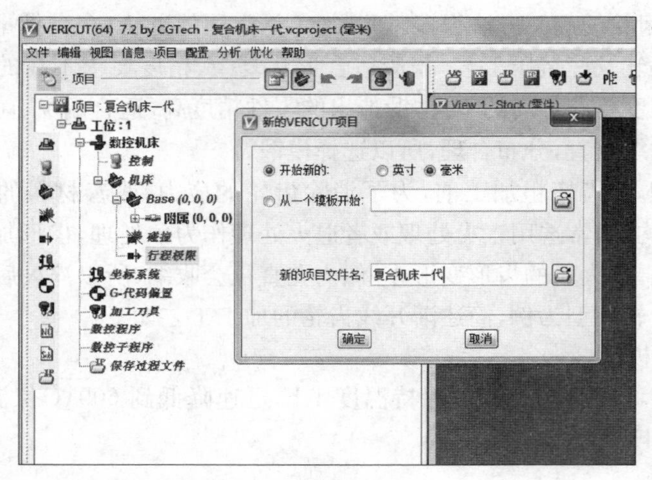

图 2. 38 新建项目

右击床身 Base (0, 0, 0)，添加 X 轴线性，即 X 轴，表示 X 轴是固定在床身上的，X 轴下一级为 Z 轴，X 轴的运动同时带动 Z 轴的运动，表示 Z 轴应该在 X 轴的下一级而非床身，以此类推判断好机床各轴的相互位置关系，依次建立 X,Y,Z,A,C 轴，如图 2. 39 所示。

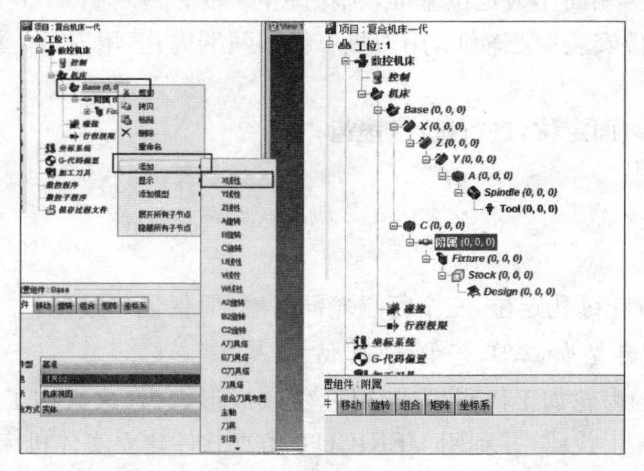

图 2. 39 建立各轴位置关系

添加实体模型，右击床身 Base (0, 0, 0)→添加模型→模型文件→选中由三维装配模型转换而来的 STL 文件，结果如图 2.40 所示，三维装配模型已经导入到 VERICUT 软件中。

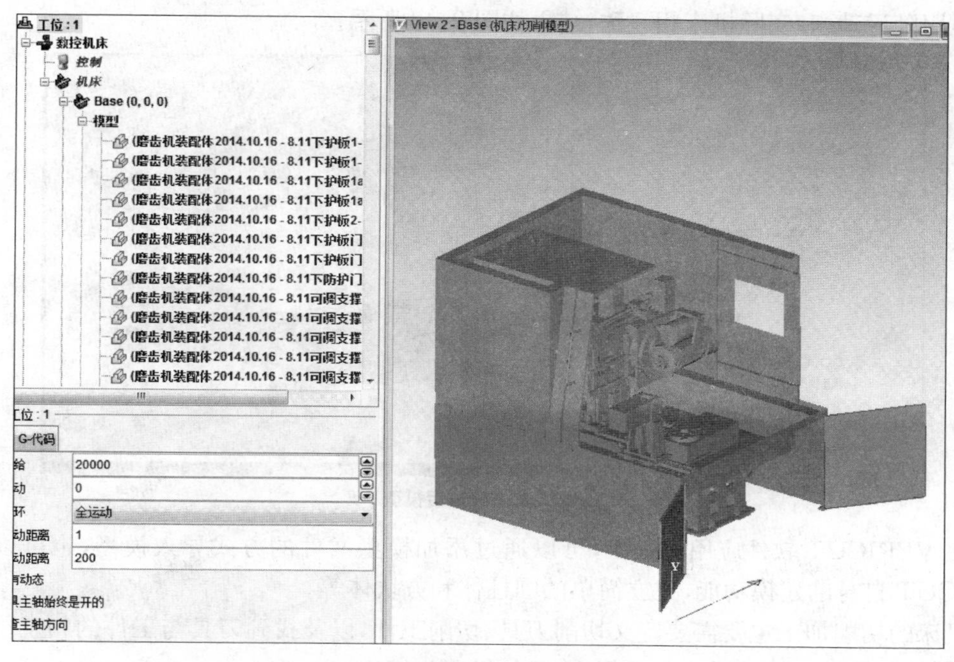

图 2.40 模型导入结果

发现机床的模型颜色已经全部变为继承色——红色，可以根据自己的需要，改变各个模型文件的颜色，选中所要改变的模型→在配置模型对话框中，选择自己所需要的颜色，如图 2.41 所示。

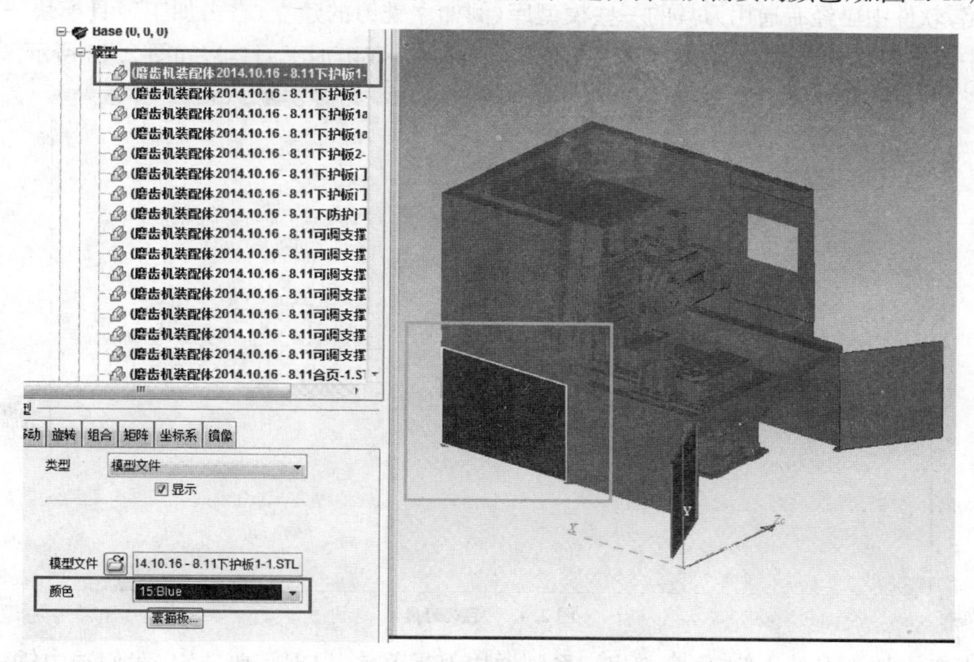

图 2.41 修改颜色

将颜色调整为目标颜色后，根据各个模型的配置情况，例如床身模型应在床身坐标系下级，需要跟随运动的模型应设定在对应的运动轴下级，这样在机床各轴运动时，对应的实体模型也跟随运动，和实际机床相一致，结果如图 2.42 所示。

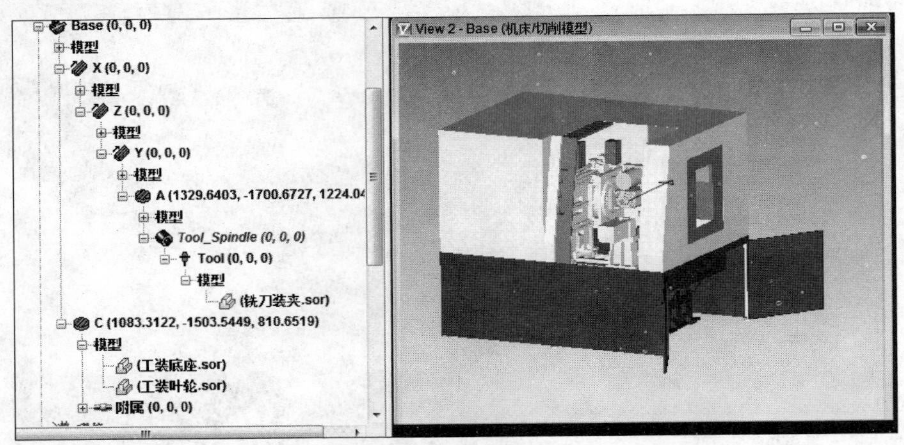

图 2.42　修改后模型

在 VERICUT 软件应用过程中，可以通过添加模型文件的方式导入模型，也可以利用 VERICUT 自身的建模功能，建立简单的圆柱体和方块体等。

机床的切削加工主要需要定义切削刀具、切削工件，以及找到刀具与工件的相互位置关系（机床结构参数），最后导入加工程序，具体过程如下：

(1) 定义刀具模型

VERICUT 中建立的刀具只是能反映加工轮廓的几何体，很多细节比如刃形，排屑槽等可以忽略，软件中已经有通用刀具的一些模型库，例如立铣刀的建立，右击加工刀具模块→在菜单栏中点击刀具管理器，弹出刀具管理器菜单（也可直接双击加工刀具），如图 2.43 所示。

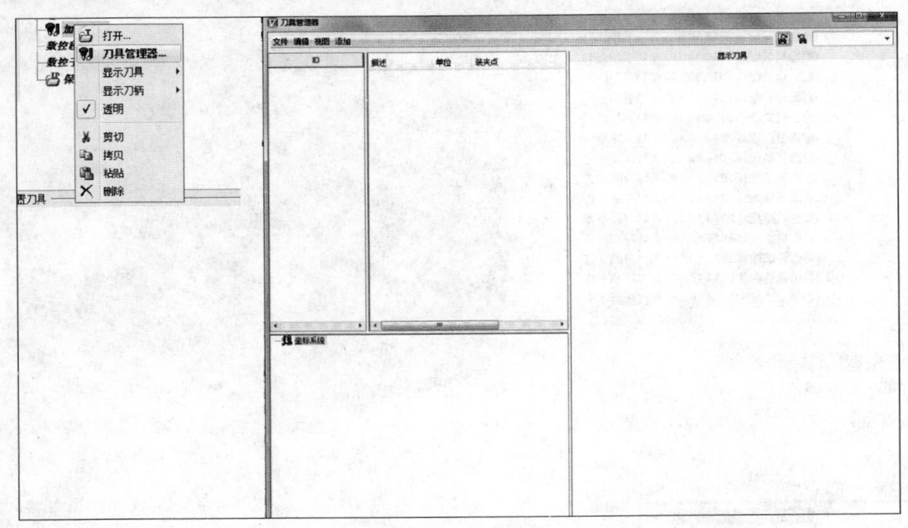

图 2.43　定义刀具

点击添加→刀具→新，就会弹出一系列通用刀具菜单，根据需要选定，我们选中铣削，输入一些基本的刀具参数，点击添加如图 2.44 所示，即可生成立铣刀，还可以自定义刀柄、球头刀、车刀等。注意搞清楚刀具装夹点坐标的含义，并和刀具组件坐标系联系起来。

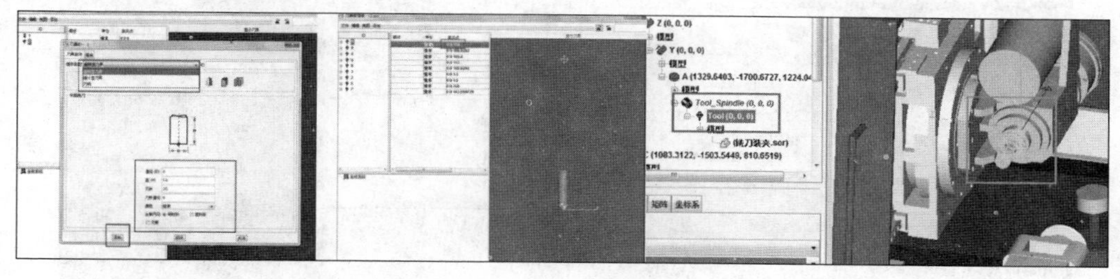

图 2.44　生成刀具

在定义特殊的刀具，比如滚刀、刮齿刀、盘铣刀时，VERICUT 里没有对应的模型库，可以通过添加模型文件的方式，或者添加轮廓旋转的方式，建立刀具，同样在刀具管理器中操作，如图 2.45 所示。

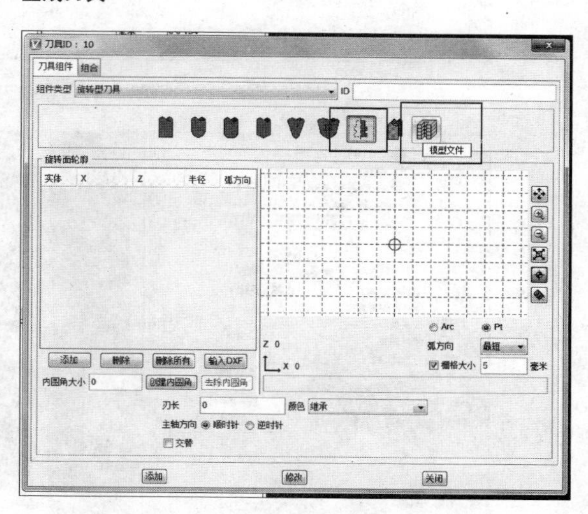

图 2.45　定义特殊刀具

以成形铣齿为例，盘形铣刀为回转体，可以在铣刀模式下通过轴截面轮廓曲线回转得到。采用二维绘图软件，建立盘铣刀的轴截面图形，注意齿廓为实际所需加工齿轮的齿槽轮廓，比如渐开线，如图所示，并保存为 dxf 文件，回到 VERICUT 软件，在铣削刀具模块中，点击旋转面轮廓→输入 dxf，如图 2.46 所示，打开刚刚所建立的 dxf 文件。

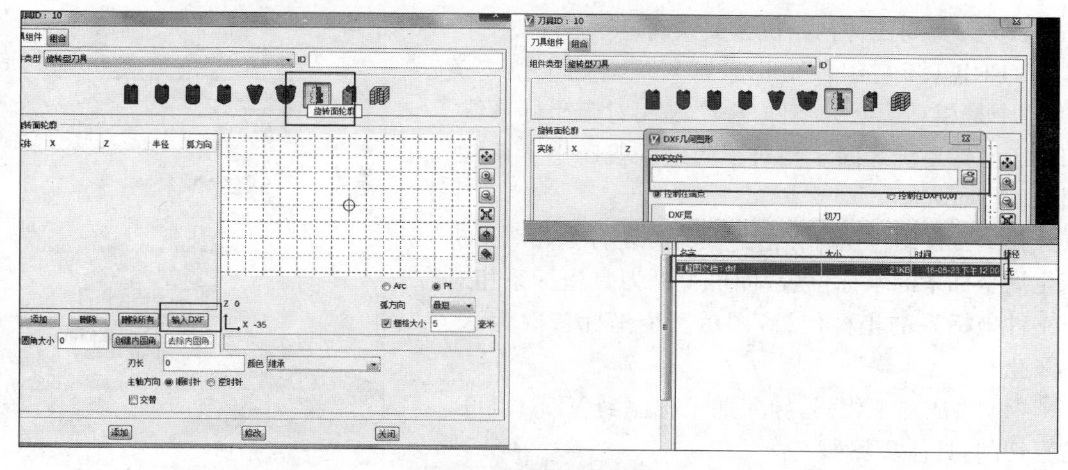

图 2.46　绘制添加特殊刀具

点击输入，结果如图 2.47 所示，点击添加，盘铣刀就建立完成了。

(2) 建立齿轮毛坯

圆柱齿轮的毛坯比较简单，直接在 stock 组件坐标系下→添加模型→圆柱，如图 2.48 所示，输入高和齿顶圆半径，即可得到齿轮毛坯。

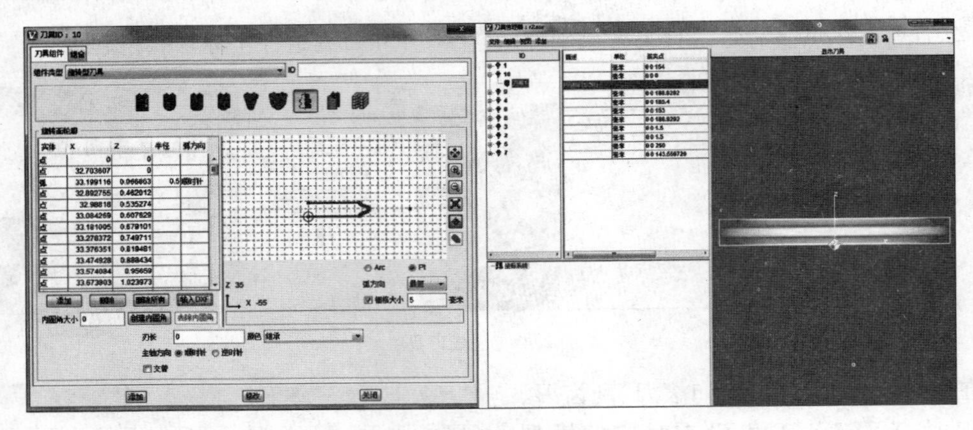

图 2.47　特殊刀具建立完成

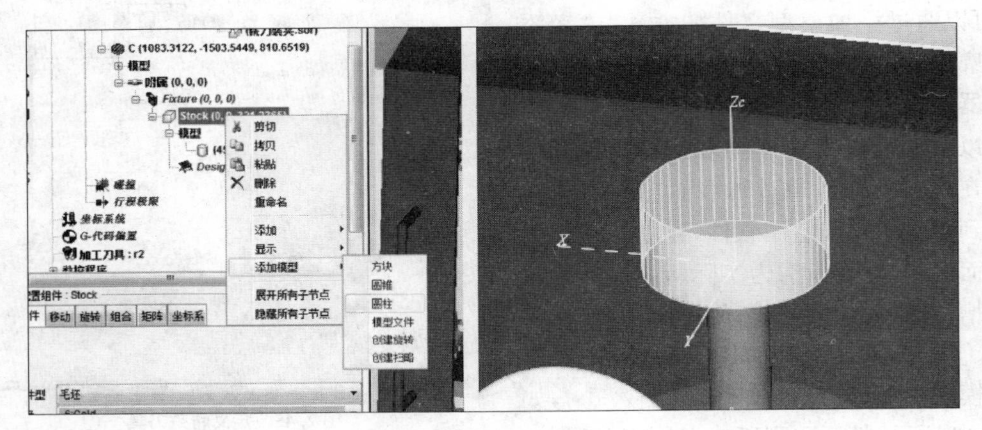

图 2.48　建立齿轮毛坯

（3）刀具与工件初始位置关系确定

VERICUT 各组件坐标系都对应着两个位姿关系，一个是相对于上级组件，一个是相对于坐标系统，相对于坐标系统等同于相对于固定的机床坐标系，如图 2.49 所示。

找到工件组件坐标系和刀具组件坐标系相对于机床全局坐标系的坐标位置，即可得到刀具坐标系相对于工件坐标系的坐标位置，图示三个坐标依次为 X，Y，Z 坐标。

（4）生成加工代码，导入加工程序到 VERICUT，仿真切削，具体步骤如下：

① 在 UG 的 CAM 模块中，找到工件模块，输入加工对象渐开线齿轮参数，保存并绘制齿廓图像，如图 2.50 所示。

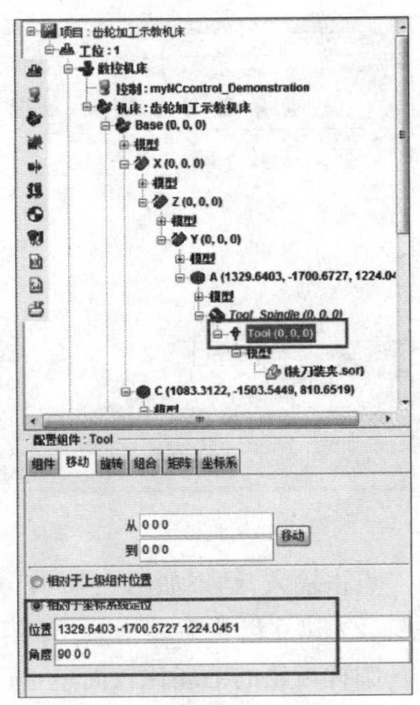

图 2.49　刀具与工件位置关系确定

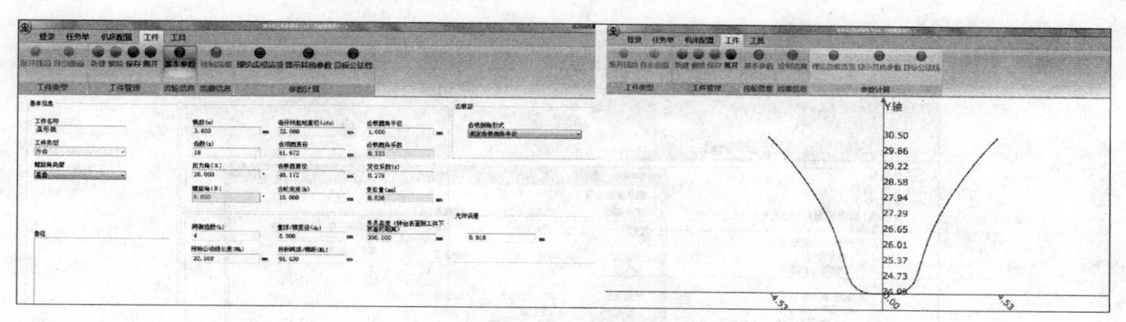

图 2.50　绘制齿廓图像

② 在刀具模块，输入盘铣刀参数，如图 2.51 所示，保存并退出。

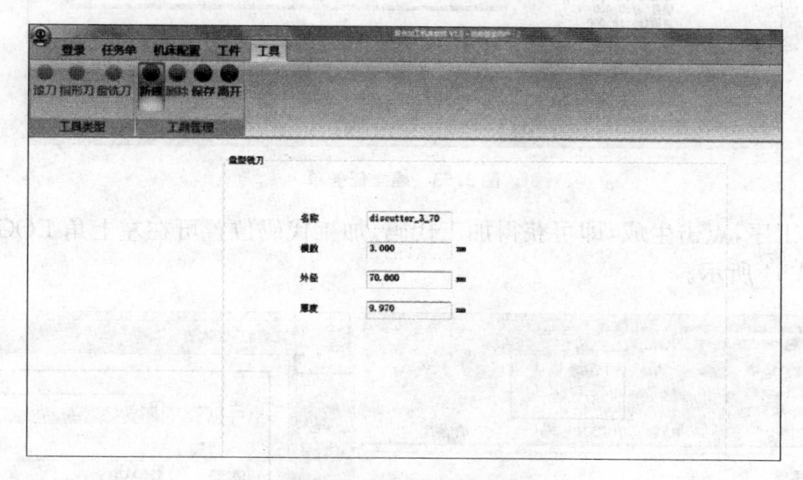

图 2.51　输入盘铣刀参数

③ 选择盘铣加工，机床配置，输入刀具与工件坐标系之间的相互位置关系，如图 2.52 所示。

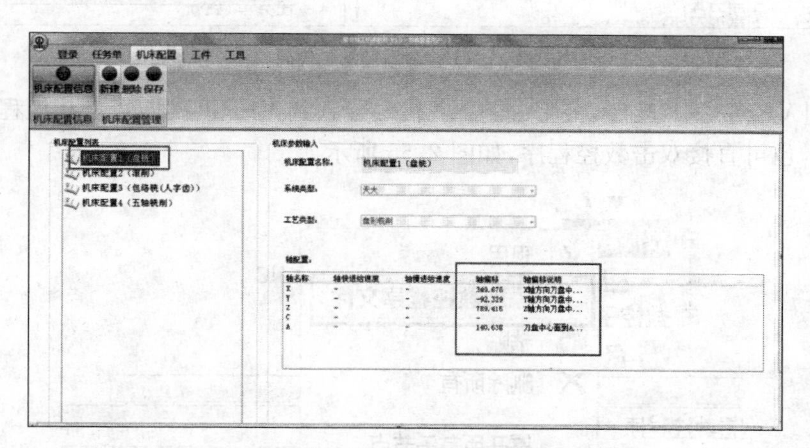

图 2.52　选择盘铣加工

④ 新建任务单，依次选择机床配置，所要加工的齿轮，所用的刀具，以及工序参数如图 2.53 所示。

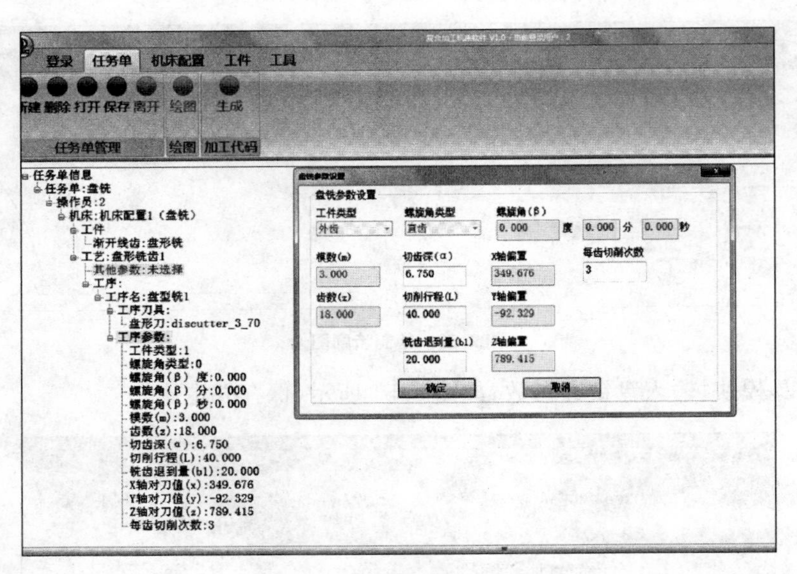

图 2.53　建立任务单

⑤ 选中工序，点击生成，即可获得加工代码，加工代码位置可在左上角 LOGO 位置进行设置，如图 2.54 所示。

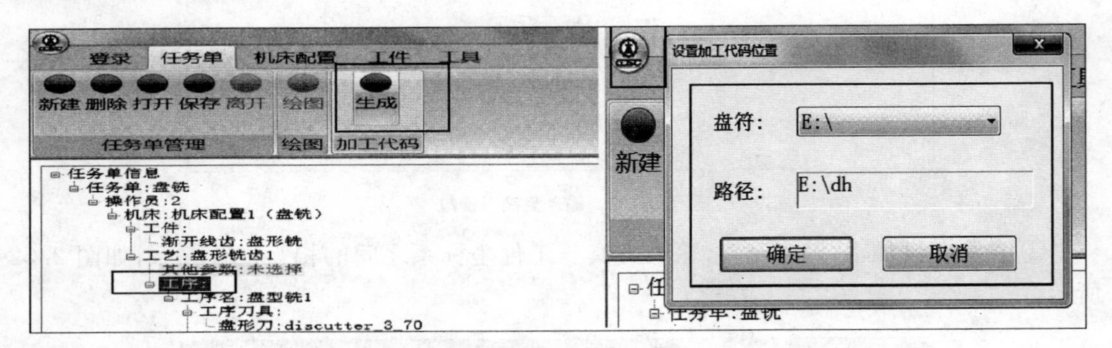

图 2.54　生成数控加工代码

⑥ 回到 VERICUT 软件，将生成的 NC 代码导入到 VERICUT，右击数控程序→添加数控程序文件，也可直接双击数控程序，如图 2.55 所示。

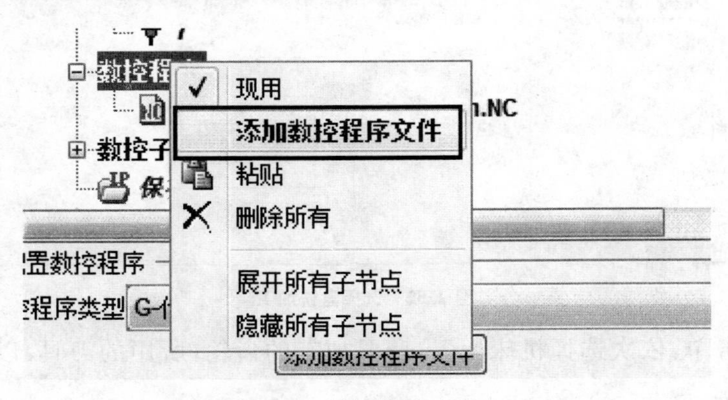

图 2.55　导入数控加工程序

⑦ 点击仿真按钮，仿真结果如图 2.56 所示。

图 2.56 加工仿真示例

成形铣齿代码示例：

铣削左旋斜齿轮

```
#4=3(mn 法向模数)
#2=18(z 齿轮齿数)
#24=#2-1
#10=0(beta-degree 螺旋角,度)
#11=0(beta-minutes 螺旋角,分)
#12=0(beta-seconds 螺旋角,秒)
#22=1(n)
#8=6.75(cut depth 切削深度)
#9=40(travel 切削行程)
#6=-180.704(X 轴对刀点)
#7=-51.831(Z 轴对刀点)
#25=20(tool back 刀具回退距离)
#16=3(cutting frequency of each tooth,每齿切削次数)
#17=#16+1
N10  #13=-1*[#10+#11/60+#12/3600](确定盘铣刀摆动矢量角度)
N20  G90  G01  A[0-#13+0.398]  F100(A 轴转到指定角度)
N30  G90  G01  Y57.74  F3000(Y 轴进给到待切削位置)
N40  M74(A locking,A 轴锁紧)
N50  #1=0(切削齿数计数)
N60  #3=[360/#2](分度角度)
N70  #15=0(第一齿切削时 C 轴的起始位置)
N80  M04  S500(主轴旋转)
N90  G4  X2(暂停 2 s)
N100  #14=#9*SIN[#13]*360/[#2*#4*3.141](给定的切削行程 C 轴关联的旋转角度)
N110  (M72)(lubricants on,润滑打开)
```

N120　#5=1(每齿切削次数计数变量)
N130　G90　G01　C#15　F100(记录同一齿每次切削时 C 轴的起始位置)
N140　G90　G01　X[#6-#8/#16*#5]　F3000(X 轴进给到径向切深位置)
N150　G90　G01　Z#7　F500(Z 轴进给到对刀位置)
N160　G90　G01　Z[#7-0.02*#9]　C[#15+0.02*#14]　F200
N170　Z[#7-0.04*#9]　C[#15+0.04*#14]
N180　Z[#7-0.10*#9]　C[#15+0.10*#14]
N190　Z[#7-0.12*#9]　C[#15+0.12*#14]
N200　Z[#7-#9]　C[#15+#14](逐步进给切削直到整个切削行程)
N210　G90　G01　X[#6-#8/#16*#5+#25]　F3000(刀具回退到安全位置)
N220　Z#7(刀具回到初始对刀位置)
N230　#5=#5+1
N240　IF [#5 LT #17] GOTO130
N250　#1=#1+1
N260　IF [#1 GT #24] GOTO290
N270　#15=#1*#22*360/#2
N280　GOTO120
N290　G90　G01　X0　F3000
N300　Z0
N310　Y0
N320　M84
(A　Loosen)
N330　A0　F100
N340　G4　X5
N350M05
N360　M30

滚齿代码示例：

G80.4;(关闭电子齿轮箱)

G90　G01　X0　Y0　Z0　A#1　C0　F500;(各轴回初始状态，只有 A 不是参考点位置，而是主轴水平时 A 轴的读数#1)

G90　G01　Y#2　F500;(Y 轴到位，使得 A 轴偏摆之后，滚刀中心与工件原点在 Y 方向上位置保持一致)

G90　G01　A#3　F50;(A 轴到位，1. 加工直齿，若滚刀右旋，则#3=#1+lambda，若滚刀左旋，则#3=#1-lambda；2. 加工右旋斜齿，若滚刀右旋，则#3=#1+lambda-beta，若滚刀左旋，则#3=#1-lambda-beta；3. 加工左旋斜齿，若滚刀右旋，则#3=#1+lambda+beta，若滚刀左旋，则#3=#1-lambda+beta；其中，lambda 为滚刀螺旋升角，beta 为齿轮螺旋角)

G90　G01　Z#4　F500;(控制 Z 轴，使得滚刀在 Z 方向上远离工件上端面)

G90　G01　X＃5　F500;(X 轴到位,使得滚刀外轮廓圆柱面与齿轮齿顶圆柱面相切)
G91　G01　X＃6　F300;(X 轴进给到切削位置,＃6 为切深)
Z＃7　F500;(Z 轴上到位,使得滚刀到达切削起始位置)
M00;(所有程序暂停)
M19;(主轴准停)
G81.4　T＃8　L＃9　Q＃10　P＃11(开启电子齿轮箱;齿轮齿数＃8;滚刀头数＃9;滚刀模数＃10;齿轮螺旋角＃11,若为右旋则是负值,左旋则是正值)
M04　S＃12;(主轴逆时针旋转,＃12 主轴转速)
G90　G01　Z＃13　F7;(开始滚齿,Z 轴下到位,使得滚刀切出工件)
X－150　F50;(X 轴回退)
M5;(主轴停转)
G80.4;(关闭电子齿轮箱)
M30;(程序结束)

通用刀具包络法加工代码示例:

① 主程序

```
T10　M6 %换刀
M03　S3000 %主轴旋转
G4　X4 %暂停 4 s
#10=1 %计数变量
G90　G01　X0　Y0　Z0　F500 %回零点
G92　X246.689　Y－48.48　Z166.423 %设定工件坐标系
WHILE [#10 LE 18] DO 1
M98　P0001 %调用子程序,子程序号
G52　C[360/18 * #10] %转台分度
#10=#10+1
END 1
M30
```

② 部分粗加工子程序

```
O0001
N1　G90　G01　X－0.053　Y－40.836　Z－1.558　A－0.000　C－85.941　F500
N2　G90　G01　X－0.053　Y－33.273　Z－1.558　A－0.000　C－85.941　F500
N3　G90　G01　X－0.053　Y－30.273　Z－1.558　A－0.000　C－85.941　F500
N4　G90　G01　X－0.053　Y－30.273　Z－0.058　A－0.000　C－85.941　F500
N5　G90　G01　X－3.159　Y－30.273　Z－0.058　A－0.000　C－85.941　F500
N6　G90　G01　X－3.158　Y－30.273　Z－0.032　A－0.000　C－85.941　F500
N7　G90　G01　X－3.158　Y－30.273　Z－0.006　A－0.000　C－85.941　F500
N8　G90　G01　X－3.158　Y－30.273　Z－18.007　A－0.000　C－85.941　F500
N9　G90　G01　X－3.158　Y－30.273　Z－18.033　A－0.000　C－85.941　F500
```

```
N10 G90 G01 X-3.159 Y-30.273 Z-18.058 A-0.000 C-85.941 F500
N11 G90 G01 X-3.264 Y-30.273 Z-18.058 A-0.000 C-85.941 F500
N12 G90 G01 X-3.263 Y-30.273 Z-18.034 A-0.000 C-85.941 F500
N13 G90 G01 X-3.263 Y-30.273 Z-18.009 A-0.000 C-85.941 F500
N14 G90 G01 X-3.263 Y-30.273 Z-0.010 A-0.000 C-85.941 F500
N15 G90 G01 X-3.263 Y-30.273 Z-0.034 A-0.000 C-85.941 F500
N16 G90 G01 X-3.264 Y-30.273 Z-0.058 A-0.000 C-85.941 F500
N17 G90 G01 X-0.053 Y-30.273 Z-0.058 A-0.000 C-85.941 F500
N18 G90 G01 X-0.053 Y-30.273 Z-1.442 A-0.000 C-85.941 F500
N19 G90 G01 X-1.658 Y-30.273 Z-1.442 A-0.000 C-85.941 F500
N20 G90 G01 X-1.658 Y-30.273 Z-16.558 A-0.000 C-85.941 F500
N21 G90 G01 X-1.763 Y-30.273 Z-16.558 A-0.000 C-85.941 F500
N22 G90 G01 X-1.763 Y-30.273 Z-1.442 A-0.000 C-85.941 F500
N23 G90 G01 X-0.053 Y-30.273 Z-1.442 A-0.000 C-85.941 F500
N24 G90 G01 X-0.053 Y-30.273 Z-2.942 A-0.000 C-85.941 F500
N25 G90 G01 X0.158 Y-30.273 Z-2.942 A-0.000 C-85.941 F500
N26 G90 G01 X0.158 Y-30.273 Z-15.058 A-0.000 C-85.941 F500
N27 G90 G01 X-0.263 Y-30.273 Z-15.058 A-0.000 C-85.941 F500
N28 G90 G01 X-0.263 Y-30.273 Z-2.942 A-0.000 C-85.941 F500
N29 G90 G01 X-0.053 Y-30.273 Z-2.942 A-0.000 C-85.941 F500
N30 G90 G01 X-0.053 Y-30.273 Z1.558 A-0.000 C-85.941 F500
…
```

③ 部分半精/精加工子程序

```
O0002
N1 G90 G01 X-4.002 Y-40.481 Z-19.500 A-0.000 C-85.462 F500
N2 G90 G01 X-4.002 Y-33.281 Z-19.500 A-0.000 C-85.462 F500
N3 G90 G01 X-4.002 Y-31.459 Z-19.500 A-0.000 C-85.462 F500
N4 G90 G01 X-4.002 Y-30.885 Z-19.386 A-0.000 C-85.462 F500
N5 G90 G01 X-4.002 Y-30.398 Z-19.061 A-0.000 C-85.462 F500
N6 G90 G01 X-4.002 Y-30.073 Z-18.574 A-0.000 C-85.462 F500
N7 G90 G01 X-4.002 Y-29.959 Z-18.000 A-0.000 C-85.462 F500
N8 G90 G01 X-4.002 Y-29.959 Z-17.820 A-0.000 C-85.462 F500
N9 G90 G01 X-4.002 Y-29.959 Z-17.640 A-0.000 C-85.462 F500
N10 G90 G01 X-4.002 Y-29.959 Z-17.460 A-0.000 C-85.462 F500
N11 G90 G01 X-4.002 Y-29.959 Z-17.280 A-0.000 C-85.462 F500
N12 G90 G01 X-4.002 Y-29.959 Z-17.100 A-0.000 C-85.462 F500
N13 G90 G01 X-4.002 Y-29.959 Z-16.920 A-0.000 C-85.462 F500
N14 G90 G01 X-4.002 Y-29.959 Z-16.740 A-0.000 C-85.462 F500
```

```
N15 G90 G01 X-4.002 Y-29.959 Z-16.560 A-0.000 C-85.462 F500
N16 G90 G01 X-4.002 Y-29.959 Z-16.380 A-0.000 C-85.462 F500
N17 G90 G01 X-4.002 Y-29.959 Z-16.200 A-0.000 C-85.462 F500
N18 G90 G01 X-4.002 Y-29.959 Z-16.020 A-0.000 C-85.462 F500
N19 G90 G01 X-4.002 Y-29.959 Z-15.840 A-0.000 C-85.462 F500
N20 G90 G01 X-4.002 Y-29.959 Z-15.660 A-0.000 C-85.462 F500
N21 G90 G01 X-4.002 Y-29.959 Z-15.480 A-0.000 C-85.462 F500
N22 G90 G01 X-4.002 Y-29.959 Z-15.300 A-0.000 C-85.462 F500
N23 G90 G01 X-4.002 Y-29.959 Z-15.120 A-0.000 C-85.462 F500
N24 G90 G01 X-4.002 Y-29.959 Z-14.940 A-0.000 C-85.462 F500
N25 G90 G01 X-4.002 Y-29.959 Z-14.760 A-0.000 C-85.462 F500
N26 G90 G01 X-4.002 Y-29.959 Z-14.580 A-0.000 C-85.462 F500
N27 G90 G01 X-4.002 Y-29.959 Z-14.400 A-0.000 C-85.462 F500
N28 G90 G01 X-4.002 Y-29.959 Z-14.220 A-0.000 C-85.462 F500
N29 G90 G01 X-4.002 Y-29.959 Z-14.040 A-0.000 C-85.462 F500
N30 G90 G01 X-4.002 Y-29.959 Z-13.860 A-0.000 C-85.462 F500
N31 G90 G01 X-4.002 Y-29.959 Z-13.680 A-0.000 C-85.462 F500
…
```

3 凸轮机构设计与制造实例

3.1 凸轮机构简介

3.1.1 凸轮机构的组成及应用

凸轮机构是由具有曲线轮廓或凹槽的构件，通过高副接触带动从动件实现预期运动规律的一种高副机构。它是典型的常用机构之一，广泛应用于各种机械，特别是各种自动机械、自动控制装置和装配生产线中。例如，图 3.1 所示为凸轮机构的一种典型应用——内燃机的配气机构。图中外形只有曲线轮廓的构件 1 称凸轮，被凸轮直接带动的构件 2(气阀)称为从动件，当凸轮 1 匀速转动时，推动气阀 2 上下运动。只要选择合适的凸轮轮廓线形状，就可以控制气阀开启或关闭时间的长短及其运动的变化。图 3.2 所示为一绕线机构简图，构件 1 为凸轮，通过适当设计凸轮轮廓线形状，可实现从动件 2 的预期运动，使线 3 有规律地被绕在线芯 4 上。

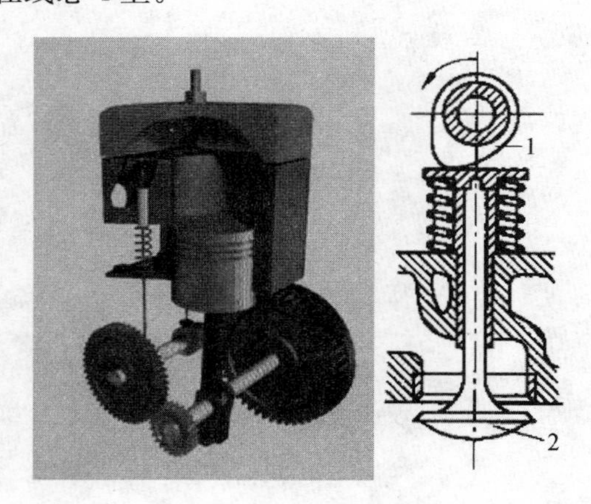

图 3.1　内燃机的配气机构

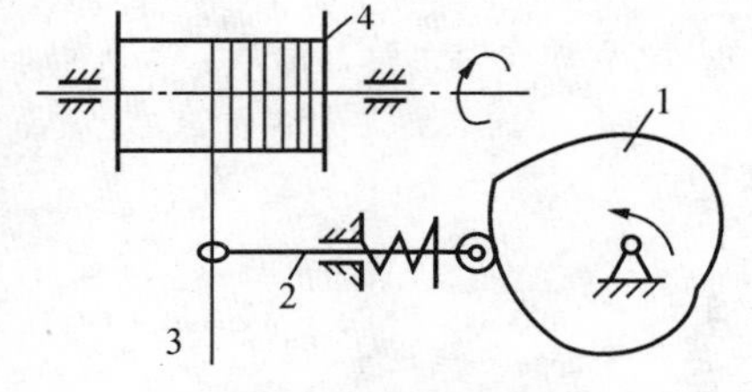

图 3.2　绕线机的机构简图

由这两个例子可知，凸轮机构由凸轮、从动件、机架以及附属装置组成，具有结构简单、紧凑、工作可靠的特点。由于从动件的运动规律是由凸轮轮廓曲线决定的，所以只要凸轮轮廓设计得当，就可以使从动件实现任意给定的运动规律。但凸轮轮廓与从动件之间是点或线接触，接触应力较大，故易于磨损，所以凸轮机构多用于传递动力不大的场合。

3.1.2 凸轮机构的类型

凸轮机构类型很多，常常根据凸轮和从动件的形状及其运动形式的不同来分类。

按凸轮的形状分：

（1）盘形凸轮。这种凸轮是一个具有变化向径的盘形构件，它是凸轮的最基本形式。如图 3.1 所示，当其绕固定轴转动时，可推动从动件在垂直于凸轮转轴的平面内运动。它结构简单，应用广泛，但不能要求从动件的行程太大，否则将使凸轮的尺寸过大。

（2）移动凸轮。当盘形凸轮的回转中心趋于无穷远时，盘形凸轮机构就演化成了如图 3.3 所示的移动凸轮机构，凸轮呈板状，它相对于机架做直线移动。

（3）圆柱凸轮。在这种凸轮机构中，凸轮是一个在圆柱面上开有曲线凹槽（如图 3.4 所示）或是在圆柱端面上作出曲线轮廓的构件（如图 3.5 所示），可以看作是把移动的凸轮卷成圆柱体演化而成的。当其转动时，可使从动件在与圆柱凸轮轴线平行的平面内运动。

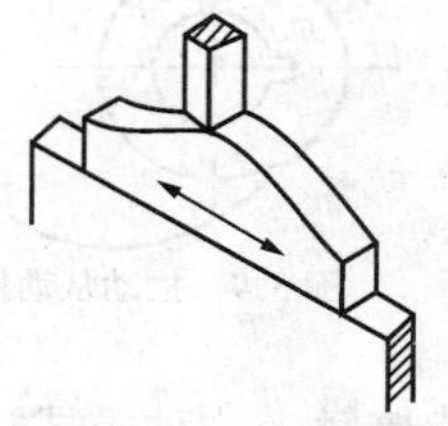

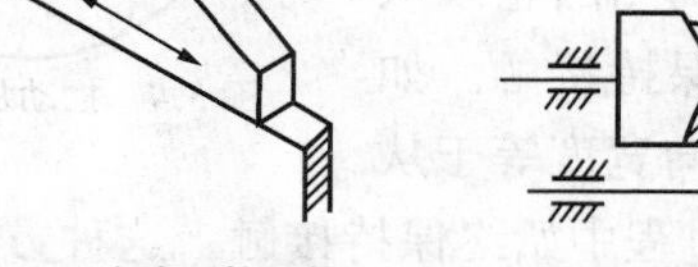

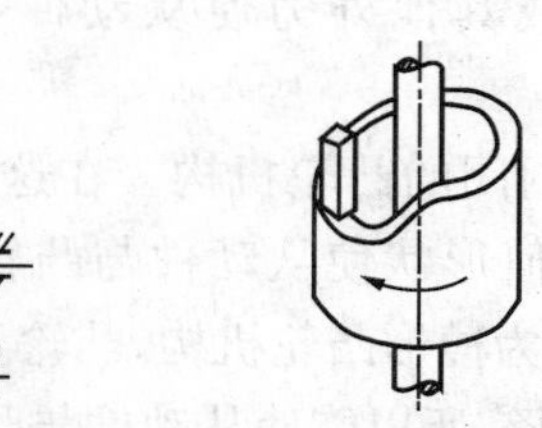

图 3.3　移动凸轮机构　　**图 3.4　槽行圆柱凸轮机构**　　**图 3.5　端面圆柱凸轮机构**

在盘形凸轮和移动凸轮机构中，凸轮与从动件之间的相对运动均为平面运动，故又统称为平面凸轮机构。而在圆柱凸轮机构中，凸轮与从动件之间的相对运动是空间运动，故它属于空间凸轮机构。

按从动件端部的形状分：

（1）尖顶从动件凸轮机构。如图 3.6(a)所示，从动件的尖顶能够与任意复杂的凸轮轮廓保持接触。从而使从动件实现任意的运动规律。这种从动件结构最简单，但尖顶易磨损，只适用于传力不大和速度较低的场合，如仪表等机构中。

（2）滚子从动件凸轮机构。如图 3.6(b)所示，在尖顶从动件的端部安装一个滚子、把尖顶从动件与凸轮之间的滑动摩擦变成了滚动摩擦，所以这种从动件耐磨损，可以传递较大的动力，应用最普遍。

（3）平底从动件凸轮机构。如图 3.6(c)所示，从动件的平底与凸轮的轮廓之间易形成油膜，润滑较好，所以常用于高速场合。其缺点是与从动件配合的凸轮轮廓必须全部为外凸形状。

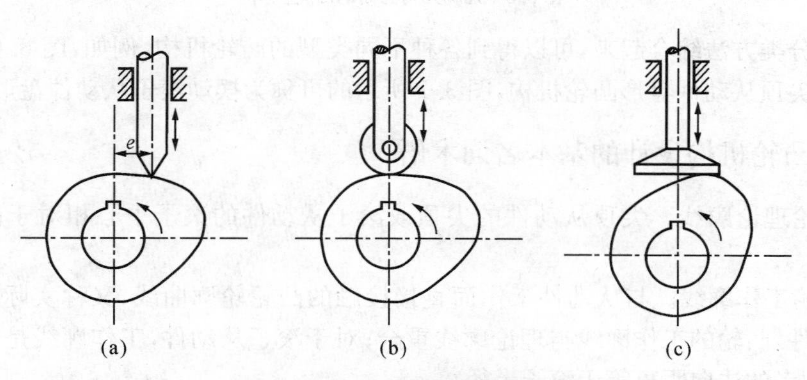

图 3.6　从动件形状不同的凸轮机构

按从动件的运动形式分：

(1) 直动从动件凸轮机构。当凸轮绕固定轴转动时，推动从动件做往复直线运动，如图 3.6 所示。此外根据从动件的轴线是否通过凸轮的回转轴心，又可以进一步分成对心直动从动件凸轮机构(见图 3.6(b)、图 3.6(c))和偏置直动从动件凸轮机构(见图 3.6(a))。

(2) 摆动从动件凸轮机构。当凸轮绕固定轴转动时，推动从功件做往复摆动，如图 3.7 所示。

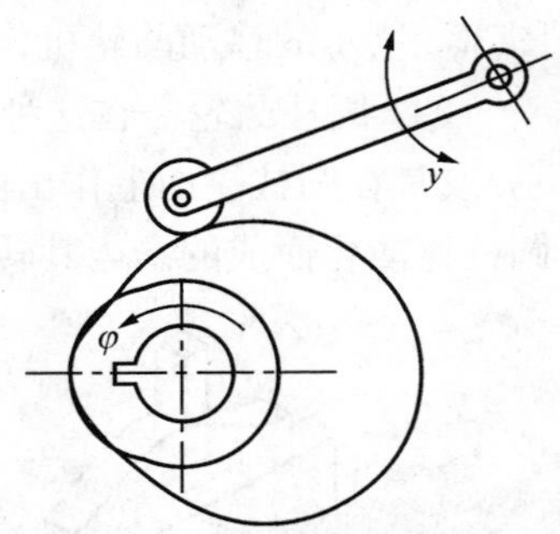

图 3.7　摆动从动件凸轮

按凸轮与从动件维持高副接触方式分：

(1) 力封闭的凸轮机构。在这种机构中，是利用从动件的重力、弹簧力或其他外力使从动件与凸轮轮廓始终保持接触的。

(2) 几何封闭的凸轮机构。在这种机构中，利用凸轮或从动件的特殊几何形状使从动件与凸轮轮廓始终保持接触。如图 3.8(a)所示为槽形凸轮机构，凸轮上凹槽的法向宽度等于从动件的滚子直径，所以能使从动件与凸轮在运动过程中始终保持接触。这种方式运动可靠，但凸轮制造难度较大，并且只适用于滚子从动件。如图 3.8(b)所示为等宽凸轮机构，其从动件做成矩形框架形状，而凸轮廓线上任意两条平行切线间的距离都等于框架内侧的宽度，因此凸轮与从动件可始终保持接触。如图 3.8(c)所示为等径凸轮机构，其从动件上装有两个滚子，凸轮理论廓线在径向线上两点之间的距离处处相等，且等于从动件上两个滚子的中心距，故可使凸轮与两滚子始终保持接触。

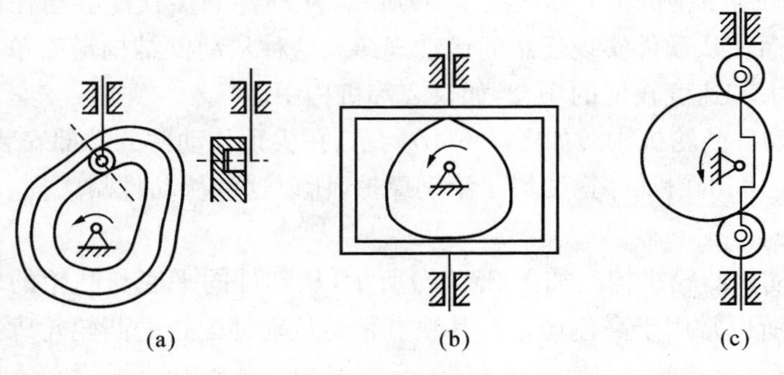

图 3.8　几种几何封闭的凸轮机构

将上述分类方法综合起来，可以得到各种不同类型的凸轮机构，例如，图 3.6(b)所示的可称为直动尖顶从动件盘形凸轮机构，图 3.7 所示的可称为摆动滚子从动件盘形凸轮机构。

3.1.3　凸轮机构设计的基本名词术语

(1) 凸轮理论廓线。尖顶从动件的尖顶或滚子从动件的滚子中心相对于凸轮的运动轨迹。

(2) 凸轮工作廓线。与从动件工作面直接接触的凸轮轮廓曲线，又称实际轮廓线。对于尖顶从动件，凸轮的工作廓线与理论廓线重合；对于滚子从动件，工作廓线是理论廓线的等距曲线，两者的法向距离等于滚子半径。

(3) 凸轮的基圆。以凸轮的回转中心为圆心，以凸轮理论廓线的最小向径 r_0 为半径所作的圆称为凸轮的基圆，r_0 称为基圆半径。

(4) 推程。在凸轮转动过程中，当从动件从最低位置处开始上升，远离凸轮轴心，并被推到最高位置。从动件运动的这一过程称为推程，与推程相对应的凸轮转角称为推程运动角，用 δ_0 表示。

(5) 远休止。从动件处于最高位置（离凸轮回转轴最远）而静止不动，此过程称为远休止。与其相对应的凸轮转角称为远休止角，用 δ_1 表示。

(6) 回程。从动件从最高位置趋近凸轮轴心而回到最低位置，此过程称为回程。凸轮相应的转角称为回程运动角，用 δ_0' 表示。

(7) 近休止。从动件处于最低位置又静止不动，此过程称为近休止。与其相对应的凸轮转角称为近休止角，用 δ_1' 表示。

(8) 行程。凸轮在回转一周的过程中，从动件从最低位置到最高位置的距离称为行程，用 h 表示。

凸轮机构设计的名词术语如图 3.9 所示。

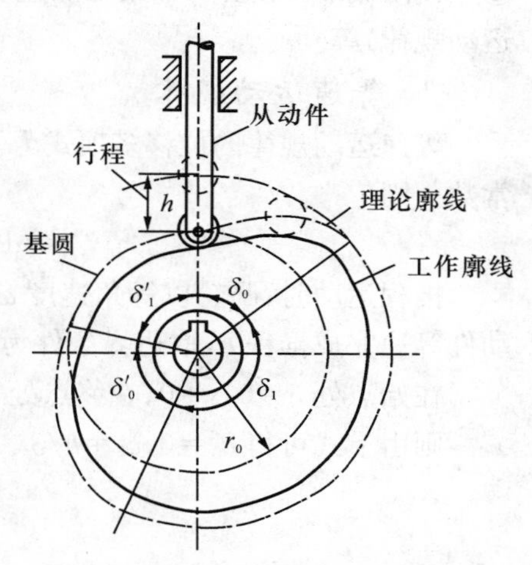

图 3.9 对心直动滚子从动件盘型凸轮机构

3.1.4 凸轮机构设计的主要问题

凸轮机构设计的主要问题有：

(1) 根据设计任务的要求选择凸轮机构的类型和从动件运动规律。

(2) 确定凸轮机构的基本尺寸。

(3) 根据从动件的运动规律设计凸轮轮廓曲线。

(4) 校核压力角及轮廓最小曲率半径，并且进行凸轮机构的结构设计。对于高速凸轮机构，有时还需进行动力学分析与设计。

3.1.5 从动件的运动规律

设计凸轮机构时，首先应根据实际工作要求确定从动件的运动规律，然后根据这一规律设计凸轮轮廓曲线。由于这种工作要求是多种多样的，因此从动件的运动规律有多种形式。

所谓从动件的运动规律，是指从动件在运动时，其位移 s、速度 v、加速度 a 随时间 t 或转角 j 的变化规律。它全面地反映了从动件的运动特性及其变化的规律。从动件的运动规律可以用线图表示，也可以用数学方程式表示。若从动件的位移方程为 $s=s(\delta)$，将其对时间逐次求导，可以得到速度 v 和加速度 a。分别为

$$v=\frac{\mathrm{d}s}{\mathrm{d}t}=\frac{\mathrm{d}s}{\mathrm{d}\delta}\frac{\mathrm{d}\delta}{\mathrm{d}t}=\omega\frac{\mathrm{d}s}{\mathrm{d}\delta} \tag{3.1}$$

$$a=\frac{\mathrm{d}^2s}{\mathrm{d}t^2}=\frac{\mathrm{d}^2s}{\mathrm{d}\delta^2}\left(\frac{\mathrm{d}\delta}{\mathrm{d}t}\right)^2=\omega^2\frac{\mathrm{d}^2s}{\mathrm{d}\delta^2} \tag{3.2}$$

上面两式中，$\frac{\mathrm{d}s}{\mathrm{d}\delta}=s'$，$\frac{\mathrm{d}^2s}{\mathrm{d}\delta^2}=s''$分别称为类速度、类加速度。因为凸轮的角速度 ω 为常数，即凸轮转角 δ 均时间 t 成正比，所以常用类速度、类加速度求从动件的速度、加速度的变化规律。

工程实际中对从动件的运动要求是多种多样的，经过长期的理论研究与生产实践，人们已发现多种具有不同特性的运动规律，其中在工程实际中经常用到的运动规律有以下几种：① 多项式运动规律，如等速运动规律、等加速等减速运动规律、五次多项式运动规律等；② 三角函数运动规律，如余弦加速度运动规律（简谐运动规律）、正弦加速度运动规律（摆线运动规律）等。

1）等速运动规律

等速运动规律的位移多项式为 $s=c_0+c_1\delta$，其中 s 为从动件位移，δ 为凸轮转角，c_0、c_1 为常数。则

$$v=\mathrm{d}s/\mathrm{d}t=c_1\omega,\quad a=\mathrm{d}v/\mathrm{d}t=0$$

推程运动时，凸轮以等角速度 ω 转动，当转过推程运动角 δ_t 时所用时间为 δ_t/ω，同时从动件等速完成推程 h，取边界条件为：

在始点处 $\delta=0, s=0$；在终点处 $\delta=\delta_t, s=h$。

则由上式可得 $c_0=0, c_1=h/\delta_t$。故从动件推程运动时，运动方程为：

$$\begin{cases} s=\dfrac{h}{\delta_t}\delta \\ v=\dfrac{h}{\delta_t}\omega \\ a=0 \end{cases}$$

同理，从动件作回程运动时，取边界条件为：

在始点处 $\delta=0, s=h$；在终点处 $\delta=\delta_h, s=0$。

则从动件回程运动时，运动方程为：

$$\begin{cases} s=h-\dfrac{h}{\delta_h}\delta \\ v=-\dfrac{h}{\delta_h}\omega \\ a=0 \end{cases}$$

由上述可知，从动件在运动过程中的速度为一常数，这种运动规律又称为等速运动规律。不论推程还是回程，一律以推程的最低位置作为度量位移 s 的基准，而凸轮的转角则分别以各段行程开始时凸轮的向径作为度量的基准。

表 3.1 中给出了等速运动规律在推程运动过程中的位移线图、速度线图和加速度线图。可见，在从动件推程开始位置和终止位置处，由于速度突然改变，瞬时加速度在理论上趋于无穷大，因而会产生无穷大的惯性力，机构由此产生的冲击称为刚性冲击。实际上，由于构件弹性形变的缓冲作用使得惯性力不会达到无穷大，但仍将引起机械的振动，加速凸轮的磨损，甚至损坏构件。因此等速运动规律一般只用于低速和从动件质量较小的凸轮机构中。为了避免刚性冲击或强烈振动，可采用圆弧、抛曲线或其他曲线对从动件位移线图的两端点处进行修正。

2）等加速等减速运动规律

等加速等减速运动规律的位移多项式为：

$$s=c_0+c_1\delta+c_2\delta^2$$

则

$$v=\mathrm{d}s/\mathrm{d}t=c_1\omega+2c_2\omega\delta,\quad a=\mathrm{d}v/\mathrm{d}t=2c_2\omega^2$$

在此运动规律中，凸轮以等角速度 ω 转动，从动件在推程或回程的前半段作等加速运动，在推程或回程的后半段作等减速运动，且在通常的情况下，两部分的加速度绝对值是相等的。

推程加速段的边界条件为：

在始点处 $\delta=0, s=0, v=0$；在终点处 $\delta=\delta_t/2, s=h/2$。

则由上式可得 $c_0=0, c_1=0, c_2=2h/\delta_t^2$。故从动件推程运动时，运动方程为：

$$\begin{cases} s=\dfrac{2h}{\delta_t^2}\delta^2 \\ v=\dfrac{4h\omega}{\delta_t^2}\delta \\ a=\dfrac{4h\omega^2}{\delta_t^2} \end{cases}$$

式中：δ 的变化范围为 $0\sim\delta_t/2$。

推程减速段的边界条件为：

在始点处 $\delta=\delta_t/2, s=h/2$；在终点处 $\delta=\delta_t, s=h, v=0$。

则由上式可得 $c_0=-h, c_1=4h/\delta_t, c_2=-2h/\delta_t^2$。故此段运动方程为：

$$\begin{cases} s=h-\dfrac{2h}{\delta_t^2}(\delta_t-\delta)^2 \\ v=\dfrac{4h\omega}{\delta_t^2}(\delta_t-\delta) \\ a=-\dfrac{4h\omega^2}{\delta_t^2} \end{cases}$$

式中：δ 的变化范围为 $\delta_t/2\sim\delta_t$。

同理，可知回程加速度段与减速度段的运动方程分别为：

$$\begin{cases} s=h-\dfrac{2h}{\delta_h^2}\delta^2 \\ v=-\dfrac{4h\omega}{\delta_h^2}\delta \\ a=\dfrac{4h\omega^2}{\delta_h^2} \end{cases}$$

式中：δ 的变化范围为 $0\sim\delta_h/2$。

$$\begin{cases} s=\dfrac{2h}{\delta_h^2}(\delta_h-\delta)^2 \\ v=\dfrac{4h\omega}{\delta_h^2}(\delta_h-\delta) \\ a=\dfrac{4h\omega^2}{\delta_h^2} \end{cases}$$

式中：δ 的变化范围为 $\delta_h/2\sim\delta_h$。

如表 3.1 所示，加速度线是平行于横坐标的两段直线，这种运动规律在 O、A、B 点处加速度发生有限值的突然变化，从而产生有限的惯性力，机构由此产生的冲击称为柔性冲击。

由于柔性冲击存在，凸轮机构在高速运动时，将产生严重的振动、噪声和磨损，因此等加速等减速运动规律适用于中速、轻载的场合。

表 3.1　几种运动规律推程过程运动线图

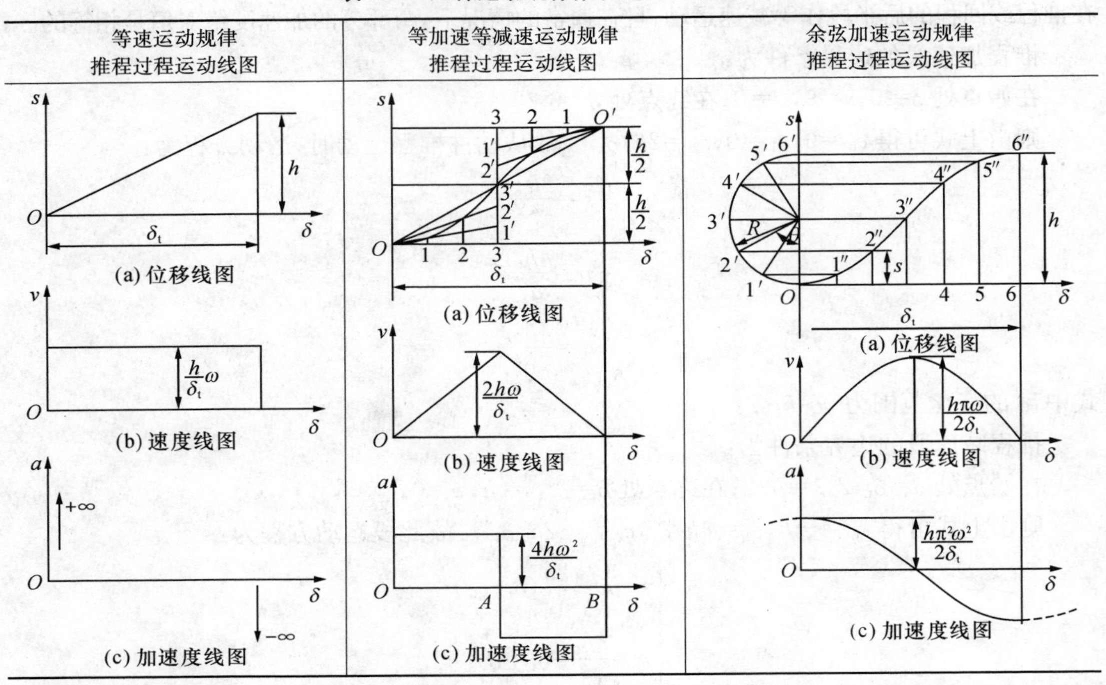

3）余弦加速度运动规律

常用的三角函数运动规律有余弦加速度运动规律和正弦加速度运动规律。其中，余弦加速度运动规律(又称为简谐运动规律)。其推程与回程的运动方程分别为：

$$\begin{cases} s=\dfrac{h}{2}\left[1-\cos\left(\dfrac{\pi}{\delta_t}\delta\right)\right] \\ v=\dfrac{\pi h\omega}{2\delta_t}\sin\left(\dfrac{\pi}{\delta_t}\delta\right) \\ a=\dfrac{\pi^2 h\omega^2}{2\delta_t^2}\cos\left(\dfrac{\pi}{\delta_t}\delta\right) \end{cases},\quad \begin{cases} s=\dfrac{h}{2}\left[1+\cos\left(\dfrac{\pi}{\delta_h}\delta\right)\right] \\ v=-\dfrac{\pi h\omega}{2\delta_h}\sin\left(\dfrac{\pi}{\delta_h}\delta\right) \\ a=-\dfrac{\pi^2 h\omega^2}{2\delta_h^2}\cos\left(\dfrac{\pi}{\delta_h}\delta\right) \end{cases}$$

如表 3.1 所示，为余弦加速度运动规律在推程过程中的运动线图。余弦加速度运动规律的加速度线图的曲线不连续。在行程的开始和终止位置，加速度有限值的突变会引起柔性冲击。当远近休止角均为零时，才可以获得连续的加速度曲线中虚线，避免冲击。

3.1.6　凸轮轮廓曲线的设计

如果已经根据工作要求和结构条件选定了凸轮机构的类型和从动件的运动规律以及基圆半径等基本尺寸，就可以着手设计凸轮轮廓曲线了。凸轮轮廓曲线的设计方法有图解法和解析法两种。图解法比较简明，容易掌握，但精度有限，故适用于要求较低的凸轮设计中；解析法精度较高，但计算工作量比较繁重。一般用于要求较高的凸轮设计中。但无论使用哪种方法，它们所依据的基本原理都是相同的。

3.1.7 凸轮轮廓曲线设计的基本原理(反转法)

凸轮机构工作时,凸轮和从动件都在运动。为了在图纸上绘制出凸轮的轮廓曲线,希望凸轮相对于图纸平面保持静止不动。为此,应将凸轮做参考系,这相当于机架(导路)相对于凸轮做反方向转动,而从动件一方面随着机架一起反转,一方面又相对于机架以原有的运动规律做相对运动,这种方法称之为反转法,它是凸轮轮廓线设计方法的基本原理。下面以对心直动尖顶从动件盘形凸轮机构为例来说明反转法的原理。

如图 3.10 所示,凸轮以等角速度 ω 逆时针转动时,从动件将按预期的运动规律在导路中上下往复运动。根据相对运动原理,若给整个机构加上一个绕凸轮回转中心 O 的公共角速度 $-\omega$,则机构各构件间的相对运动不变,此时凸轮相对静止,而从动件一方面随机架和导路以角速度 $-\omega$ 绕 O 点转动;另一方面又在导路中按原来的运动规律往复运动。由于尖顶始终与凸轮轮廓相接触,所以反转后尖顶的运动轨迹就是凸轮的轮廓曲线。

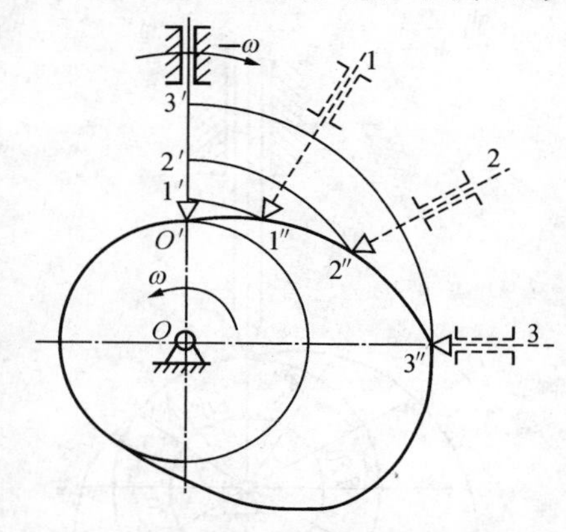

图 3.10 反转法设计凸轮轮廓线基本原理

根据上述分析,通过假设凸轮静止不动,使从动件和机架相对于凸轮做反转运动;同时从动件按给定的规律对导路做相对运动,作出从动件在这种复合运动中的一系列位置,则其尖顶的轨迹就是所要求的凸轮轮廓线。这就是凸轮轮廓线设计方法的反转法原理。凸轮机构各构件运动参数的变化见表 3.2。凸轮机构的形式多种多样,反转法原理适用于各种凸轮轮廓曲线的设计。

表 3.2 反转法原理

构 件	机构的实际运动	给整个机构加上 $-\omega$	反转后的结果	说 明
凸轮	ω	$\omega+(-\omega)$	0	静止不动
从动件	v	$v+(-\omega)$	移动+转动	做复合运动,尖顶运动轨迹为凸轮轮廓曲线
机架	固定	固定$+(-\omega)$	转动	绕凸轮转动中心转动

3.1.8 凸轮轮廓曲线设计的图解法实例

1) 对心直动尖顶从动件盘形凸轮

图 3.11(a)为对心尖顶直动从动件盘形凸轮机构。已知凸轮以等角速度 ω 顺时针转动,基圆半径 $r_0=40$ mm,从动件的运动规律如表 3.3 所示。

表 3.3 对心尖顶直动从动件的运动规律

凸轮转角	0°~120°	120°~180°	180°~300°	300°~360°
从动件运动	等速上升 40 mm	停止不动	等加速等减速返回到原处	停止不动

对心尖顶直动从动件盘形凸轮工作轮廓的绘制步骤如下。

① 选取适当的比例尺，绘制从动件的位移线图。取长度比例尺 $\mu_l=2$，角度比例尺 $\mu_\delta=6$，绘制从动件位移线图(见图 3.11(b))，并将推程运动角 4 等分. 回程运动角 4 等分，得分点 1,2,…,10，各分点处对应的从动件位移量为 11′,22′,…,99′。

② 作基圆并确定尖顶从动件的起始位置(图 3.11(a))。取相同的比例尺 μ_l 以 O 为圆心，以 $r_0/\mu_l=40\ \text{mm}/2=20\ \text{mm}$ 为半径画基圆；过 O 点画从动件导路与基圆交于点 A_0，A_0 点即为从动件尖顶的起始位置。

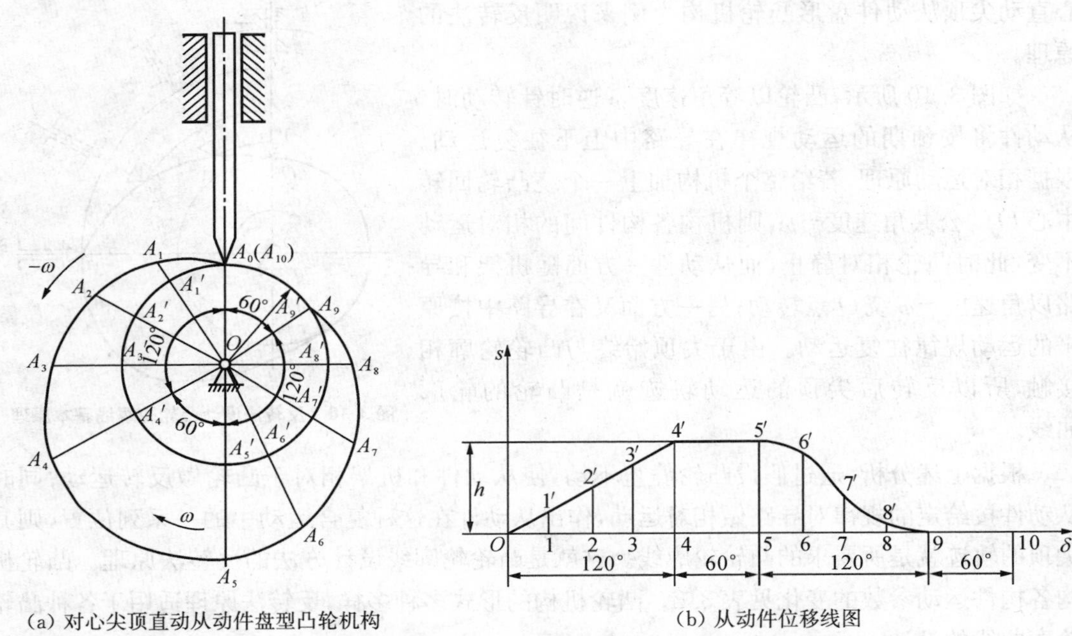

(a) 对心尖顶直动从动件盘型凸轮机构　　(b) 从动件位移线图

图 3.11　对心尖顶直动从动件盘形凸轮轮廓曲线作图法设计

③ 找出尖顶从动件反转过程中所占据的导路位置。自 OA 开始沿 $-\omega$ 方向在基圆上量取推程运动角、远休止角、回程运动角和近休止角分别为 120°、60°、120°、60°，并将其分成与位移线图中对应的等份，在基圆上得到 A_1'，A_2'，A_3'，…，再作射线 OA_1'，OA_2'，OA_3'，…，即为从动件反转过程中导路所在的各个位置。

④ 绘制凸轮工作轮廓：在基圆圆周以外沿从动件反转过程中的导路截取对应位移量，即取 $A_1A_1'=11'$，$A_2A_2'=22'$，$A_3A_3'=33'$，…，得反转后尖顶的一系列位置 A_1，A_2，A_3，…，将 A_0，A_1，A_2，A_3，…，连成光滑的曲线，便得到凸轮轮廓曲线。

说明：用图解法绘制凸轮工作轮廓时，推程运动角和回程运动角的等分数目不一定相同，要根据运动规律的复杂程度和精度要求来决定，等分数目越多，绘制的凸轮轮廓精确度就越高。

2）偏置尖顶直动从动件盘形凸轮

图 3.12(a)偏置尖顶直动从动件盘形凸轮机构，凸轮转动中心 O 到从动件导路中心线的距离 e 称为偏距。以 O 为圆心，偏距 e 为半径所作的圆称为偏距圆。

已知凸轮以等角速度 ω 顺时针转动，基圆半径 $r_0=40\ \text{mm}$，$e=15\ \text{mm}$，从动件的运动规律如表 3.4 所示。

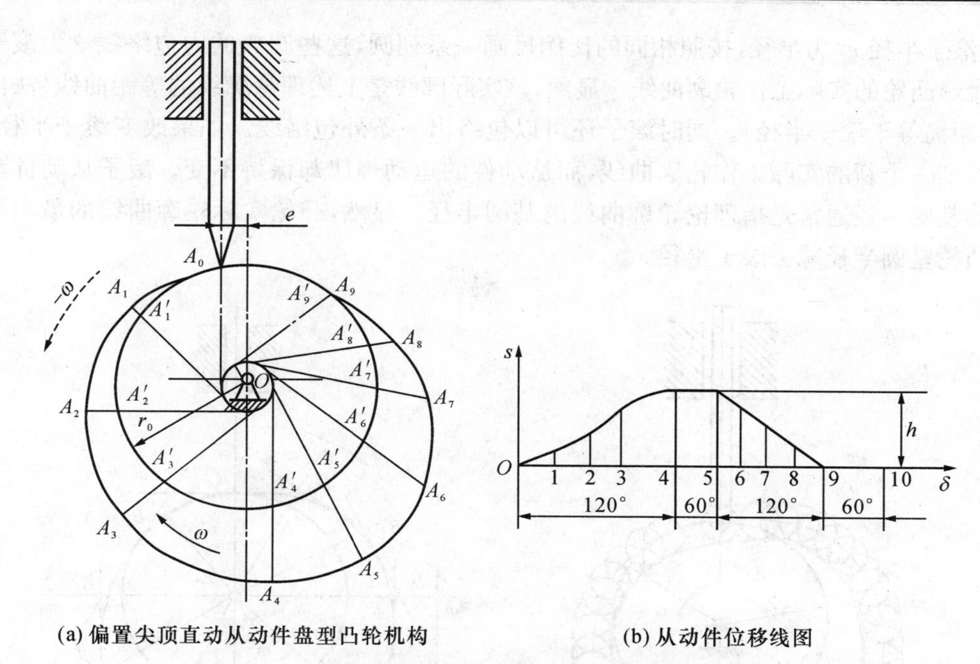

(a) 偏置尖顶直动从动件盘型凸轮机构 (b) 从动件位移线图

图 3.12 偏置尖顶直动从动件盘形凸轮轮廓曲线作图法设计

表 3.4 从动件运动规律

凸轮转角	0°～120°	120°～180°	180°～300°	300°～360°
从动件运动	等速上升 25 mm	停止不动	等速下降 25 mm	停止不动

偏置尖顶直动从动件盘形凸轮工作轮廓的绘制步骤如下：

① 选取适当的比例尺，绘制从动件的位移线图（见图 3.12(b)）。

② 作基圆和偏距圆，并确定尖顶从动件的起始位置（图 3.12(a)）。取相同的比例尺 μ_l，以 O 为圆心，画出偏距圆和基圆，以从动件导路中心线与基圆的交点 A_0 作为从动件的起始位置。

③ 找出尖顶从动件反转过程中导路所占据的位置。自 OA_0 开始沿 $-\omega$ 方向以 O 为中心量取推程运动角、远休止角、回程运动角和近休止角分别为 120°、60°、120°、60°，并将其分成与位移线图中对应的等份，再过这些等分点分别作偏距圆的切线与基圆交于点 A_1'，A_2'，A_3'，…，该切线即为从动件反转过程中导路所在的各个位置。

④ 绘制凸轮工作轮廓。沿各切线在基圆圆周以外截取与从动件位移线图上对应的位移量，得反转后尖顶的一系列位置 A_1，A_2，A_3，…。将 A_0，A_1，A_2，A_3，…连成光滑的曲线，便得到凸轮轮廓曲线。

3）对心滚子直动从动件盘形凸轮

图 3.13 为对心滚子直动从动件盘形凸轮机构。滚子直动从动件凸轮机构在运动过程中，滚子一方面随从动件一起移动，一方面又绕自身轴线转动。除滚子中心与从动件的运动规律相同外，滚子上其他各点与从动件的运动规律都不相同。因此，只能根据滚子中心的运动规律进行设计。为此，可以把滚子中心看作尖顶从动件的尖顶，按照前述方法绘制尖顶从动件的凸轮轮廓曲线 β_0，称为凸轮机构的理论轮廓曲线；再以理论轮廓曲线 β_0 上各点为圆

心，以滚子半径 r_r 为半径，按照相同的比例尺画一系列圆，这些圆族的内包络线 β 为滚子从动件盘形凸轮的实际工作轮廓曲线。显然，该实际廓线是上述理论廓线的等距曲线（法向等距，其距离等于滚子半径）。同时滚子还可以包络出一条外包络线。如果改变滚子半径 r_r，则将得到一个新的实际工作轮廓曲线，而从动件的运动规律却保持不变。滚子从动件盘形凸轮的基圆半径通常是指理论轮廓曲线的基圆半径。显然，凸轮实际轮廓曲线的最小半径等于凸轮基圆半径减去滚子半径。

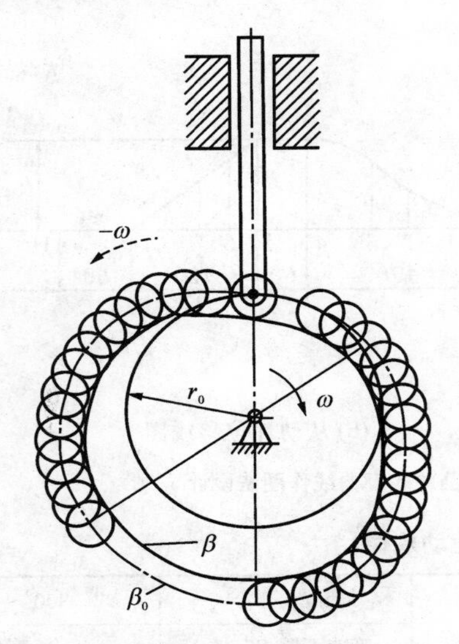

图 3.13　滚子从动件盘形凸轮轮廓曲线设计

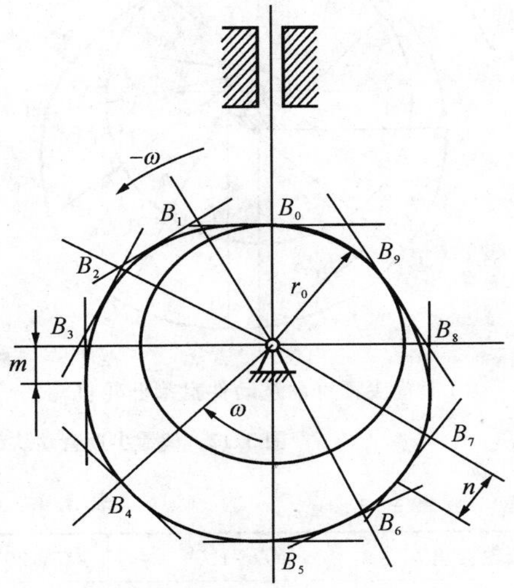

图 3.14　平底从动件盘形凸轮轮廓曲线设计

4）平底直动从动件盘形凸轮

图 3.14 为平底直动从动件盘形凸轮机构。当从动件端部为平底时，凸轮工作轮廓的绘制方法也与尖顶从动件时相似。将从动件的平底与导路中心线的交点 B_0 看作从动件的尖顶，用尖顶从动件凸轮轮廓的画法找出尖顶的一系列位置 $B_1, B_2, B_3, \cdots$；然后过这些点分别圆出从动件平底的各个位置，并作这些平底的包络线，即得平底从动件盘形凸轮的工作轮廓。由图 3.14 可见，从动件平底与凸轮工作轮廓的切点是随机构位置变化的，为了保证平底始终与工作轮廓接触，平底左、右两侧的长度应分别大于导路中心线至左、右最远切点的距离 m、n。为了使平底从动件始终保持与凸轮实际轮廓相切，应要求凸轮实际轮廓曲线全部为外凸曲线。

3.1.9　凸轮轮廓曲线设计的解析法

随着机械不断朝着高速、精密、自动化方向发展，以及计算机和各种数控机床在生产中的广泛应用，用作图法设计凸轮的轮廓已难以满足要求。用图解法设计凸轮轮廓曲线简便、直观，但作图误差较大，难以获得凸轮轮廓曲线上各点的精确坐标。按图解法所设计的凸轮只能用于低速或不重要的场合。对于精度较高的高速凸轮、检验用的样板凸轮等需要用解析法设计，以适合数控机床加工。用解析法设计凸轮轮廓曲线的实质是建立凸轮的理论轮廓曲线方程和实际工作轮廓曲线方程。

下面将以盘形凸轮机构的设计为例加以介绍。

1）偏置直动滚子推杆盘形凸轮机构

如图 3.15 所示建立 xOy 坐标系，B_0 点为凸轮推程段廓线的起始点。开始时推杆滚子中心处于 B_0 点处，当凸轮转过 δ 角时，推杆产生相应的位移 s。由图可看出，此时滚子中心处于 B 点，其直角坐标为：

$$\begin{cases} x=(s_0+s)\sin\delta+e\cos\delta \\ y=(s_0+s)\cos\delta-e\sin\delta \end{cases} \tag{3.3}$$

式中：e——偏距。式(3.3)即为凸轮的理论廓线方程式。

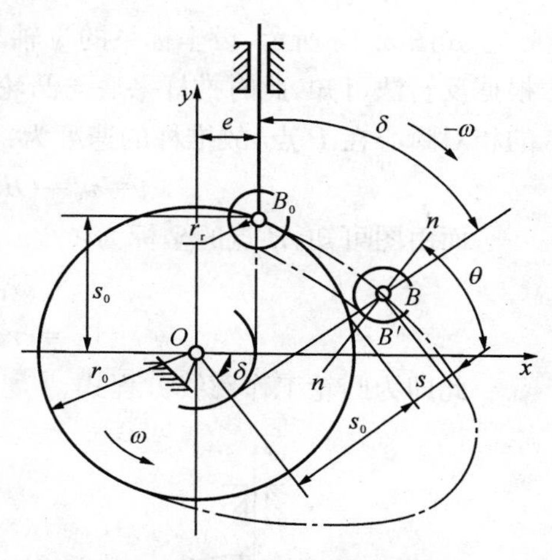

图 3.15　偏置直动滚子推杆凸轮廓线

因为工作廓线与理论廓线在法线方向的距离应等于滚子半径 r_r，故当已知理论廓线上任意一点 $B(x,y)$时，只要沿理论廓线在该点的法线方向取距离 r_r，即得工作廓线上相应点 $B'(x',y')$。由高等数学可知，理论廓线 B 点处法线 n-n 的斜率(与切线斜率互为负倒数)应为

根据公式(3.3)有：

$$\begin{cases} \mathrm{d}x/\mathrm{d}\delta=(\mathrm{d}s/\mathrm{d}\delta-e)\sin\delta+(s_0+s)\cos\delta \\ \mathrm{d}y/\mathrm{d}\delta=(\mathrm{d}s/\mathrm{d}\delta-e)\cos\delta-(s_0+s)\sin\delta \end{cases} \tag{3.4}$$

可得

$$\sin\theta=(\mathrm{d}x/\mathrm{d}\delta)/\sqrt{(\mathrm{d}x/\mathrm{d}\delta)^2+(\mathrm{d}y/\mathrm{d}\delta)^2}$$

$$\cos\theta=-(\mathrm{d}y/\mathrm{d}\delta)/\sqrt{(\mathrm{d}x/\mathrm{d}\delta)^2+(\mathrm{d}y/\mathrm{d}\delta)^2}$$

工作廓线上对应的点 $B'(x',y')$的坐标为：

$$\begin{cases} x'=x\mp r_r\cos\theta \\ y'=y\mp r_r\sin\theta \end{cases} \tag{3.5}$$

此即为凸轮的工作廓线方程式。式中“－”号用于内等距曲线，“＋”号用于外等距曲线。

另外，式(3.4)中，e 为代数值，其正负规定如下：当凸轮沿逆时针方向回转时，若推杆处于凸轮回转中心的右侧，e 为正，反之为负；若凸轮沿顺时针方向回转，则相反。

当在数控铣床上铣削凸轮或在凸轮磨床上磨削凸轮时，需要给出刀具中心运动轨迹的方程式。如果使用的刀具(铣刀或砂轮)的半径 r_T 和滚子半径 r_r 相同，则凸轮的理论廓线方程式即为刀具中心运动轨迹的方程式。如果 $r_T\neq r_r$，那么由于刀具的外径总是与凸轮的工作廓线相切，即刀具中心的运动轨迹应是凸轮工作廓线的等距曲线(也是理论廓线的等距曲线)。此等距曲线的方程式，只需用$|r_T-r_r|$代替式(3.5)中的 r_r 即可，式中“－”为 $r_T<r_r$ 时，“＋”为 $r_T>r_r$ 时。图 3.16 中，曲线 η 为理论廓线，η_k 为工作廓线，η_T 为刀具中心轨迹。

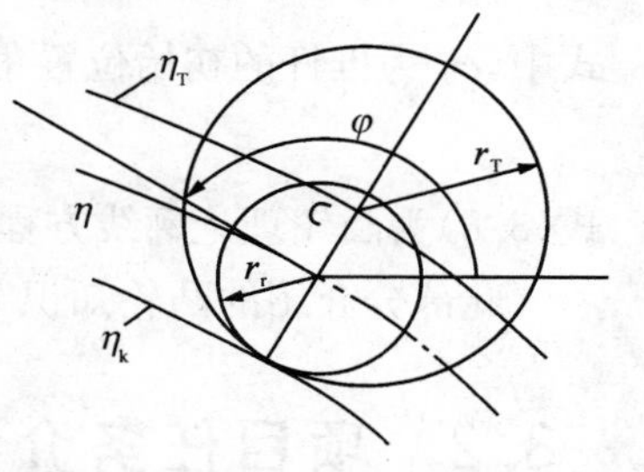

图 3.16　刀具中心轨迹及相关参数

2）对心平底推杆（平底与推杆轴线垂直）盘形凸轮机构

如图 3.17 所示，设坐标系的 y 轴与推杆轴线重合，当凸轮转角为 δ 时，推杆的位移为 s。根据反转法可知，此时推杆平底与凸轮应在 B 点相切。又由瞬心知识可知，此时凸轮与推杆的相对瞬心在 P 点，故推杆的速度为：

$$v = v_{\mathrm{p}} = \overline{OP}\omega \quad 或 \quad \overline{OP} = v/\omega = \mathrm{d}s/\mathrm{d}\delta$$

而由图可知，B 点的坐标为：

$$\begin{cases} x = (r_0 + s)\sin\delta + (\mathrm{d}s/\mathrm{d}\delta)\cos\delta \\ y = (r_0 + s)\cos\delta - (\mathrm{d}s/\mathrm{d}\delta)\sin\delta \end{cases} \tag{3.6}$$

此即为凸轮工作廓线方程式。

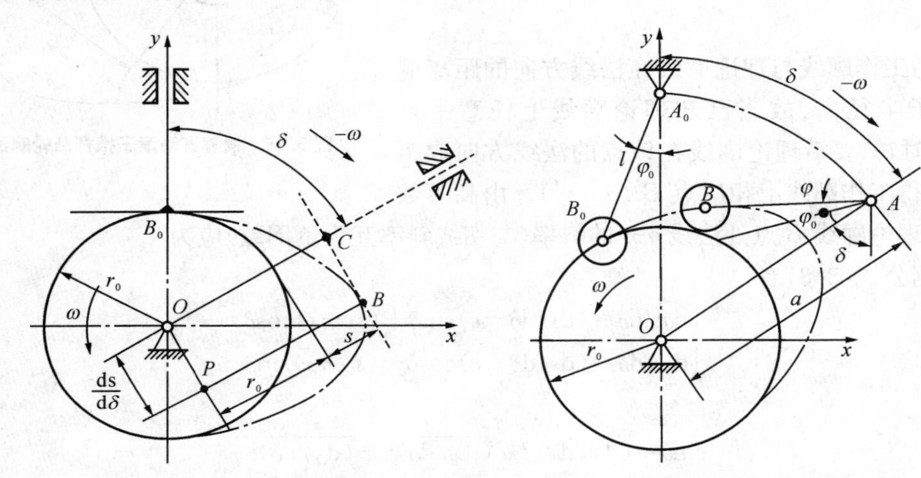

图 3.17　对心平底推杆盘形凸轮廓线　　　图 3.18　摆动滚子推杆盘形凸轮廓线

3）摆动滚子推杆盘形凸轮机构

如图 3.18 所示，取摆动推杆的轴心 A_0 与凸轮轴心 O 之间的连线为坐标系的 y 轴，在反转运动中，当推杆相对于凸轮转过 δ 角时，摆动推杆处于图示 AB 位置，其角位移为 φ，则 B 点的坐标为：

$$\begin{cases} x = a\sin\delta - l\sin(\delta + \varphi + \varphi_0) \\ y = a\cos\delta - l\cos(\delta + \varphi + \varphi_0) \end{cases} \tag{3.7}$$

式中，φ_0 为推杆的初始位置角，其值为：

$$\varphi_0 = \arccos\sqrt{(a^2 + l^2 - r_0^2)/2al} \tag{3.8}$$

式(3.8)为凸轮理论廓线方程，而其工作廓线则仍按式(3.5)计算。

此部分介绍的凸轮知识节选自《机械原理》(杨华松主编)。

3.2 项目任务介绍与方案设计

凸轮机构是能够实现复杂运动规律要求的高副机构，在各种机械设备中都有广泛应用。凸轮机构的设计内容包括：根据工作要求选定合适的凸轮机构类型以及从动件运动规律，并合理地确定基圆等基本尺寸，然后根据选定的从动件运动规律设计出凸轮的轮廓曲线。

本项目根据给定的凸轮设计要求，采用计算机辅助进行凸轮轮廓的设计以及数控加工程序的生成。具体如下：

(1) 根据任务对凸轮轮廓进行解析计算，运用 Matlab 等软件编程计算出轮廓线各点的直角坐标；

(2) 由凸轮轮廓点坐标数据生成高精度轮廓曲线，采用 UG NX 软件进行实体造型，并运用数控加工功能模块生成加工程序。

设计任务：

设计一个对心平底直动推杆盘形凸轮机构的轮廓曲线。已知：

(1) 凸轮的基圆半径 $R=30$ mm。

(2) 推杆平底与导轨中心线垂直，凸轮顺时针方向等速运动。

(3) 当凸轮转过 120°时，推杆以余弦加速度运动上升 20 mm，再转过 150°时，推杆又以余弦加速度运动回到原位，凸轮转过其余 90°时，推杆静止不动。余弦加速度运动方程：

$$s=\frac{h}{2}\left(1-\cos\frac{\pi}{\phi}\varphi\right)\quad(0<\varphi<\phi)$$

3.3　设计计算

凸轮轮廓曲线的设计一般可分为图解法和解析法，图解法相对简单，能简单绘制出各种平面凸轮的轮廓曲线，但是由于作图误差比较大，无法满足一些高精度的要求。而解析法可以通过借助计算机编程算出轮廓线上各点的坐标值，然后绘制出比较精确的轮廓，方便数字化建模，进行数控加工。

3.3.1　凸轮轮廓曲线解析方程

平底从动件盘形凸轮机构凸轮的实际轮廓曲线是反转后一系列平底所构成的直线族的包络线。对于直动平底从动件盘形凸轮机构，基圆半径 R 和从动件运动规律 $s=s(\varphi)$ 均已给定。以凸轮旋转中心 O 为原点、从动件推程运动方向为 y 轴正向建立右手直角坐标系，如图 3.19 所示。

如前文所述，当凸轮自初始位置绕旋转中心 O 转过角度 φ 时，导路中心线与平底的交点自 B_0 外移 s 到达 B_0'，凸轮轮廓与平底接触点移动至 B 点。根据反转法原理，将点 B_0 沿凸轮旋转相反方向绕原点 O 转过角度 φ，再沿导路方向移动 s 得到 B_0'，便可得出表示反转后平底的直线 $B_0'B$。作辅助图，推杆移动距离为 s，P 点为相对瞬心，推杆的移动速度为：

$$v=v_P=OP\cdot\omega,$$

可知

$$OP=\frac{v_P}{\omega}=\frac{\mathrm{d}s/\mathrm{d}t}{\mathrm{d}\varphi/\mathrm{d}t}=\frac{\mathrm{d}s}{\mathrm{d}\varphi},$$

则点 B 的坐标(x,y)为：

$$\begin{cases}x=(s_0+s)\sin\varphi+\dfrac{\mathrm{d}s}{\mathrm{d}\varphi}\cos\varphi\\[2ex] y=(s_0+s)\cos\varphi-\dfrac{\mathrm{d}s}{\mathrm{d}\varphi}\sin\varphi\end{cases}$$

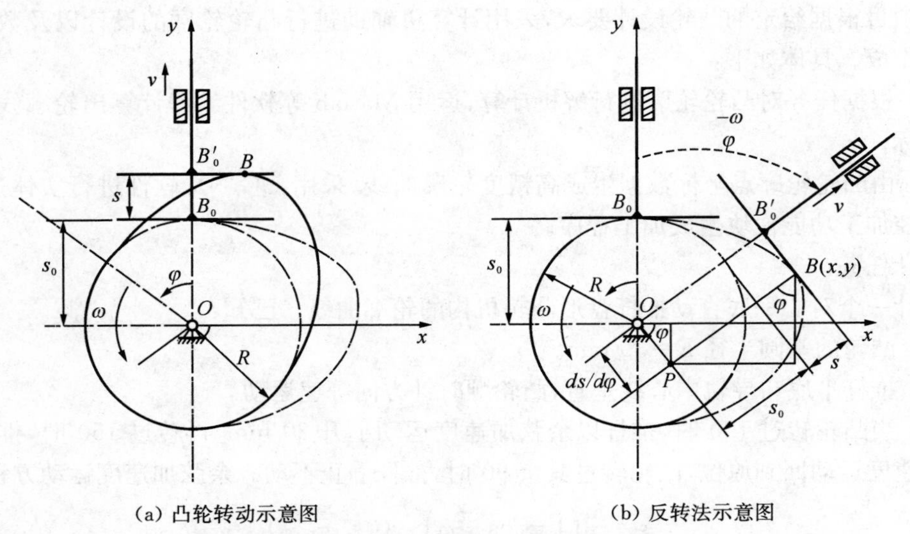

图 3.19 平底从动件凸轮旋转位置示意图

3.3.2 本项目实例分析

对于本例，由设计要求可知凸轮轮廓分为三段曲线，各段运动方程如下：

(1) 推程：

$$s=\frac{h}{2}\left(1-\cos\frac{\pi}{\phi_1}\varphi\right)\quad(\phi_1=120°,0<\varphi<\phi_1)$$

(2) 回程：

$$s=h-\frac{h}{2}\left(1-\cos\frac{\pi}{\phi_2}\varphi\right)\quad(\phi_2=150°,0<\varphi<\phi_2)$$

(3) 止程：

$$s=0,\quad \phi_3=90°,\quad 0<\varphi<\phi_3$$

起始位置处 $s_0=R$，轮廓线任意点(x,y)的坐标为：

$$\begin{cases}x=(R+s)\sin\varphi+\dfrac{ds}{d\varphi}\cos\varphi\\ y=(R+s)\cos\varphi-\dfrac{ds}{d\varphi}\sin\varphi\end{cases},\quad \varphi=\begin{cases}0<\varphi_1<\phi_1\\ \phi_1<\varphi_2<\phi_1+\phi_2\\ \phi_1+\phi_2<\varphi_3<\phi_1+\phi_2+\phi_3\end{cases}\qquad(*)$$

假设凸轮匀速转动的角速度为 1 rad/s，所以

速度

$$v=\frac{ds}{dt}=\frac{ds/dt}{\omega}=\frac{ds/dt}{d\varphi/dt}=\frac{ds}{d\varphi}$$

对于推程过程

$$\frac{ds}{d\varphi}=\frac{ds}{dt}=\frac{h\pi}{2\phi_1}\sin\left(\frac{\pi}{\phi_1}\varphi\right)$$

对于回程过程

$$\frac{ds}{d\varphi}=\frac{ds}{dt}=-\frac{h\pi}{2\phi_2}\sin\left(\frac{\pi}{\phi_2}\varphi\right)$$

对于止程，

$$\frac{ds}{d\varphi}=0$$

将各式代入(＊)方程即可计算出凸轮轮廓点的直角坐标。

3.3.3 Matlab 计算程序

说明:[X1,Y1]、[X2,Y2]、[X3,Y3]分别为推程、回程和止程三段轮廓曲线上任意一点的坐标;R 为基圆半径;H 为最大行程;F1、F2、F3 分别为三段的转角;S1、S2、S3 分别为推杆的运动规律。绘出凸轮轮廓曲线如图 3.20(a)所示,推杆运动行程线图如图 3.20(b)所示。

程序:

```
function tulun
R=30;
H=20;
F1=120;
F2=150;
F3=90;
F11=linspace(0,F1,480); %每一度用4个点插值
S1=(H/2).*(1-cos(pi.*F11/F1)); %推程行程
dS1=(H/2).*(pi/F1).*sin(pi*F11/F1);
X1=(R+S1).*sin(F11.*pi/180)+dS1.*cos(F11.*pi/180); %转为弧度
Y1=(R+S1).*cos(F11.*pi/180)-dS1.*sin(F11.*pi/180);
F22=linspace(F1,F1+F2,600);
S2=H-(H/2).*(1-cos(pi.*(F22-F1)/F2)); %回程行程
dS2=-(H/2).*(pi/F2).*sin(pi*(F22-F1)/F2);
X2=(R+S2).*sin(F22.*pi/180)+dS2.*cos(F22.*pi/180);
Y2=(R+S2).*cos(F22.*pi/180)-dS2.*sin(F22.*pi/180);
F33=linspace(F1+F2,F1+F2+F3,360);
S3=0.*F33;
dS3=0;
X3=(R+S3).*sin(F33.*pi/180)+0;
Y3=(R+S3).*cos(F33.*pi/180)-0;
X=[X1,X2,X3]; %整个轮廓曲线平面坐标
Y=[Y1,Y2,Y3];
figure(1); %绘出图形
plot(X,Y,'.')
hold on;
axis equal;
t=linspace(0,2*pi,500);
x=R*cos(t);
```

```
y=R*sin(t);
plot(x,y) %绘出基圆
plot(0,0,'+') %旋转中心
FF=[F11,F22,F33];
SS=[S1,S2,S3];
DSS=[dS1,dS2,S3];
figure(2);%
plot(FF,SS,'.')
xlabel('角度')
ylabel('行程')
title('行程运动线图','FontSize',12)
figure(3);
plot(FF,DSS,'-') %绘出行程运动线图
%输出坐标数据到D盘tulun-cad.dat文件
b=[X',Y'];
Z=[X'*0];
a=[X',Y',Z]; %扩展为空间点坐标
fid=fopen('D:\tulun-cad.dat','wt'); [m,n]=size(a); for i=1:1:m
  for j=1:1:n
    if j==n
      fprintf(fid,'%f\n',a(i,j)); %格式输出
    else
      fprintf(fid,'%f\t',a(i,j));
    end
  end
end
fclose(fid);
```

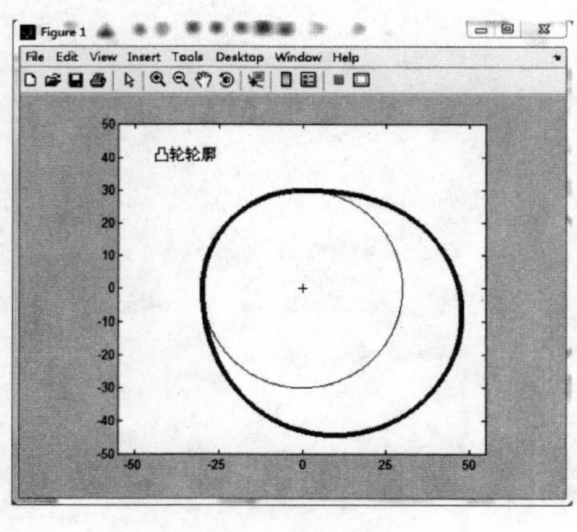

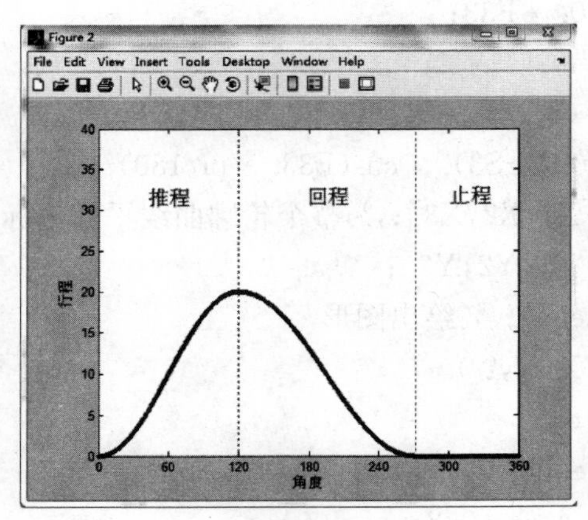

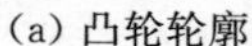
(a) 凸轮轮廓　　(b) 从动件运动规律

图 3.20　计算结果

3.4 结构设计

通过 UG NX 等三维造型设计软件对凸轮外形结构进行设计，并辅助进行数控加工程序的编程工作。凸轮外轮廓为其最重要的特征，本部分仅对凸轮轮廓进行数控加工编程的介绍(见图 3.21)。

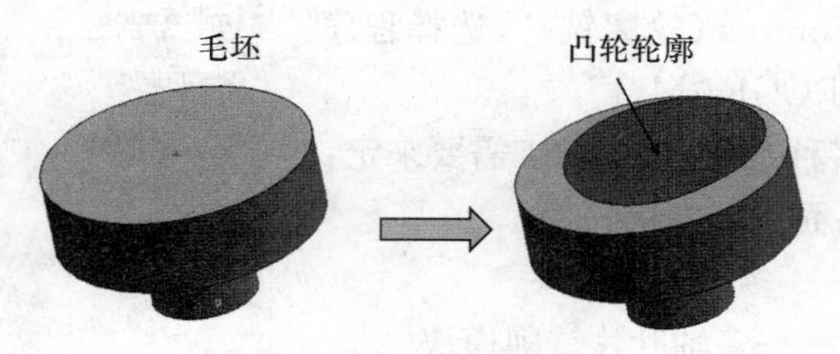

图 3.21 凸轮毛坯与实体模型

凸轮轮廓与毛坯特征造型的设计步骤如下：

新建 tulun. prt 建模文件，打开草图框，选择 X、Y 平面为基准面；进入“插入”菜单，选择“拟合样条”功能，出现对话框，如图 3.22 所示。选择“阶次和段数”的拟合方式，数据点来源于文件“tulun-cad. dat”；通过调节阶次和段数，减小拟合误差；“确定”后轮廓拟合完毕。

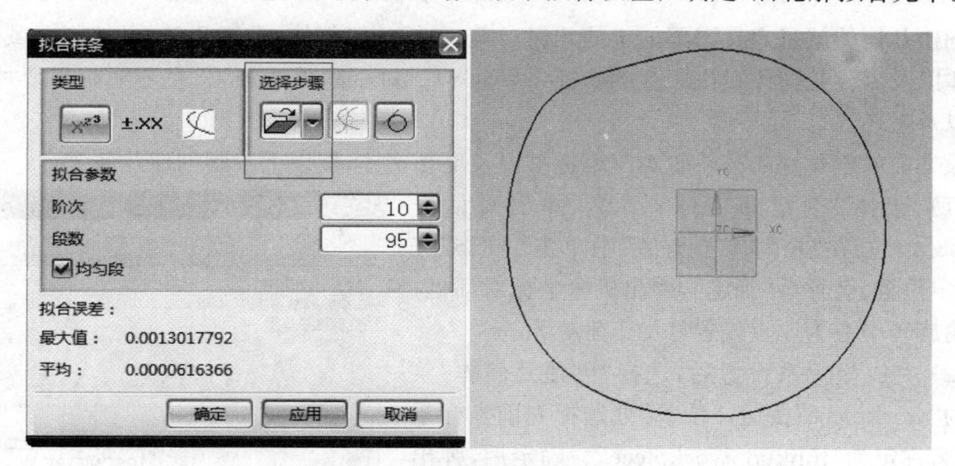

图 3.22 样条拟合凸轮轮廓

完成草图绘制后，采用“拉伸”功能形成凸轮实体，厚度设计为 30 mm。类似方式，继续进入草图界面，绘制毛坯的草图，完成毛坯建模，如图 3.21 所示，毛坯是完全包容凸轮轮廓的。

3.5 典型结构 CAM 加工

通过 UG NX 等三维造型设计软件对凸轮外形结构进行设计，并辅助进行数控加工程序的编程工作。凸轮外轮廓为其最重要的特征，本部分仅对凸轮轮廓进行数控加工编程的介绍。

采用直径 20 mm 的立铣刀对凸轮轮廓进行铣削加工，毛坯为直径 110 mm 的圆盘。过程包括“创建程序”“创建几何体”“创建刀具”以及“创建工序”四部分。

3.5.1　创建程序

点击左上角“开始”将软件界面切换到“加工”模块。点选“创建程序”菜单，出现对话框，如图 3.23 所示，类型选择“mill_contour(轮廓铣)”，选择程序位置，并为程序命名“PROGRAM_1”。

类型选择里面有多种选择，根据加工需要来定：

mill_planar——平面铣削模块

mill_multi—axis——多轴加工模块

mill_multi—blade——多轴叶片铣削模块

drill——钻加工模块

hole_making——孔加工模块

turning——车削模块

图 3.23　创建程序对话框

3.5.2　创建几何体

创建几何体就是定义需要加工的几何对象，包括几何部件、毛坯几何体、切削区域、检查几何体以及零件几何体在机床上的坐标系(MCS)。对于简单的加工，主要明确需要加工的零件以及毛坯件。

根据前面创建好的凸轮轮廓三维造型以及毛坯实体，按以下步骤创建几何体。

(1) 选择“创建几何体”菜单，弹出对话框(见图 3.24)。在“几何体子类型”中单击“MCS”按钮，选定位置、名称后“确定”，弹出机床坐标对话框，以凸轮旋转中心为原点设置好加工坐标系。

(2) 完成坐标系设置后，选择“创建几何体”菜单中的“workpiece”按钮，“位置”处选择先前坐标系名称，名称定为“lunkuo_workpiece”。确定后，弹出“工件”对话框。

(3) 根据对话框选择“指定部件”(零件实体)、“指定毛坯”(毛坯件)实体。在“部件几何体”对话框中选择零件实体，即凸轮；在“毛坯几何体”对话框中选择毛坯实体，即包络圆盘实体，如图 3.25 所示。

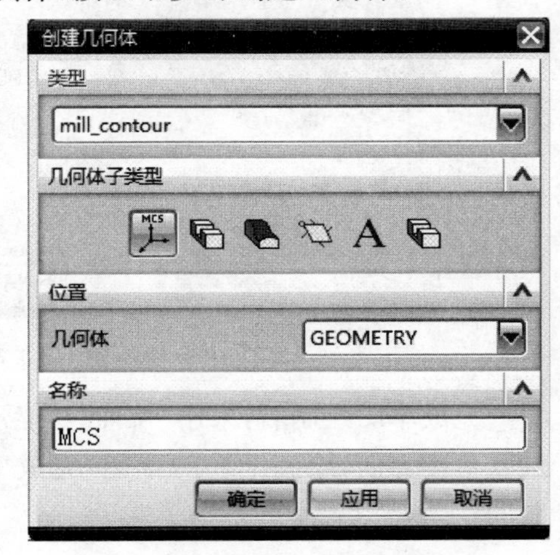

图 3.24　创建几何体对话框

(4) 接着选择“mill_area”按钮，在“位置”处选择“lunkuo_workpiece”，命名为“lunkuo_area”，确定后弹出“铣削区域”对话框，进入后选择好“指定切削区域”项目。

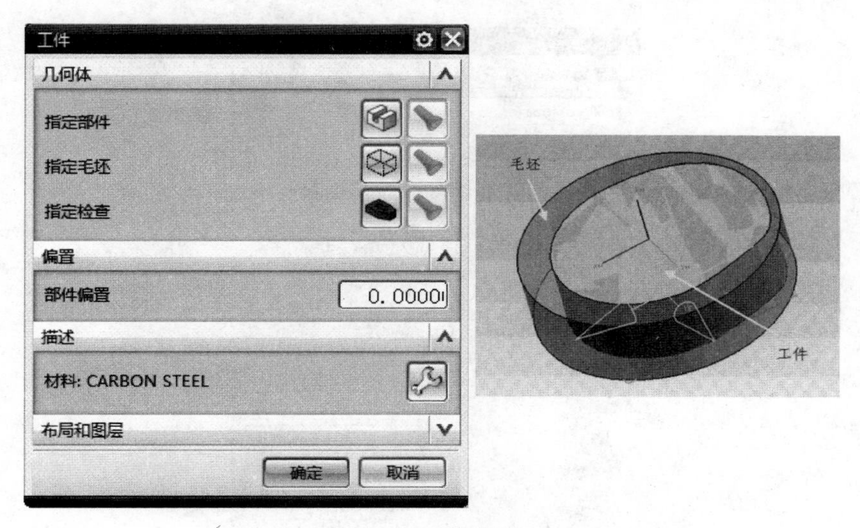

图 3.25　工件对话框

3.5.3　创建刀具

在创建工序之前，必须合理地选择或创建刀具。对于本项目，刀具比较简单，给定直径 20 mm，平底立铣刀，齿数 2。

选择“创建刀具”菜单，弹出“创建刀具”对话框，如图 3.26 所示，在刀具类型中选择第一个立铣刀，命名为“D20R0”。“确定”后弹出“铣刀-5 参数”对话框，按图设置好参数。

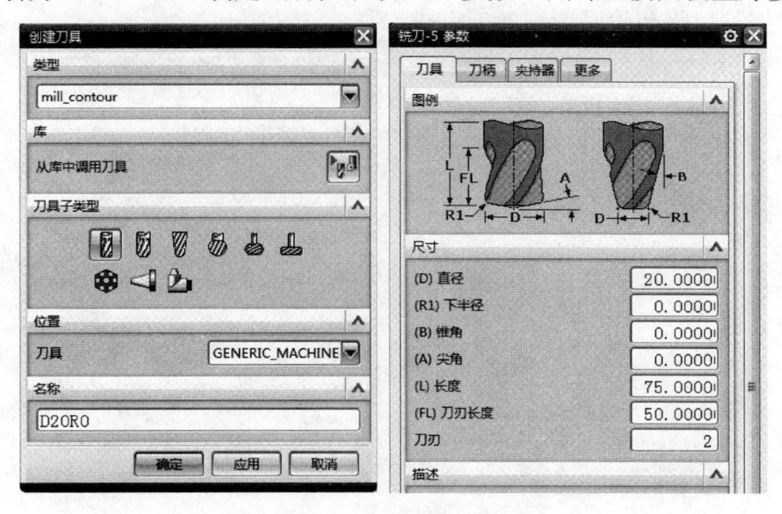

图 3.26　创建刀具对话框

3.5.4　创建工序

在工件几何体、刀具都准备好后就可以创建工序了，工序创建好后可以生成数控加工代码，用于实际加工。

(1) 选择“创建工序”菜单，在“工序子类型”选择型腔铣“cavity_mill”，按照图选填好各项目，如图 3.27 所示。

图 3.27　创建工序对话框

(2) 单击“确定”按钮后，出现“型腔铣”对话框，如图 3.28 所示，选填好各个项目。其中，切削模式选择“跟随部件”或者“跟随轮廓”，每刀的公共切深“恒定”，最大距离设为 7 mm，通过 5 层可以将凸轮厚度都加工完毕。

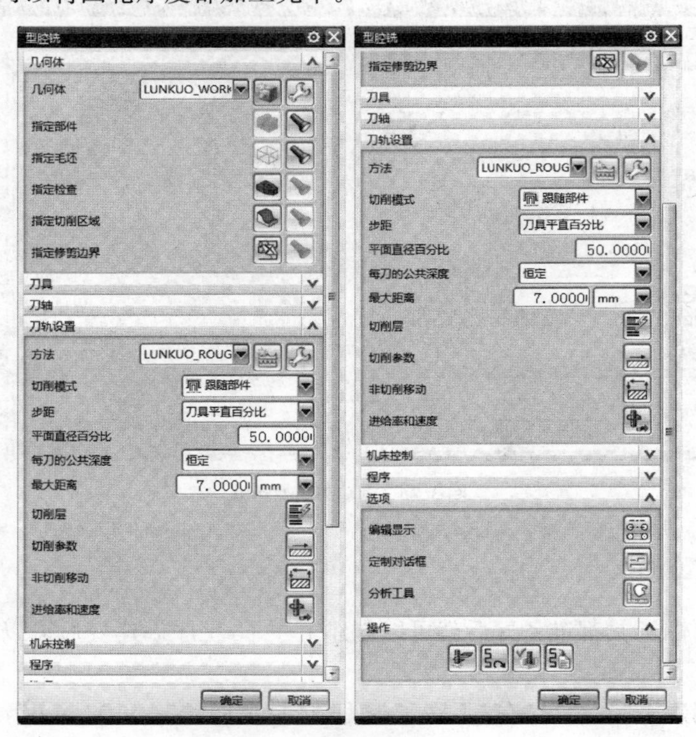

图 3.28　型腔铣对话框

(3) 切削层、切削参数、进给率速率等项目均有下级对话框，可根据实际加工情况分别选填。

(4) 选填好各项目后，点击"生成"按钮，自动生成刀轨，如图 3.29 所示。点击"确认"生成刀轨，弹出"刀轨可视化"对话框，此处可以预览加工过程动画(见图 3.30)，以及进行一些加工质量分析。

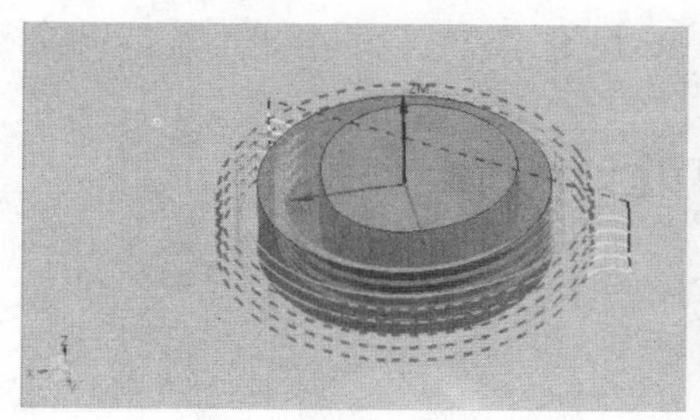

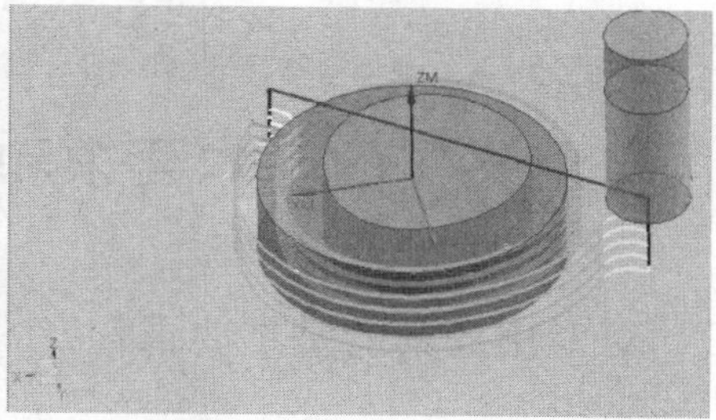

图 3.29 刀轨生成

3.5.5 生成 NC 代码

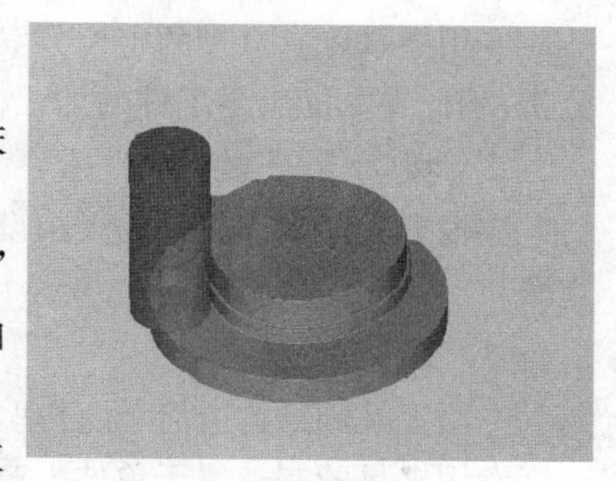

图 3.30 加工过程动画仿真

通过后处理功能可以将刀具路径生成合适的机床 NC 代码。

(1) 在工序导航栏中选择"LUNKUO_MILL_1"节点，右击选择"后处理"按钮，系统弹出后处理对话框，如图 3.31 所示。

(2) 在"后处理器"区域中选择"MILL 3 AXIS"，单位选择"公制/部件"选项。

(3) 填好文件路径、名称后，点击"确定"，生成 NC 代码文件"tulun. ptp"，如图 3.32 所示。

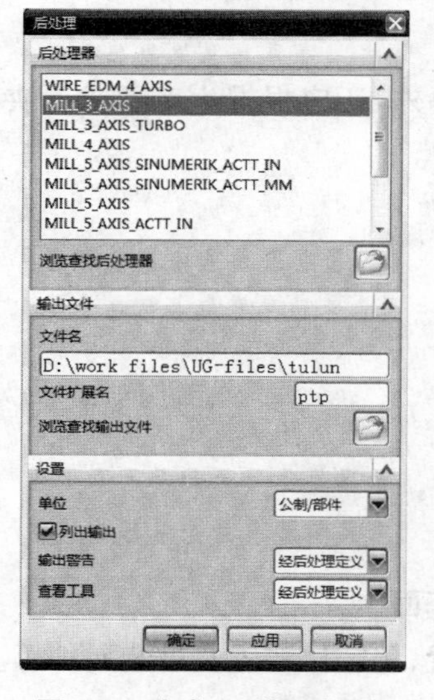

图 3.31 生成 NC 代码对话框

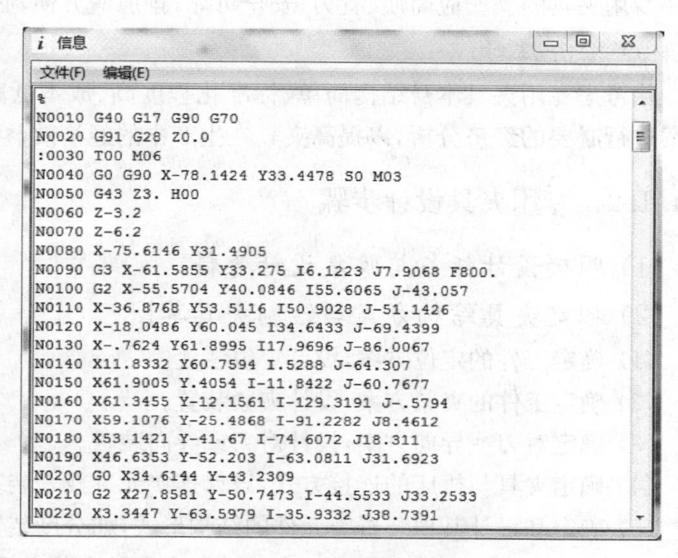

```
%
N0010 G40 G17 G90 G70
N0020 G91 G28 Z0.0
:0030 T00 M06
N0040 G0 G90 X-78.1424 Y33.4478 S0 M03
N0050 G43 Z3. H00
N0060 Z-3.2
N0070 Z-6.2
N0080 X-75.6146 Y31.4905
N0090 G3 X-61.5855 Y33.275 I6.1223 J7.9068 F800.
N0100 G2 X-55.5704 Y40.0846 I55.6065 J-43.057
N0110 X-36.8768 Y53.5116 I50.9028 J-51.1426
N0120 X-18.0486 Y60.045 I34.6433 J-69.4399
N0130 X-.7624 Y61.8995 I17.9696 J-86.0067
N0140 X11.8332 Y60.7594 I.5288 J-64.307
N0150 X61.9005 Y.4054 I-11.8422 J-60.7677
N0160 X61.3455 Y-12.1561 I-129.3191 J-.5794
N0170 X59.1076 Y-25.4868 I-91.2282 J8.4612
N0180 X53.1421 Y-41.67 I-74.6072 J18.311
N0190 X46.6353 Y-52.203 I-63.0811 J31.6923
N0200 G0 X34.6144 Y-43.2309
N0210 G2 X27.8581 Y-50.7473 I-44.5533 J33.2533
N0220 X3.3447 Y-63.5979 I-35.9332 J38.7391
```

图 3.32 部分 NC 代码

4 夹具设计与制造实例

4.1 专用夹具的基本要求和设计步骤

4.1.1 对专用夹具的基本要求

1）保证工件的加工精度

专用夹具应有合理的定位方案，标注合适的尺寸、公差和技术要求，并进行必要的精度分析，确保夹具能满足工件的加工精度要求。

2）提高生产效率

应根据工件生产批量的大小设计不同复杂程度的高效夹具，以缩短辅助时间，提高生产效率。

3）工艺性好

专用夹具的结构应简单、合理，便于加工、装配、检验和维修。

专用夹具的制造属于单件生产。当最终精度由调整或修配保证时，夹具上应设置调整或修配结构，如设置适当的调整间隙，采用可修磨的垫片等。

4）使用性好

专用夹具的操作应简便、省力、安全可靠，排屑应方便，必要时可设置排屑结构。

5）经济性好

除考虑专用夹具本身结构简单、标准化程度高、成本低廉外，还应根据生产要求对夹具方案进行必要的经济分析，以提高夹具在生产中的经济效益。

4.1.2 专用夹具设计步骤

1）明确设计任务与收集设计资料

2）拟定夹具结构方案与绘制夹具草图

(1) 确定工件的定位方案，设计定位装置。

(2) 确定工件的夹紧方案，设计夹紧装置。

(3) 确定对刀或导向方案，设计对刀或导向装置。

(4) 确定夹具与机床的连接方式，设计连接元件及安装基面。

(5) 确定和设计其他装置及元件的结构形式，如分度装置、预定位装置及吊装元件等。

(6) 确定夹具体的结构形式及夹具在机床上的安装方式。

(7) 绘制夹具草图，并标注尺寸、公差及技术要求。

3）进行必要的分析计算

工件的加工精度较高时，应进行工件加工精度分析。有动力装置的夹具，需计算夹紧力。当有几种夹具方案时，可进行经济分析，选用经济效益较高的方案。

4）审查方案与改进设计

夹具草图画出后，应征求有关人员的意见，并送有关部门审查，然后根据他们的意见对夹具方案作进一步修改。

5）绘制夹具装配总图

夹具的总装配图应按国家制图标准绘制。绘图比例尽量采用1∶1。主视图按夹具面对操作者的方向绘制。总图应把夹具的工作原理、各种装置的结构及其相互关系表达清楚。

夹具总图的绘制次序如下：

(1) 用双点划线将工件的外形轮廓、定位基面、夹紧表面及加工表面绘制在各个视图的合适位置上。在总图中，工件可看作透明体，不遮挡后面夹具上的线条。

(2) 依次绘出定位装置、夹紧装置、对刀或导向装置、其他装置、夹具体及连接元件和安装基面。

(3) 标注必要的尺寸、公差和技术要求。

(4) 编制夹具明细表及标题栏。

6）绘制夹具零件图

夹具中的非标准零件均要画零件图，并按夹具总图的要求，确定零件的尺寸、公差及技术要求。

4.2　夹具体的设计

4.2.1　对夹具体的要求

1）有适当的精度和尺寸稳定性

夹具体上的重要表面，如安装定位元件的表面、安装对刀或导向元件的表面以及夹具体的安装基面（与机床相连接的表面）等，应有适当的尺寸和形状精度，它们之间应有适当的位置精度。

为增加夹具体尺寸稳定，铸造夹具体要进行时效处理，焊接和锻造夹具体要进行退火处理。

2）有足够的强度和刚度

加工过程中，夹具体要承受较大的切削力和夹紧力。夹具体需有一定的壁厚，铸造和焊接夹具体常设置加强肋，或在不影响工件装卸的情况下采用框架式夹具体（如图 4.1(c)所示）。

3）结构工艺性好

夹具体应便于制造、装配和检验。铸造夹具体上安装各种元件的表面应铸出凸台，以减少加工面积。夹具体毛面与工件之间应留有足够的间隙，一般为 4～15 mm。夹具体结构应便于工件的装卸，如图 4.1 所示，结构可分为：① 开式结构（见图 4.1(a)）；② 半开式结构（见图 4.1(b)）；③ 框架式结构（见图 4.1(c)）。

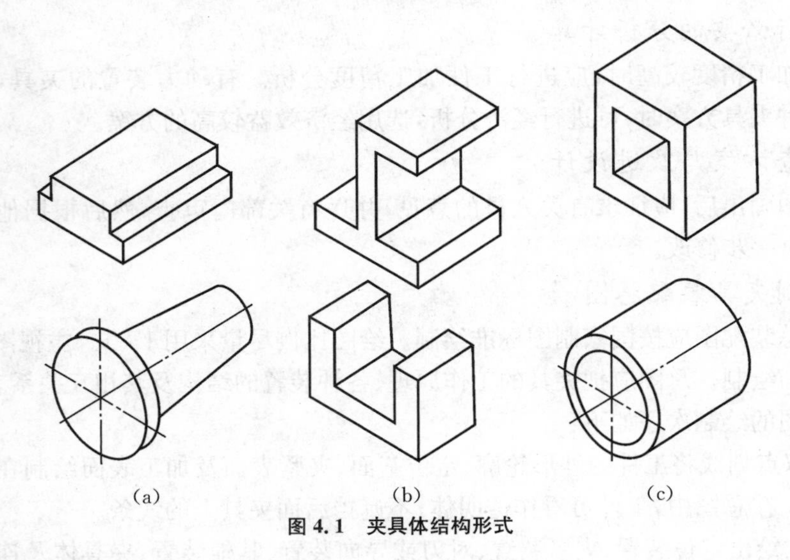

图 4.1 夹具体结构形式

4）排屑方便

切屑多时，夹具体上应考虑排屑结构。如图 4.2 所示，在夹具体上开排屑槽或在夹具体下部设置排屑斜面，斜角可取 30°～50°。

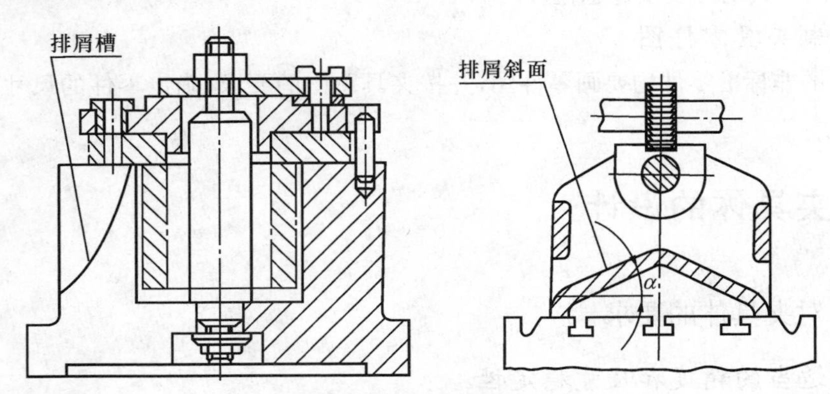

图 4.2 夹具体上设置排屑结构

5）在机床上安装稳定可靠

(1) 夹具在机床工作台上安装，夹具的重心应尽量低，重心越高则支承面应越大；

(2) 夹具底面四边应凸出，使夹具体的安装基面与机床的工作台面接触良好，如图 4.3 所示，接触边或支脚的宽度应大于机床工作台梯形槽的宽度，应一次加工出来，并保证一定的平面精度；

(3) 夹具在机床主轴上安装，夹具安装基面与主轴相应表面应有较高的配合精度，并保证夹具体安装稳定可靠。

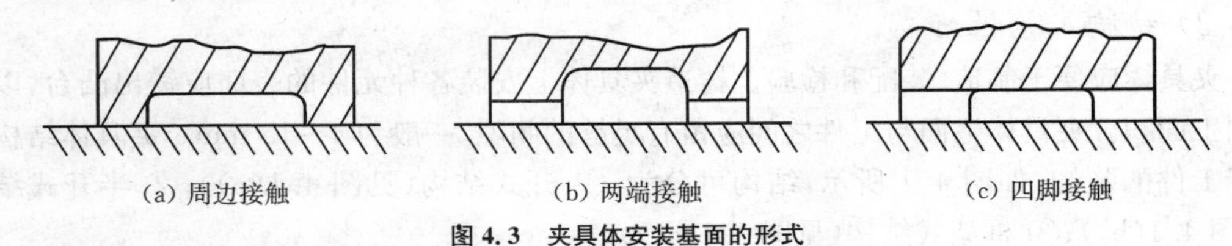

图 4.3 夹具体安装基面的形式

4.2.2 夹具体毛坯的类型

1）铸造夹具体

夹具体材料一般是铸造，其特点是工艺性好，可铸出各种复杂形状，具有较好的抗压强度、刚度和抗振性，但生产周期长，需进行时效处理，以消除内应力。常用材料为灰铸铁。

2）焊接夹具体

它由钢板、型材焊接而成，这种夹具体制造方便、生产周期短、成本低、重量轻(壁厚比铸造夹具体薄)。但焊接夹具体的热应力较大，易变形，需经退火处理，以保证夹具体尺寸的稳定性。

3）锻造夹具体

它适用于形状简单、尺寸不大、要求强度和刚度大的场合，锻造后也需经退火处理。此类夹具体应用较少。

4）型材夹具体

小型夹具体可以直接用板料、棒料、管料等型材加工装配而成。这类夹具体取材方便、生产周期短、成本低、重量轻。

5）装配夹具体

它由标准的毛坯件、零件及个别非标准件通过螺钉、销钉连接，组装而成。

此类夹具体具有制造成本低、周期短、精度稳定等优点，有利于夹具标准化、系列化，也便于夹具的计算机辅助设计。

4.3 专用夹具设计示例

如图 4.4 所示，本工序需在钢套上钻 ϕ 5 mm 孔，应满足如下加工要求：

(1) ϕ 5 mm 孔轴线到端面 B 的距离(20±0.1) mm。

(2) ϕ 5 mm 孔对 ϕ20H7 孔的对称度为 0.1 mm。

(3) 已知工件材料为 Q235A 钢，批量 N=500 件。

试设计钻 ϕ 5 mm 孔的钻床夹具。

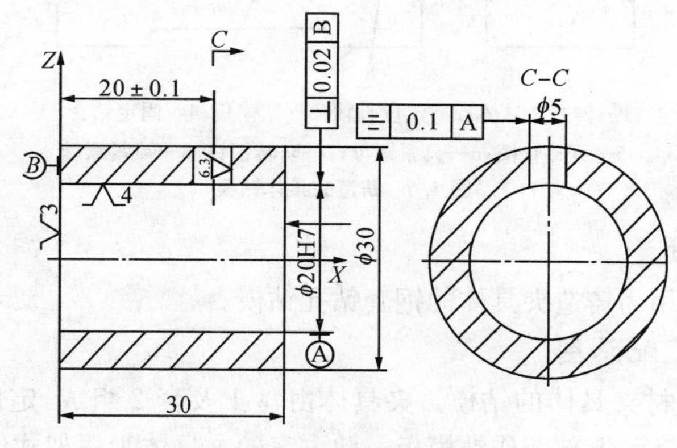

图 4.4 加工零件图

1）定位方案

按基准重合原则定位，基准确定为：

B 面及 ϕ20H7 孔轴线，采用一凸面和一心轴组合定位。

2）导向方案

为能迅速、准确地确定刀具与夹具的相对位置，钻夹具上都应设置引导刀具的元件——钻套。钻套一般安装在钻模板上，钻模板与夹具体连接，钻套与工件之间留有排屑空间，如图 4.5 所示。

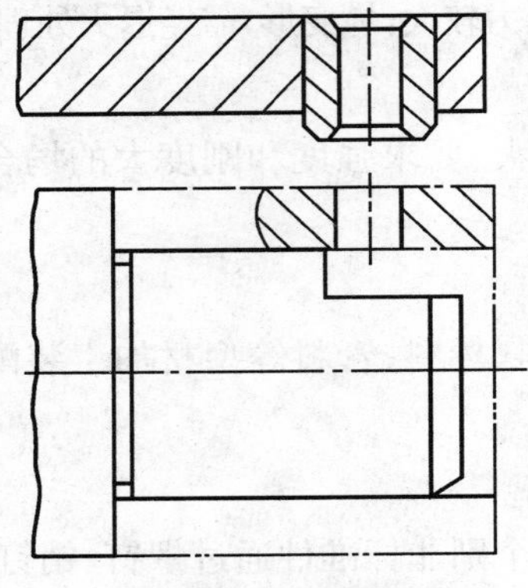

图 4.5 导向方案图

3）夹紧方案

由于工件批量小，宜用简单的手动夹紧装置。钢套的轴向刚度比径向刚度好，因此夹紧力应指向限位台阶面。如图 4.6 所示，采用带开口垫圈的螺旋夹紧机构。

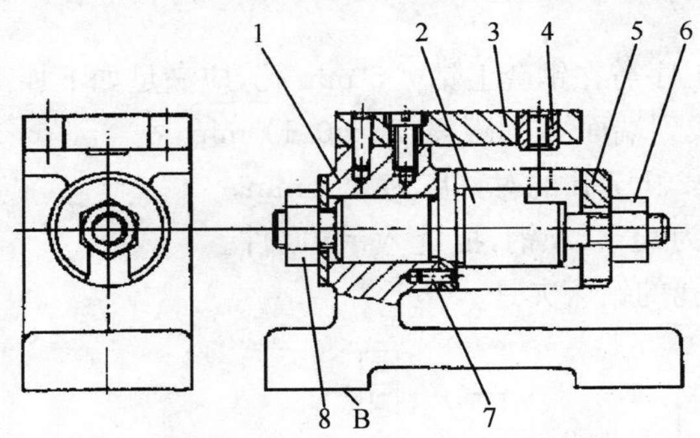

1—铸造夹具体；2—定位心轴；3—钻模板；4—固定钻套；
5—开口垫圈；6—具紧螺母；7—防转销钉；8—锁紧螺母

图 4.6 铸造夹具体钻模

4）夹具体的设计

如图 4.6 所示采用为铸造夹具体的钢套钻孔钻模。

5）绘制夹具装配总图

图 4.7 为采用型材夹具体的钻模。夹具体由盘 1 及套 2 组成，定位心轴 3 安装在盘 1 上，套 2 下部为安装基面，上部兼作钻模板。此方案的夹具体为框架式结构。采用此方案的钻模刚度好、重量轻、取材容易、制造方便、制造周期短、成本较低。

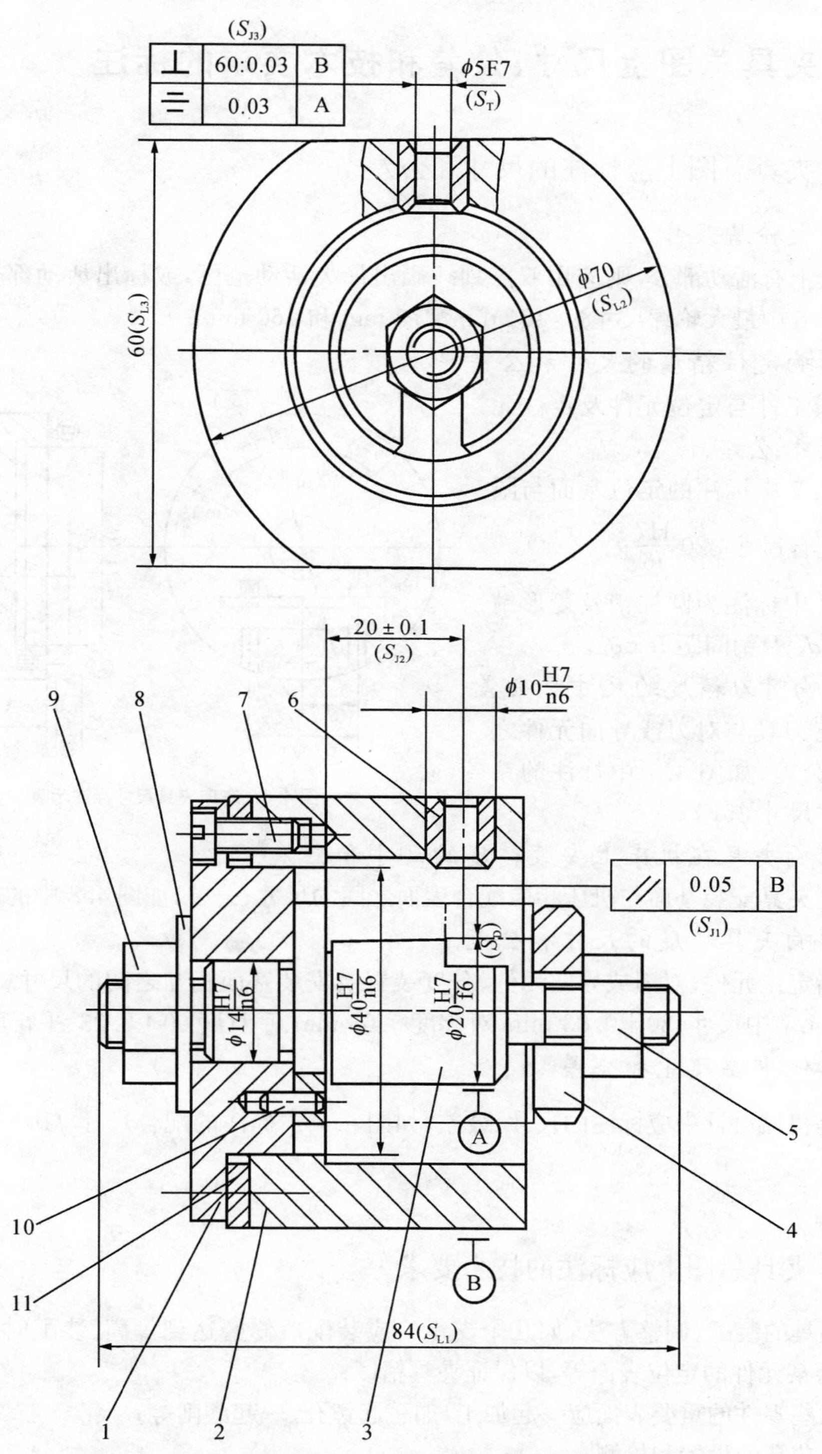

1—盘；2—套；3—定位心轴；4—开口垫圈；5—夹紧螺母；6—固定钻套；
7—螺钉；8—垫圈；9—锁紧螺母；10—防转销钉；11—调整垫圈

图 4.7　型材夹具体钻模

4.4　夹具总图上尺寸、公差和技术要求的标注

4.4.1　夹具总图上应标注的尺寸和公差

1）最大轮廓尺寸

若夹具上有活动部分，则应用双点划线画出最大活动范围，或标出活动部分的尺寸范围。如图 4.8 中最大轮廓尺寸为：ϕ84 mm、ϕ70 mm 和 ϕ60 mm。

2）影响定位精度的尺寸和公差

主要指工件与定位元件及定位元件之间的尺寸、公差。

如图 4.7 中标注的定位基面与限位基面的配合尺寸 $\phi 20\,\dfrac{\text{H7}}{\text{f6}}$；

图 4.8 中标注为圆柱销及菱形销的尺寸 d_1、d_2 及销间距 $L\pm\delta_L$。

3）影响对刀精度的尺寸和公差

主要指刀具与对刀或导向元件之间的尺寸、公差，如图 4.7 中标注的钻套导向孔的尺寸 ϕ5F7。

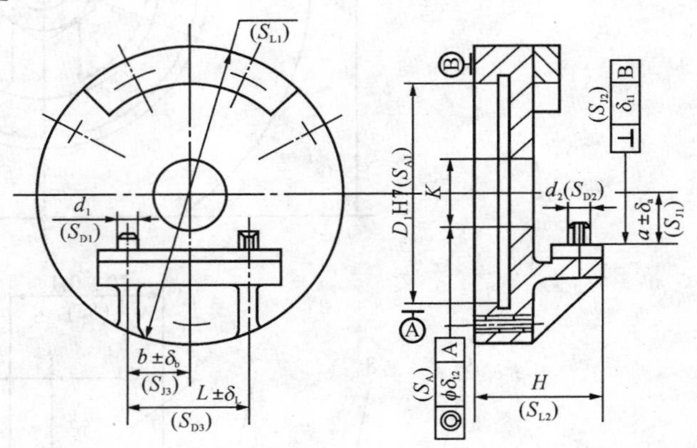

图 4.8　车床夹具尺寸标注示意

4）影响夹具在机床上安装精度的尺寸和公差

主要指夹具安装基面与机床相应配合表面之间的尺寸、公差，如图 4.8 中的尺寸 D_1H7。

5）影响夹具精度的尺寸和公差

主要指定位元件、对刀或导向元件、分度装置及安装基面相互之间的尺寸、公差和位置公差，如图 4.7 中尺寸：20±0.03 mm、对称度 0.03 mm、垂直度 60∶0.03、平行度0.05 mm。

6）其他重要尺寸和公差

一般是机械设计中应标注的尺寸、公差，如图 4.7 中标注的配合尺寸 $\phi 14\,\dfrac{\text{H7}}{\text{n6}}$、$\phi 40\,\dfrac{\text{H7}}{\text{n6}}$、$\phi 10\,\dfrac{\text{H7}}{\text{n6}}$。

4.4.2　夹具总图上应标注的技术要求

(1) 夹具的装配、调整方法，如几个支承钉应装配后修磨达到等高、装配时调整某元件或临床修磨某元件的定位表面等，以保证夹具精度；

(2) 某些零件的重要表面应一起加工，如一起镗孔、一起磨削等；

(3) 工艺孔的设置和检测；

(4) 夹具使用时的操作顺序；

(5) 夹具表面的装饰要求等。

4.4.3 夹具总图上公差值的确定

夹具总图上标注公差值的原则是:在满足工件加工要求的前提下,尽量降低夹具的制造精度。

1) 直接影响工件加工精度的夹具公差

夹具总图上的尺寸公差或位置公差为:

$$\delta_j = (1/2 \sim 1/5)\delta_k \quad (4.1)$$

式中:δ_k——与 δ_j 相应的工件尺寸公差或位置公差。

当工件批量大、加工精度低时,δ_j 取小值,反之取大值。

(1) 工件的加工尺寸未注公差时,工件公差 δ_k 视为 IT12~IT14,夹具上相应的尺寸公差按 IT9~IT11 标注;

(2) 工件上的位置要求未注公差时,工件位置公差 δ_k 视为 IT9~IT11 级,夹具上相应的位置公差按 IT7~IT9 级标注;

(3) 工件上加工角度未注公差时,工件公差 δ_k 视为 $\pm30' \sim \pm10'$,夹具上相应的角度公差标为 $\pm10' \sim \pm3'$(相应边长为 10~400 mm,边长短时取大值)。

2) 夹具上其他重要尺寸的公差与配合

这类尺寸的公差与配合的标注对工件的加工精度有间接影响。在确定配合性质时,应考虑减小其影响,其公差等级可参照“夹具手册”或《机械设计手册》标注。

4.5 工件在夹具上加工的精度分析

4.5.1 影响加工精度的因素

用夹具装夹工件进行机械加工时,其工艺系统中影响工件加工精度的因素很多。与夹具有关的因素如图 4.7 所示,有定位误差 ΔD 对刀误差 ΔT、夹具在机床上的安装误差 ΔA 和夹具误差 ΔJ。在机械加工工艺系统中,影响加工精度的其他因素综合称为加工方法误差 ΔG。上述各项误差均导致刀具相对工件的位置不精确,从而形成总的加工误差 $\sum\Delta$。

以图 4.7 钢套钻 ϕ 5 mm 孔的钻模为例计算。

1) 定位误差 ΔD

加工尺寸(20±0.1) mm 的定位误差,$\Delta D=0$。

对称度 0.1 mm 误差为工件定位孔与定位心轴配合的最大间隙。工件定位孔的尺寸为 ϕ20H7($\phi 20_{0}^{+0.021}$ mm),定位心轴的尺寸为 ϕ20f6($\phi 20_{-0.033}^{-0.020}$ mm),

$$\Delta D = X_{max} = (0.021+0.033)\ \text{mm} = 0.054\ \text{mm}$$

2) 对刀误差 ΔT

因刀具相对于对刀或导向元件的位置不精确而造成的加工误差,称为对刀误差。如图 4.7 中钻头与钻套间的间隙,会引起钻头的位移或倾斜,造成加工误差。由于钢套壁厚较薄,可只计算钻头位移引起的误差。钻套导向孔尺寸为 ϕ5F7($\phi 5_{+0.010}^{+0.022}$ mm),钻头尺寸为

$\phi5h9(\phi5^{0}_{-0.03}$ mm)。尺寸(20±0.1) mm 及对称度 0.1 mm 的对刀误差均为钻头与导向孔的最大间隙，

$$\Delta T = X_{max} = (0.022+0.03)\text{ mm} = 0.052\text{ mm}$$

3) *夹具的安装误差 ΔA*

因夹具在机床上的安装不精确而造成的加工误差，称为夹具的安装误差。

图 4.7 中夹具的安装基面为平面，因而没有安装误差，$\Delta A=0$。

图 4.8 中车床夹具的安装基面 D_1 H7 与车床过渡盘配合的最大间隙为安装误差 ΔA，或者把找正孔相对车床主轴的同轴度 δ_{t2} 作为安装误差。

4) *夹具误差 ΔJ*

因夹具上定位元件、对刀或导向元件、分度装置及安装基准之间的位置不精确而造成的加工误差，称为夹具误差。如图 4.9 所示，夹具误差 ΔJ 主要由以下几项组成。

(1) 定位元件相对于安装基准的尺寸或位置误差 ΔJ_1；

(2) 定位元件相对于对刀或导向元件(包含导向元件之间)的尺寸或位置误差 ΔJ_2；

(3) 导向元件相对于安装基准的尺寸或位置误差 ΔJ_3。

若有分度装置时，还存在分度误差 ΔF。以上几项共同组成夹具误差 ΔJ。

图 4.9 中，影响尺寸(20±0.1) mm 的夹具误差的定位面到导向孔轴线的尺寸误差 $\Delta J_2=0.06$ mm，及导向孔对安装基面 B 的垂直度 $\Delta J_3=0.03$ mm。

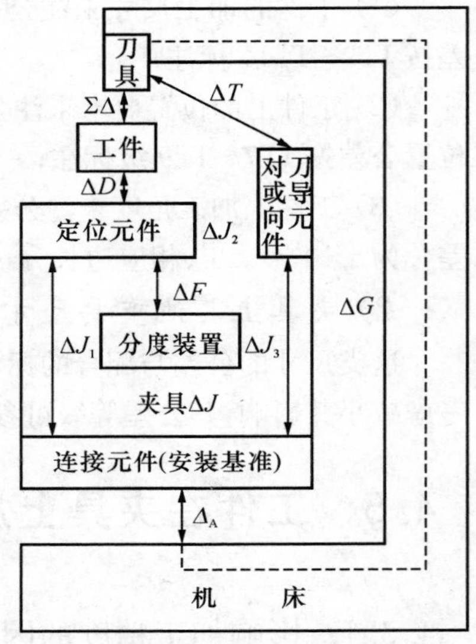

图 4.9　工件在夹具上加工时影响加工精度的主要因素

影响对称度 0.1 mm 的夹具误差为导向孔对定位心轴的尺寸误差 $\Delta J_2=0.03$ mm(导向孔对安装基面 B 的垂直度误差 $\Delta J_3=0.03$ mm 与 ΔJ_2 在公差上兼容，只需计算其中较大的一项即可)。

5) *加工方法误差 ΔG*

因机床精度、刀具精度、刀具与机床的位置精度、工艺系统的受力变形和受热变形等因素造成的加工误差，统称为加工方法误差。因该项误差影响因素多，又不便于计算，所以常根据经验为它留出工件公差 δ_k 的 1/3。计算时可设

$$\Delta G = \delta_k/3 \tag{4.2}$$

4.5.2　保证加工精度的条件

工件在夹具中加工时，总加工误差 $\sum\Delta$ 为上述各项误差之和。由于上述误差均为独立随机变量，应用概率法叠加。因此保证工件加工精度的条件是：

$$\sum\Delta = \sqrt{\Delta D^2 + \Delta T^2 + \Delta A^2 + \Delta J^2 + \Delta G^2} \leqslant \delta_k \tag{4.3}$$

即工件的总加工误差 $\sum\Delta$ 应不大于工件的加工尺寸公差 δ_k。

为保证夹具有一定的使用寿命，防止夹具因磨损而过早报废，在分析计算工件加工精度时，需留出一定的精度储备量 J_C。因此将上式改写为：

$$\sum\Delta \leqslant \delta_k - J_C \quad 或 \quad J_C = \delta_k - \sum\Delta \geqslant 0 \tag{4.4}$$

当 $J_C \geqslant 0$ 时，夹具能满足工件的加工要求。J_C 值的大小还表示了夹具使用寿命的长短和夹具总图上各项公差值 δ_j 确定得是否合理。

在钢套上钻 ϕ5 mm 孔的加工精度计算

如图 4.7 所示，用钻模在钢套上钻 ϕ5 mm 孔时，加工精度的计算列于表 4.1 中。由表 4.1 可知，该钻模能满足工件的各项精度要求，且有一定的精度储备。

表 4.1　用钻模在钢套上钻 ϕ5 mm 孔的加工精度计算

误差名称	误差计算	
	(20±0.1) mm	对称度为 0.1 mm
ΔD	0	0.054 mm
ΔT	0.052 mm	0.052 mm
ΔA	0	0
ΔJ	$\Delta J_2+\Delta J_3=(0.06+0.03)$ mm	$\Delta J_2=0.03$ mm
ΔG	(0.2/3) mm=0.067 mm	(0.1/3) mm=0.033 mm
$\sum\Delta$	$\sqrt{0.052^2+0.06^2+0.03^2+0.067^2}$ mm =0.108 mm	$\sqrt{0.054^2+0.052^2+0.03^2+0.033^2}$ mm =0.087 mm
J_C	(0.2−0.108) mm=0.092 mm>0	(0.1−0.087) mm=0.013 mm>0

4.6　夹具的经济分析

夹具的经济分析是研究夹具的复杂程度与工件工序成本的关系，以便分析比较和选定经济效益较好的夹具方案。

4.6.1　经济分析的原始数据

(1) 工件的年批量 N(件)。

(2) 单件工时 t_d(h)。

(3) 机床每小时的生产费用 f(元/h)。此项费用包括工人工资、机床折旧费、生产中辅料损耗费、管理费等。它的数值主要根据使用不同的机床而变化，一般情况下可参考各工厂规定的各类机床对外协作价。

(4) 夹具年成本 C_j(元)。C_j 为专用夹具的制造费用 C_z 分摊在使用期内每年的费用与全年使用夹具的费用之和。

专用夹具的制造费用 C_z 由下式计算：

$$C_z = pm + tf_e \tag{4.5}$$

式中：p——材料的平均价格(元/kg)；

m——夹具毛坯的重量(kg)；

t——夹具制造工时(h)；

f_e——制造夹具的每小时平均生产费用(元/h)。

夹具年成本 C_j 由下式计算：

$$C_j=\left(\frac{1+K_1}{T}+K_2\right)C_z \tag{4.6}$$

式中：K_1——专用夹具设计系数，常取 0.5。

K_2——专用夹具使用系数，常取 0.2～0.3。

T——专用夹具使用年限，对于简单夹具，$T=1$ a；对于中等复杂程度的夹具，$T=2\sim3$ a；对于复杂夹具，$T=4\sim5$ a。

4.6.2 经济分析的计算步骤

经济分析的计算步骤如表 4.2 所示。根据工序总成本公式：$C=C_j+C_{sd}N$，可作出各方案的成本与批量关系线，如图 4.12 所示。

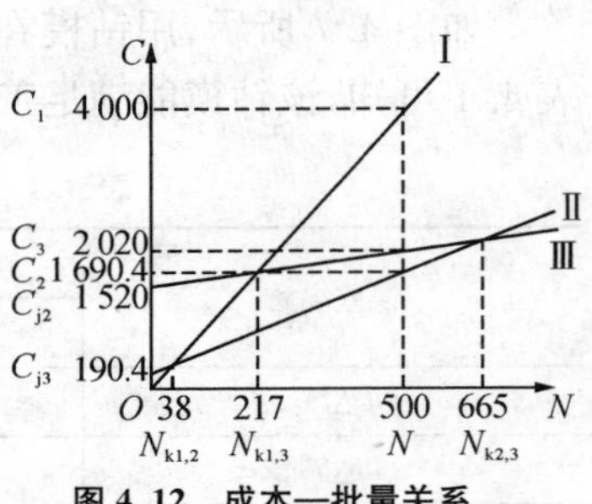

图 4.12 成本—批量关系

表 4.2 经济分析的计算步骤

序号	项目	计算公式	单位	
1	工件年批量	N	件	已知
2	单件工时	t_d	h	已知
3	机床每小时生产费用	f	元/h	已知
4	夹具年成本	C_j	元	估算
5	生产效率	$\eta=1/t_d$	件/h	
6	工序生产成本	$C_s=Nt_d f=\frac{Nf}{\eta}$	元	
7	单件工序生产成本	$C_{sd}=C_s/N=t_d f=\frac{f}{\eta}$	元/件	
8	工序总成本	$C=C_j+C_s=C_j+C_{sd}N$	元	
9	单件工序总成本	$C_d=\frac{C}{N}=\frac{C_j+C_s}{N}$	元/件	
10	两方案比较的经济效益 $E_{1,2}$	$E_{1,2}=C_1-C_2=N(C_{d1}-C_{d2})$	元	

两个方案交点处的批量称临界批量 N_k。当批量为 N_k 时，两个方案的成本相等。在图 4.12 中，方案Ⅰ、Ⅱ的临界批量为 $N_{k1,2}$，当 $N>N_{k1,2}$ 时，$C_2<C_1$，采用第二方案经济效益高；反之，应采用第一方案。

按成本相等条件，可求出临界批量 $N_{k1,2}$，

$$\begin{cases}C_{sd1}N_{k1,2}+C_{j1}=C_{sd2}N_{k1,2}+C_{j2}\\ N_{k1,2}=\dfrac{C_{j2}-C_{j1}}{C_{sd1}-C_{sd2}}=\dfrac{N(C_{j2}-C_{j1})}{C_{s1}-C_{s2}}\end{cases} \tag{4.7}$$

经济分析举例

设钢套(图 4.7)批量 $N=500$ 件，钻床每小时生产费用 $f=20$ 元/h。试分析下列三种加工方案的经济效益。

方案Ⅰ：不用专用夹具，通过划线找正钻孔。夹具年成本 $C_{j1}=0$，单件工时 $t_{d1}=0.4$ h。

方案Ⅱ:用简单夹具,如图4.7所示。单件工时 $t_{d2}=0.15$ h,设夹具毛坯重量 $m=2$ kg,材料平均价 $p=16$ 元/kg,夹具制造工时 $t=4$ h,制造夹具每小时平均生产费 $f_e=20$ 元/h,可估算出专用夹具的制造价格为:

$$C_{z2}=pm+tf_e=(16\times2+4\times20)\text{元}=112\text{元}$$

计算夹具的年成本 C_{j2}。设 $K_1=0.5$,$K_2=0.2$,$T=1$ a,则

$$C_{j2}=\left(\frac{1+K_1}{T}+K_2\right)C_1=\left(\frac{1+0.5}{1}+0.2\right)\times112\text{元}=190.4\text{元}$$

方案Ⅲ:采用自动化夹具。单件工时 $t_{d3}=0.05$ h,设夹具毛坯重量 $m=30$ kg,材料平均价格 $p=16$ 元/kg,夹具制造工时 $t=56$ h,制造夹具每小时平均生产费用 $f_e=20$ 元/h,则夹具制造价格为:

$$C_{z3}=pm+tf_e=(16\times30+56\times20)\text{元}=1\,600\text{元}$$

计算夹具成本 C_{j3}。设 $K_1=0.5$,$K_2=0.2$,$T=2$ a,则

$$C_{j3}=\left(\frac{1+K_1}{T}+K_2\right)C_1=\left(\frac{1+0.5}{1}+0.2\right)\times1\,600\text{元}=1\,520\text{元}$$

各方案的工序成本估算如表4.3所示。

表4.3 钢套钻孔各方案成本估算

工序成本估算	方案Ⅰ(不用夹具)	方案Ⅱ(简单夹具)	方案Ⅲ(半自动夹具)
t_d(h)	0.4	0.15	0.05
$\eta=\left(\frac{1}{t_d}\right)$(件/h)	$\frac{1}{0.4}=2.5$	$\frac{1}{0.15}=6.7$	$\frac{1}{0.05}=20$
C_{j1}(元)	0	190.4	1 520
$C_s=(Nt_df)$(元)	500×0.4×20=4 000	500×0.15×20=1 500	500×0.05×20=500
$C_{sd}=\left(\frac{C_s}{N}\right)$(元/件)	$\frac{4\,000}{500}=8$	$\frac{1\,500}{500}=3$	$\frac{500}{500}=1$
$C=(C_j+C_s)$(元)	4 000	190.4+1 500=1 690.4	1 520+500=2 020
$C_d=\left(\frac{NC}{}\right)$(元/件)	$\frac{4\,000}{500}=8$	$\frac{1\,690.4}{500}=3.38$	$\frac{2\,020}{500}=4.04$

各方案的经济效益估算如下

$$E_{1,2}=C_1-C_2=(4\,000-1\,690.4)\text{元}=2\,309.6\text{元}$$

$$E_{2,3}=C_2-C_3=(1\,690.4-2\,020)\text{元}=-329.6\text{元}$$

$$E_{1,3}=C_1-C_3=(4\,000-2\,020)\text{元}=1\,980\text{元}$$

可见,批量为500件时,用简单夹具经济效益最好,不用夹具经济效益最差。

4.7 项目任务介绍

平衡轴是用来平衡和减少发动机的振动,从而实现降低发动机噪音、延长使用寿命、提升驾乘者舒适性的装置。随着消费水平的日益提高,高档轿车越来越普及,平衡轴及平衡轴套筒的产量也越来越高。平衡轴套筒分进气侧平衡轴套筒和排气侧平衡轴套筒。为提高平衡轴套筒产品质量及生产效率,我们设计外排气侧平衡轴套筒钻铣夹具。

零件年产量50 000件,工作日250天,单班制,日工作时间8小时,效率为80%。

零件特点：零件材料为压铸铝合金，轴套类零件。外圆内孔同一回转轴心线，圆柱面上的小孔大部分垂直轴心线。零件的设计基准，定位基准都是回转轴心线。

零件生产节拍为：

$$250\times8\times3\ 600\times80\%/50\ 000=115.2(\text{s})$$

实际生产节拍应小于 115.2 s。

实际生产节拍组成：实际生产节拍为各个工位机动时间最长的和。

顶孔 $\phi6$ 机动时间计算：顶孔 $\phi6$ 为在耳侧上去除实体钻孔，切削参数如下：

$$v=57\ \text{m/min}\quad f=0.05\ \text{m/r}\quad n=3\ 000\ \text{r/min}\quad v_\text{f}=150\ \text{mm/min}\quad l=3.8,$$

$$n=v/\pi D=57\times1\ 000/3.14\times6=3\ 025\ \text{r/min},$$

$$T_\text{d}=L/v_\text{f}=(3.8+5)/nf=8.8/302\ 5\times0.05=0.058\ \text{min}=0.058\times60=3.6\ \text{s};$$

同理：其他孔加工时间见表 4.4，加工图示所有孔所需时间为动力头快进工进快退机动时间，夹具气缸松开夹紧时间，电动分割器分度时间。动力头快进快退时间按 1 s，分割器分度时间约 2 s，分割器反转回原位时间 12 s，夹具气缸压紧时间 0.5 s。

$$T_\text{jp}=8.4+6.6+6+8.4+8.4+8.4+6+6+12=70.2\ \text{s}$$

排气侧平衡轴套筒加工工艺为：毛坯压铸—粗车（留精车工艺搭子）—钻铣端面及圆柱面上所有孔槽—精车孔至图纸要求。加工内容见表 4.5。

表 4.4　平衡轴套筒基本加工内容机动时间

序号	工作内容	时间(s)	切削参数
1	快进	0.5	
2	钻 $\phi6$ 孔	3.6	$v=57$ m/min, $f=0.05$ m/r, $n=3\ 000$ r/min, $v_\text{f}=150$ mm/min, $l=3.8$
3	钻 $\phi8$ 孔	5.4	$v=55.3$ m/min, $f=0.05$ m/r, $n=2\ 200$ r/min, $v_\text{f}=110$ mm/min, $l=5$
4	钻 $\phi4$ 孔(平)	3	$v=64$ m/min, $f=0.04$ m/r, $n=5\ 100$ r/min, $v_\text{f}=204$ mm/min, $l=6$
5	钻 $\phi4$ 孔(斜)	3.6	$v=64$ m/min, $f=0.04$ m/r, $n=5\ 100$ r/min, $v_\text{f}=204$ mm/min, $l=8.2$
6	铣 $R2.5$ 槽	3	$v=47.1$ m/min, $f=0.02$ m/r, $n=3\ 000$ r/min, $v_\text{f}=240$ mm/min, $l=8$
7	快退	0.5	

表 4.5　加工内容

加工内容工位	一	二	三	四	五	六	七	八
	顶孔 (6.3)							
	半圆槽 (3)		半圆槽 (3)		半圆槽 (3)		半圆槽 (3)	
	上大孔 (5.4)				上大孔 (5.4)			
		下小孔 (3)			下小孔 (3)			下小孔 (3)
		上小孔 (3.6)				上小孔 (3.6)		
	下大孔 (5.4)			下大孔 (5.4)		下大孔 (5.4)		
最长机动时间	5.4	3.6	3	5.4	5.4	5.4	3	3
含快进快退回转时间 3 s	8.4	6.6	6	8.4	8.4	8.4	6	6

钻铣夹具完成的孔及槽的加工具体内容：上端面 $\phi 6.3$ 孔（见图 4.13），圆柱面上开槽处 2-$\phi 8$ 及2-$\phi 4$（见图 4.14），圆柱面下开槽处 3-$\phi 8$ 及 3-$\phi 4$（见图 4.15），下端面 4-$R2.5$ 的槽（见图 4.16）。

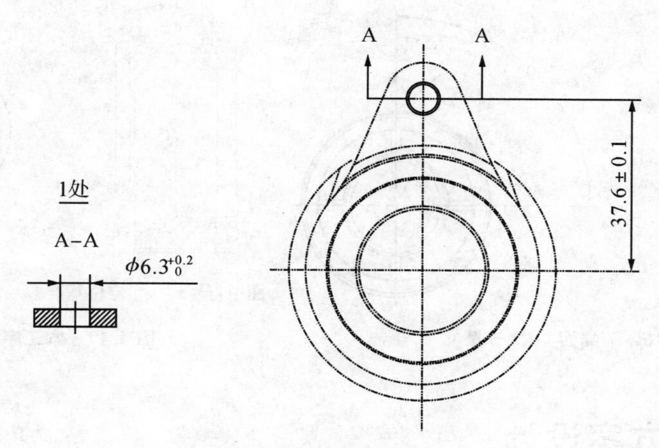

图 4.13　上端面 $\phi 6.3$ 孔

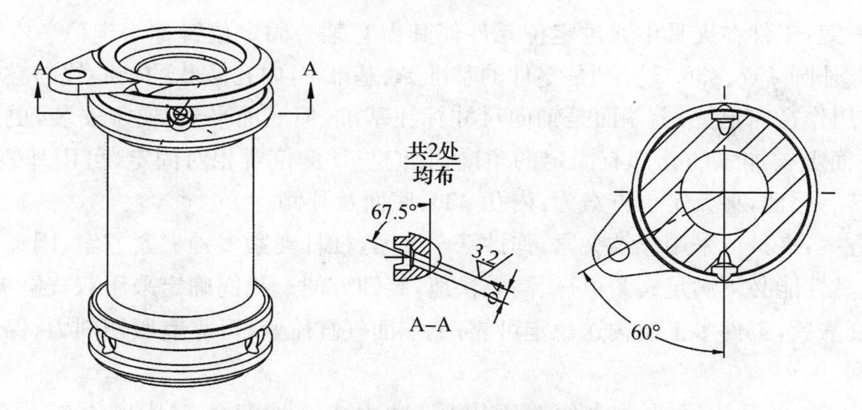

图 4.14　圆柱面上开槽 2-$\phi 8$ 及 2-$\phi 4$ 孔

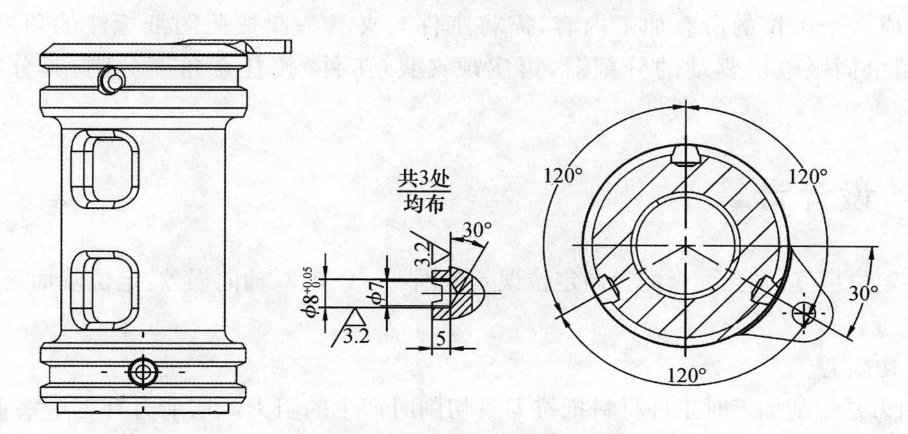

图 4.15　圆柱面下开槽 3-$\phi 8$ 及 3-$\phi 4$ 孔

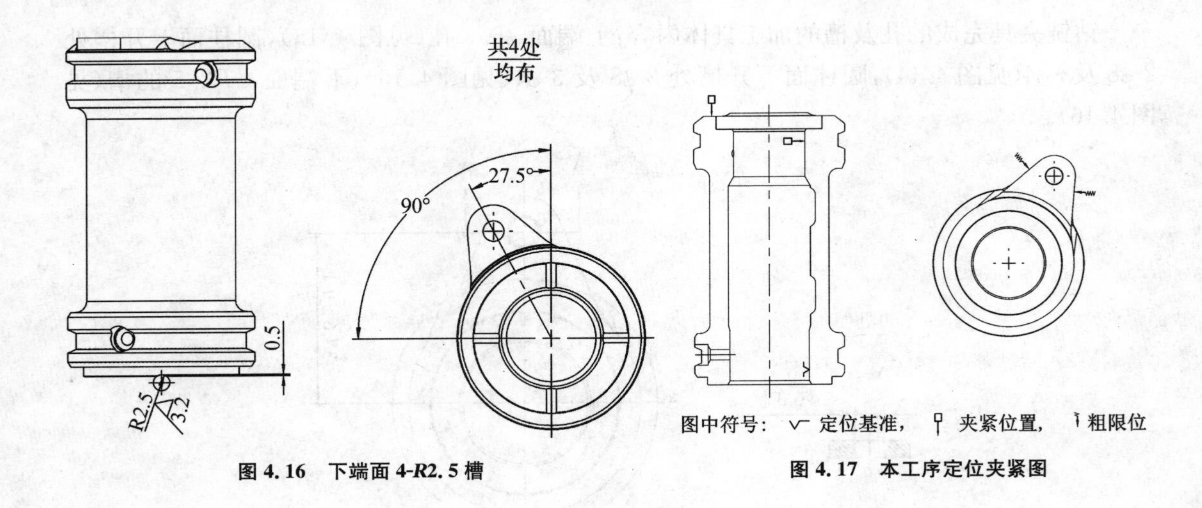

图 4.16　下端面 4-R2.5 槽　　　图 4.17　本工序定位夹紧图

4.8　项目方案设计

定位方案：工件在夹具中通过定位元件使其占有某一固定位置称为定位。本零件形状属套筒类。外圆 $\phi57$、$\phi56.5$ 分别是零件的基准 A、基准 B，内孔 $\phi30$ 的轴心线与它们的轴心线同心，可用作径向定位；上端面是轴向尺寸标注基准，但底面平整，便于安装，更适合轴向定位；圆柱面上被加工的孔都有固定的角度，它们与耳侧位置相对固定，可用耳侧限制 XY 平面的旋转。因此，夹具定位方案为：内孔 $\phi30$、底面及耳侧。

夹紧方案：夹具可采用螺纹夹紧，弹性涨套涨紧，杠杆夹紧多种夹紧方案，因夹具在专机上使用，夹具性能必须满足夹紧可靠、高效快速，装卸方便。我们确定采用双气缸夹紧方案：气缸以涨套涨紧，工件多工位输送稳定可靠；上端面气缸压紧，可靠克服切削力，保证加工过程稳定顺利。

输送方案：夹具相对动力头位置固定后，动力头一次只能完成一个工位的加工内容，要完成八个工位的所有加工内容，需将工件与夹具一起按照图纸标注的角度旋转。我们选用由伺服电机驱动的分割器，可实现夹具（工件）按任意角度分割，其分割精度为 $\pm30'$。

4.9　设计计算

（1）定位精度：轴孔配合的径向定位误差范围：0～0.042，轴向误差：定位端面至动力头中心线高度。

（2）切削力

切削力是切削加工时工件材料抵抗刀具切削时产生的阻力。切削力有三个垂直分力：主切削力，切深抗力，进给抗力。工件固定后，加工孔径有 $\phi8$、$\phi7$、$\phi6.3$、$\phi5$、$\phi4$，其中同时加工 2-$\phi8$、$\phi6.3$、$\phi5$ 孔产生的切削力及扭矩最大。

钻孔切削力和切削力矩计算：

按照主轴转速 $n=2\ 200$ r/min,进给速度 $f=0.05$ mm/r,孔深 5 mm(快进至距外圆 3 mm 处),钻至孔深约需 4.2 s。

$$F_f=309Df^{0.8}K_P$$

式中:F_f——轴向切削力(N);

D——钻头直径(mm);

f——每转进给量(mm);

K_P——修正系数。

工件材料:AlSi9Cr3

刀具材料:硬质合金

加工方式:钻

将 $D=8$ mm,$f=0.05$ mm,$K_P=0.6$ 代入,

计算结果:$F_f=135$ N。

$$M=0.21D^2f^{0.8}K_P$$

式中:M——切削力矩(N·m);

D——钻头直径(mm);

f——每转进给量(mm);

K_P——修正系数。

工件材料:AlSi9Cr3

刀具材料:硬质合金

加工方式:钻

将 $D=8$ mm,$f=0.05$ mm,$K_P=0.6$ 代入,

计算结果:$M=0.73$ N·m。

(3) 夹紧力

确定夹紧力需考虑夹紧力的方向、大小、作用点。夹紧力一般要大于切削力,才能保证夹具安全、可靠。过小,工件位置发生变动,破坏原有定位或发生振动,不能实现零件的加工要求;过大,则会使工件和夹具产生过大的变形,造成浪费。

夹紧气缸的缸径 $\phi25$ mm,

气缸压力按 0.35 MPa,气缸的输出力为:

$F=pA=3.5\times10\times3.14\times(25/20)^2=171$ N

压紧点的压力:

$$F_{压}=171\times23/43=91.5\text{ N}$$

涨紧缸的缸径 $\phi50$。

气缸压力按 0.35 MPa,气缸的输出力为:

$F=pA=3.5\times10\times3.14\times(50/20)^2=684$ N

$$W=Q/\tan(\alpha+\psi_1)-N_{阻}$$

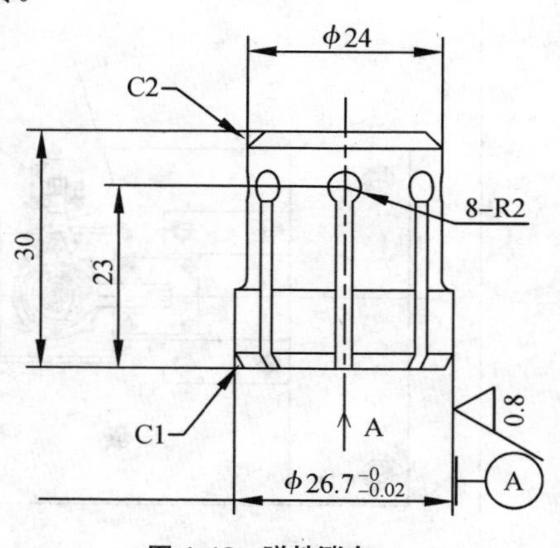

图 4.18 弹性涨套

式中:α——弹簧夹头的半锥角;

ψ_1——弹簧夹头与锥套的摩擦角。

$$N_{阻}=2\ 000\Delta\delta d^3/L^3$$

式中：Δ——弹簧夹爪与工件的直径间隙(mm)；

δ——簧瓣薄壁厚度(mm)；

d——簧瓣的外径(mm)。

4.10 结构设计

零件以底面、ϕ29.7 孔及耳侧定位，安装在基座 8 上，基座 8、气缸 10 由螺钉固定在夹具体 9 上，气缸 10 通过拉杆 7 驱动弹性涨套 6 涨紧工件 ϕ26.7 孔，气缸 3 在螺钉拉紧前，固定工件工艺搭子，实现工件径向定位。夹具体 9 与电动分割器 12 及分度盘由夹具底座 11 固定连接，电动分割器 12 通过过渡板 1 与床身固定，分割器由伺服电机驱动，可任意角度旋转，分割器回转精度±30″，弧度±0.006。涨紧套起两个作用：① 消除内孔间隙产生的制造误差；② 利用涨紧套涨紧力带动工件分度。顶部采用气缸压紧(见图 4.19、图 4.20)。

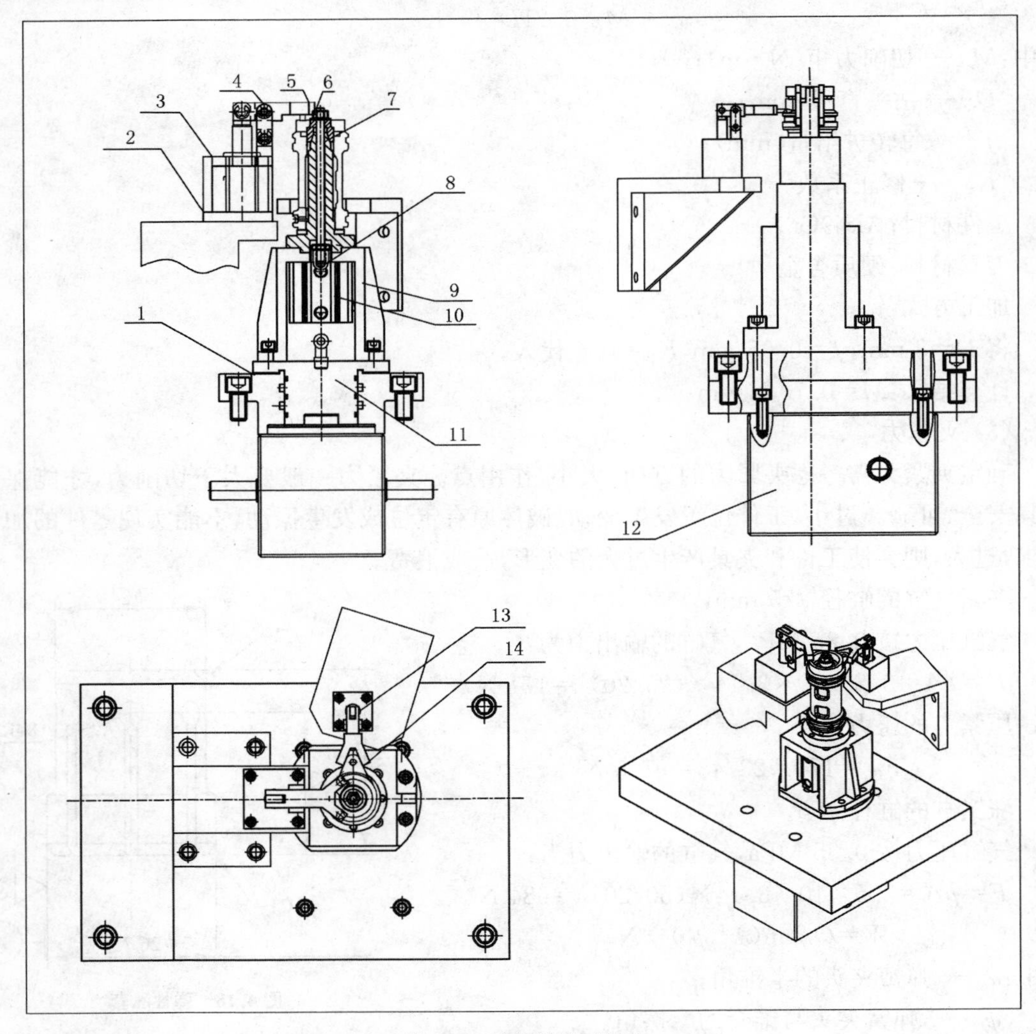

图 4.19 夹具装配工程图

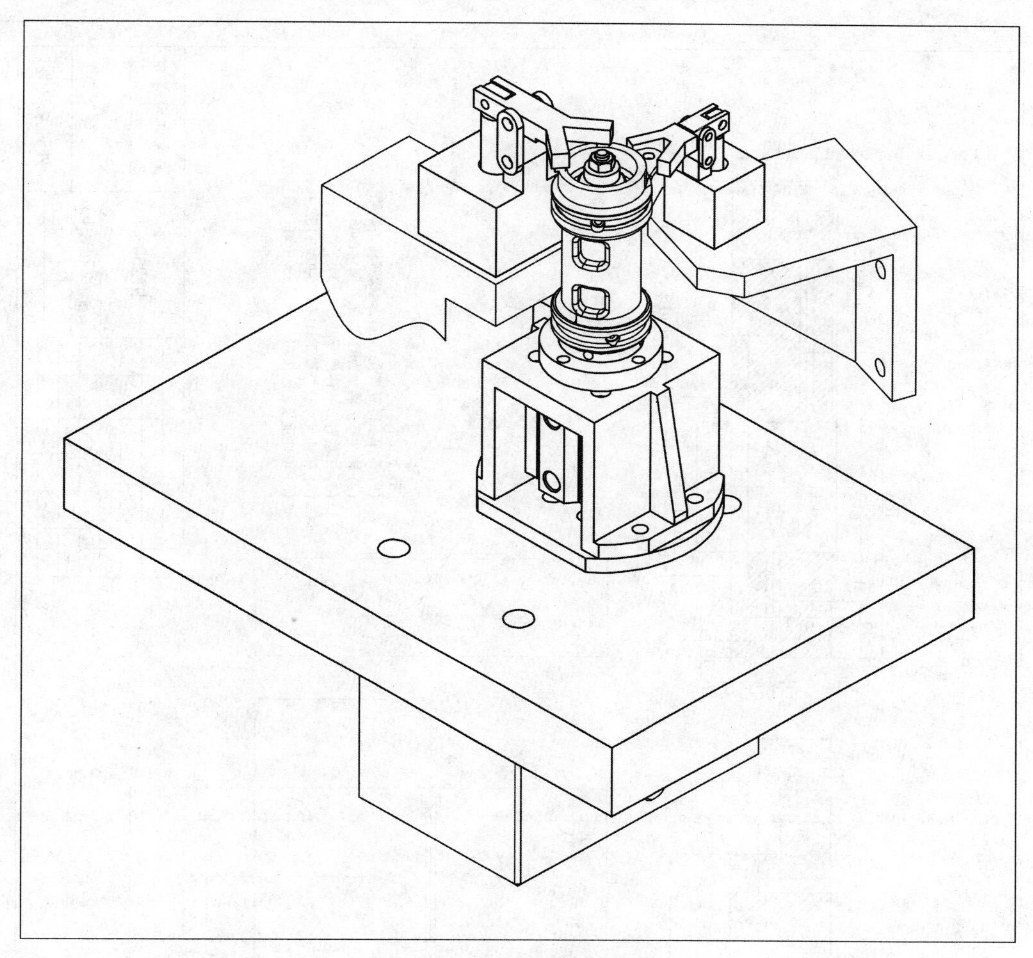

图 4.20　夹具装配三维图

4.11　工程图设计

图 4.21～图 4.32 为工程图设计图。

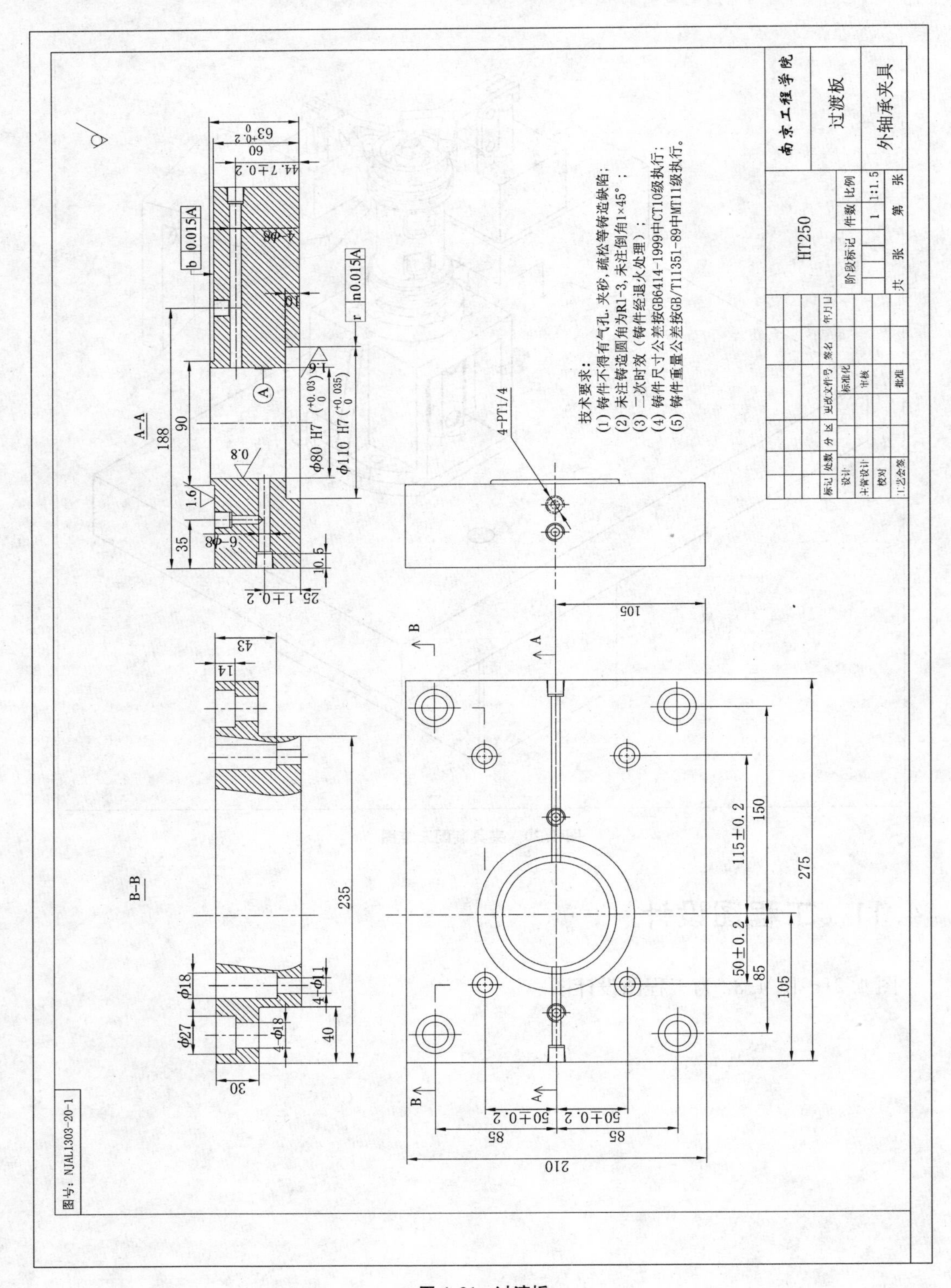
技术要求：
(1) 铸件不得有气孔、夹砂、疏松等铸造缺陷；
(2) 未注铸造圆角为R1-3，未注倒角1×45°；
(3) 二次时效（铸件经退火处理）；
(4) 铸件尺寸公差按GB6414-1999中CT10级执行；
(5) 铸件重量公差按GB/T11351-89中MT11级执行。
南京工程学院
过渡板
外轴承夹具
HT250
图号：NJAL1303-20-1

图 4.21　过渡板

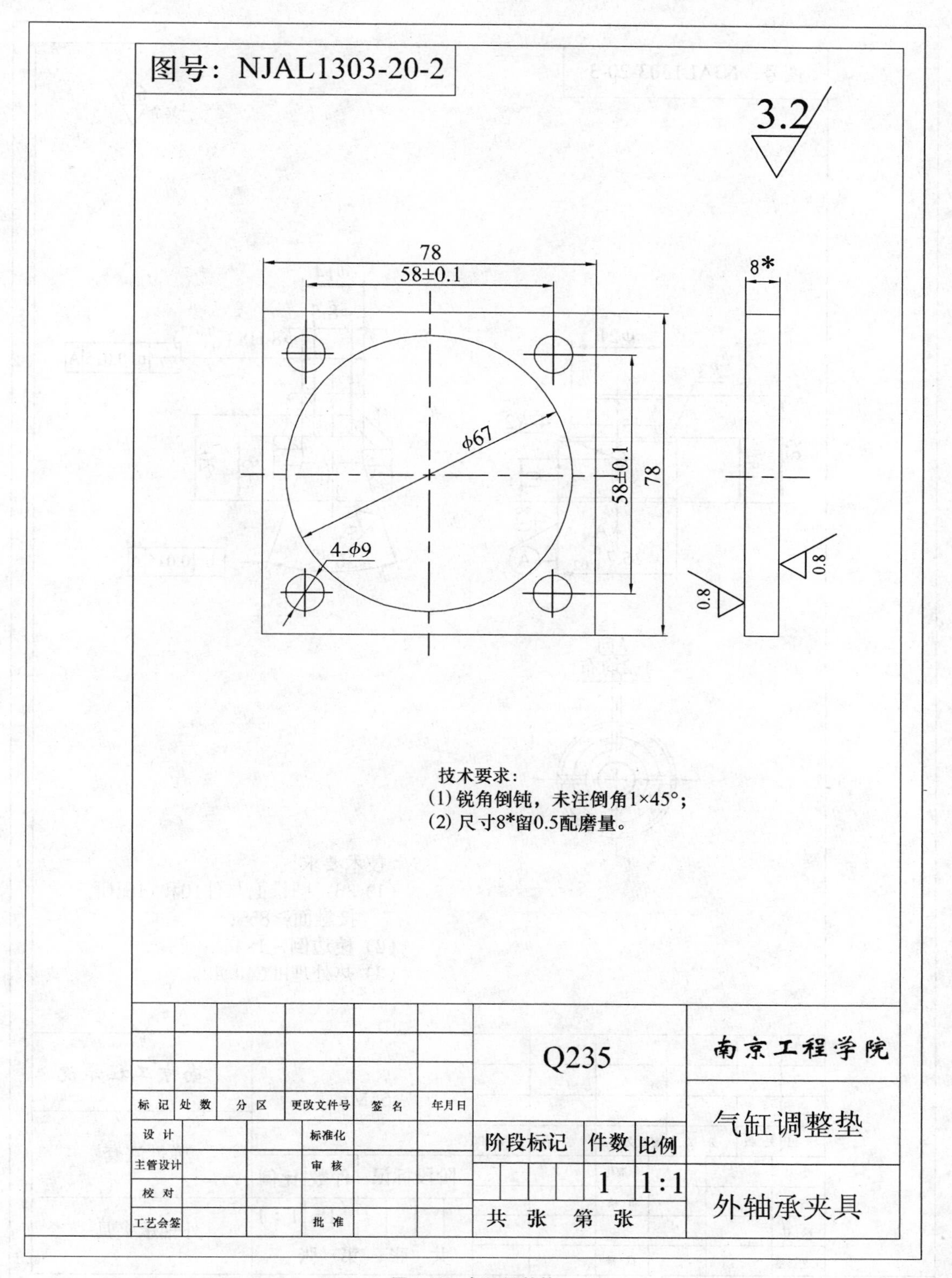
图号：NJAL1303-20-2
3.2
78
58±0.1
ϕ67
4-ϕ9
58±0.1
78
8*
0.8
0.8
技术要求：
(1) 锐角倒钝，未注倒角1×45°；
(2) 尺寸8*留0.5配磨量。
Q235
南京工程学院
标记 处数 分区 更改文件号 签名 年月日
设计 标准化
主管设计 审核
校对
工艺会签 批准
阶段标记 件数 比例
1 1:1
共 张 第 张
气缸调整垫
外轴承夹具

图 4.22　气缸调整垫

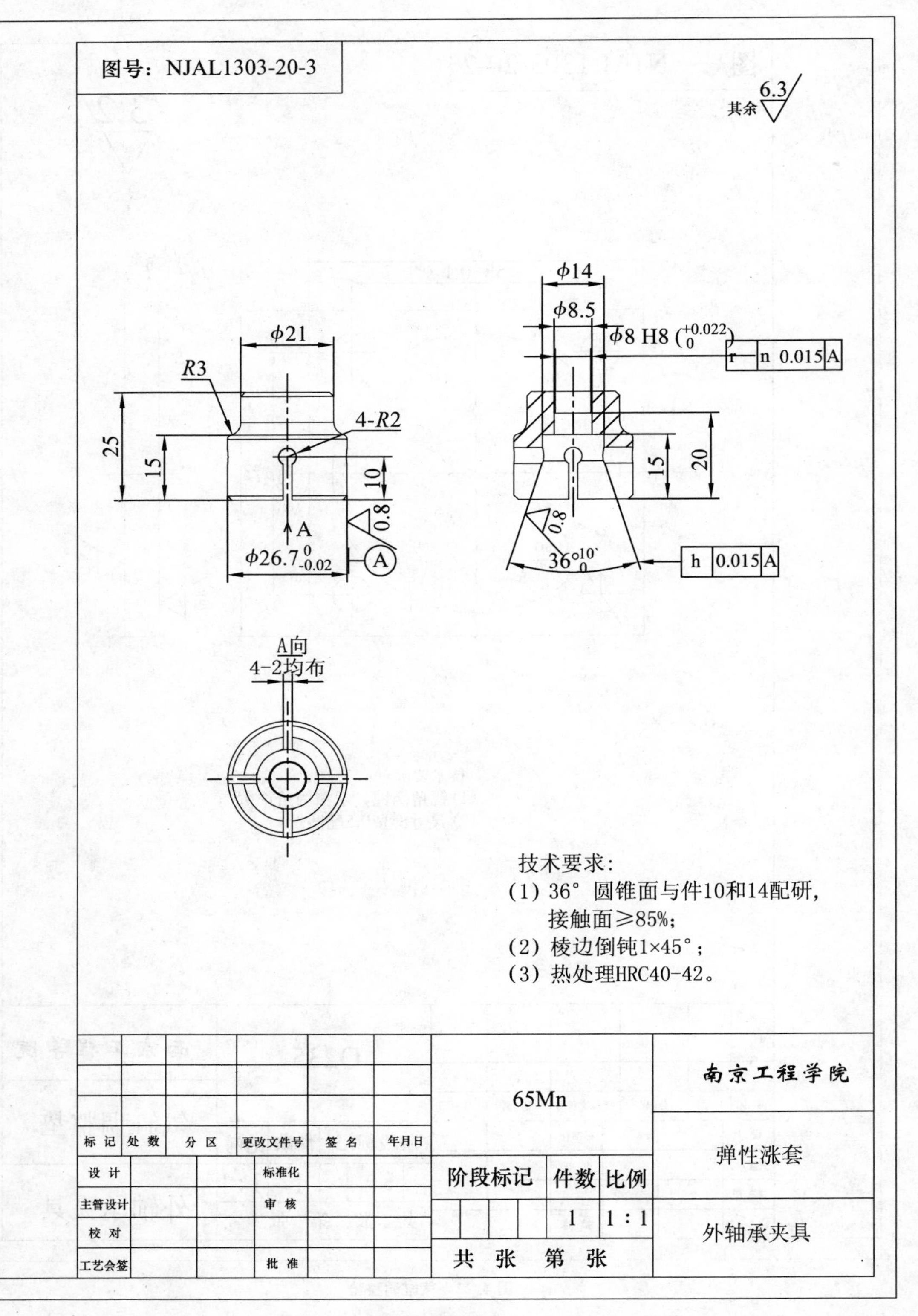

图号：NJAL1303-20-3
其余 6.3
φ21
R3
4-R2
25
15
10
0.8
A
φ26.7 0 -0.02
A
φ14
φ8.5
φ8 H8 (+0.022 0)
n 0.015 A
15
20
0.8
36° 10` 0
h 0.015 A
A向
4-2均布
技术要求：
(1) 36° 圆锥面与件10和14配研，
接触面≥85%；
(2) 棱边倒钝1×45°；
(3) 热处理HRC40-42。
标记 处数 分区 更改文件号 签名 年月日
设计
标准化
主管设计
审核
校对
工艺会签
批准
65Mn
阶段标记 件数 比例
1 1:1
共 张 第 张
南京工程学院
弹性涨套
外轴承夹具

图 4.23 弹性涨套

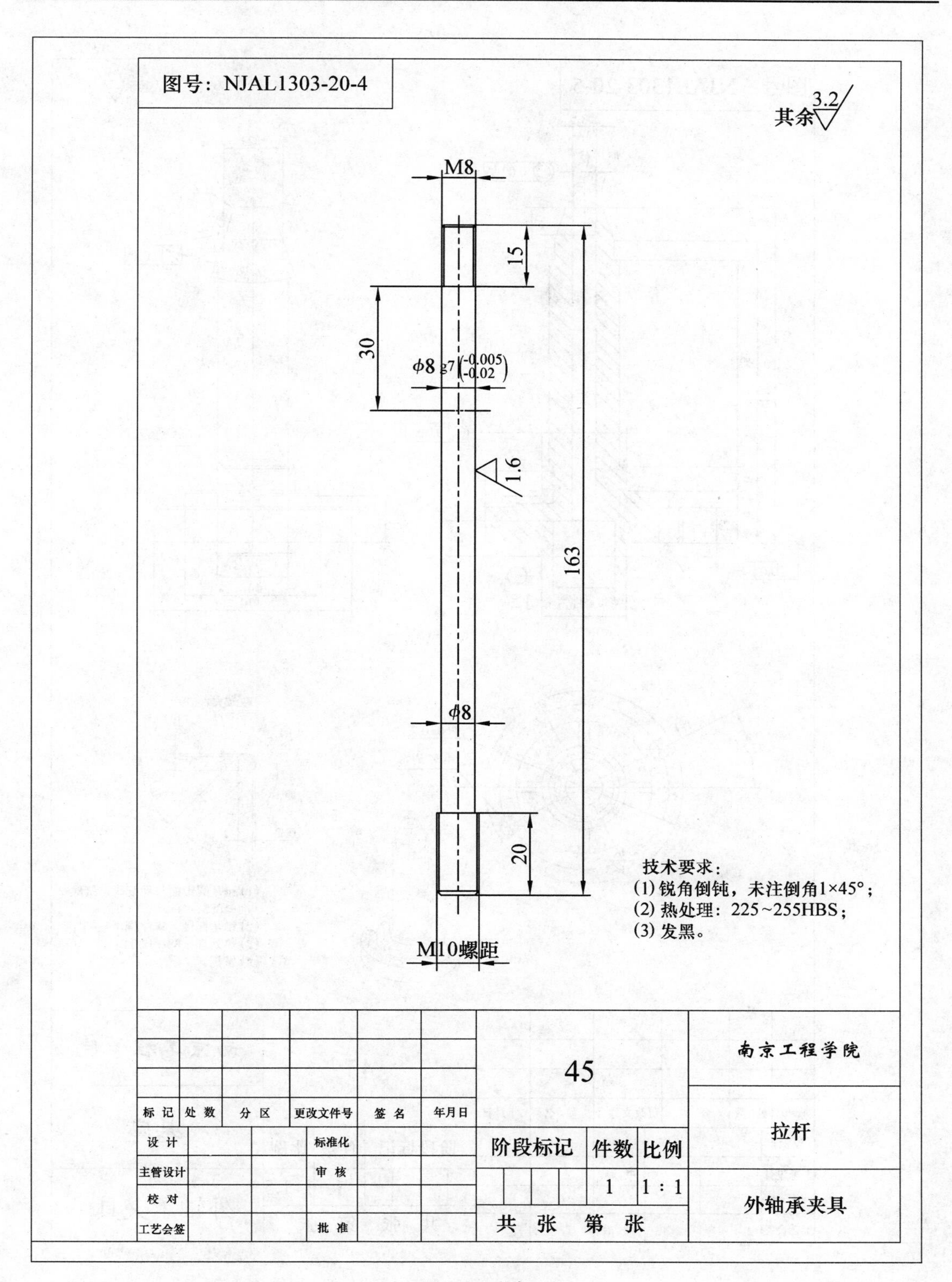
图号：NJAL1303-20-4
其余 3.2
M8
15
30
ϕ8 g7(-0.005 -0.02)
1.6
163
ϕ8
20
M10螺距
技术要求：
(1) 锐角倒钝，未注倒角1×45°；
(2) 热处理：225~255HBS；
(3) 发黑。
45
南京工程学院
拉杆
外轴承夹具
标记 处数 分区 更改文件号 签名 年月日
设计 标准化
主管设计 审核
校对
工艺会签 批准
阶段标记 件数 比例
1 1∶1
共 张 第 张

图 4.24 拉杆

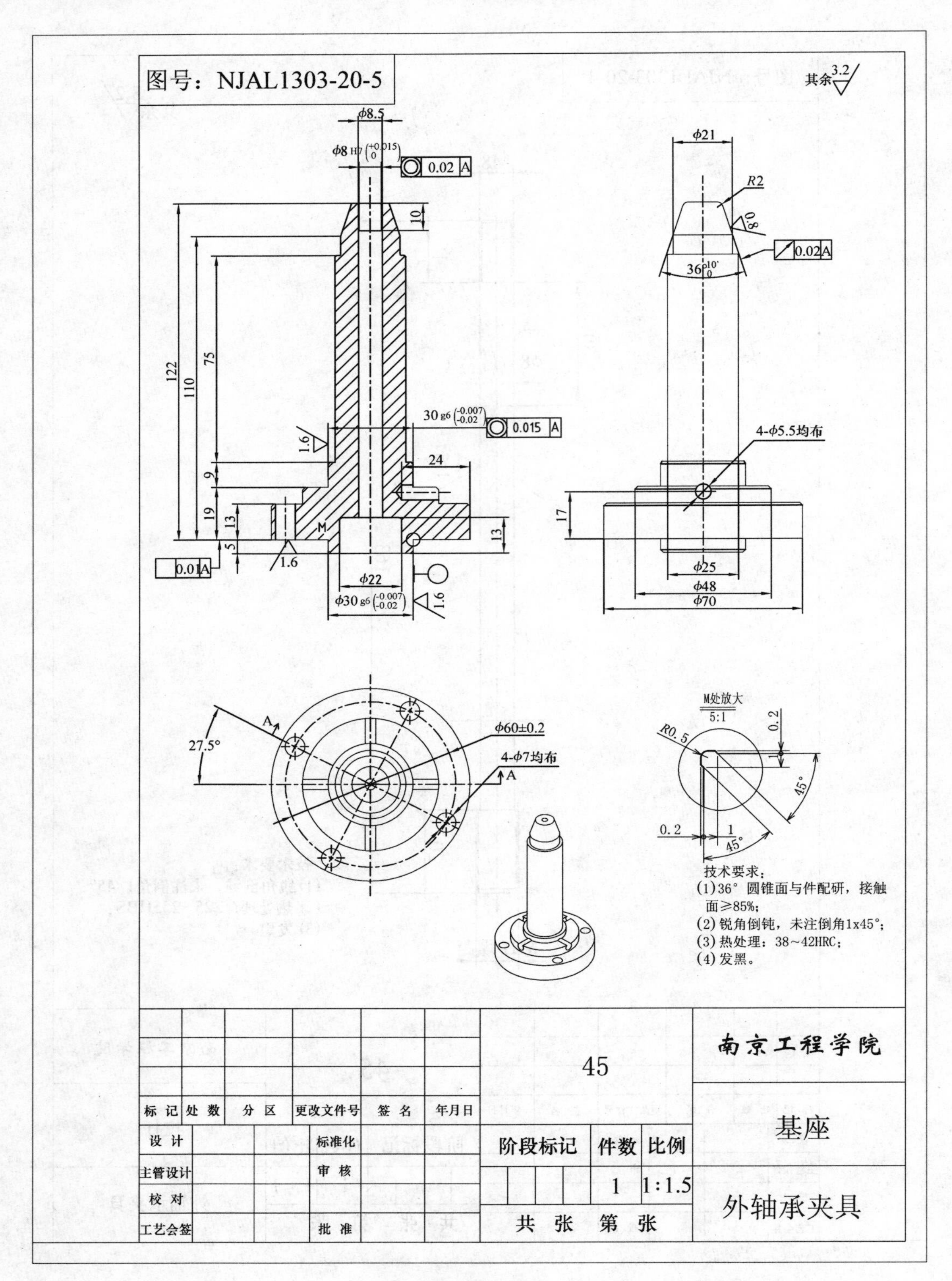

图号：NJAL1303-20-5
其余3.2
φ8.5
φ8 H7(+0.015 0)
0.02 A
10
122
110
75
30 g6(-0.007 -0.02)
0.015 A
1.6
24
9
19
13
5
13
M
1.6
0.01 A
φ22
φ30 g6(-0.007 -0.02)
1.6
φ21
R2
0.8
0.02 A
36°(+10′ 0)
4-φ5.5均布
17
φ25
φ48
φ70
27.5°
A
φ60±0.2
4-φ7均布
A
M处放大
5:1
R0.5
0.2
45°
0.2
1
45°
技术要求：
(1) 36°圆锥面与件配研，接触面≥85%；
(2) 锐角倒钝，未注倒角1x45°；
(3) 热处理：38～42HRC；
(4) 发黑。
45
南京工程学院
标记 处数 分区 更改文件号 签名 年月日
设计 标准化
主管设计 审核
校对
工艺会签 批准
阶段标记 件数 比例
1 1:1.5
共 张 第 张
基座
外轴承夹具

图 4.25　基座

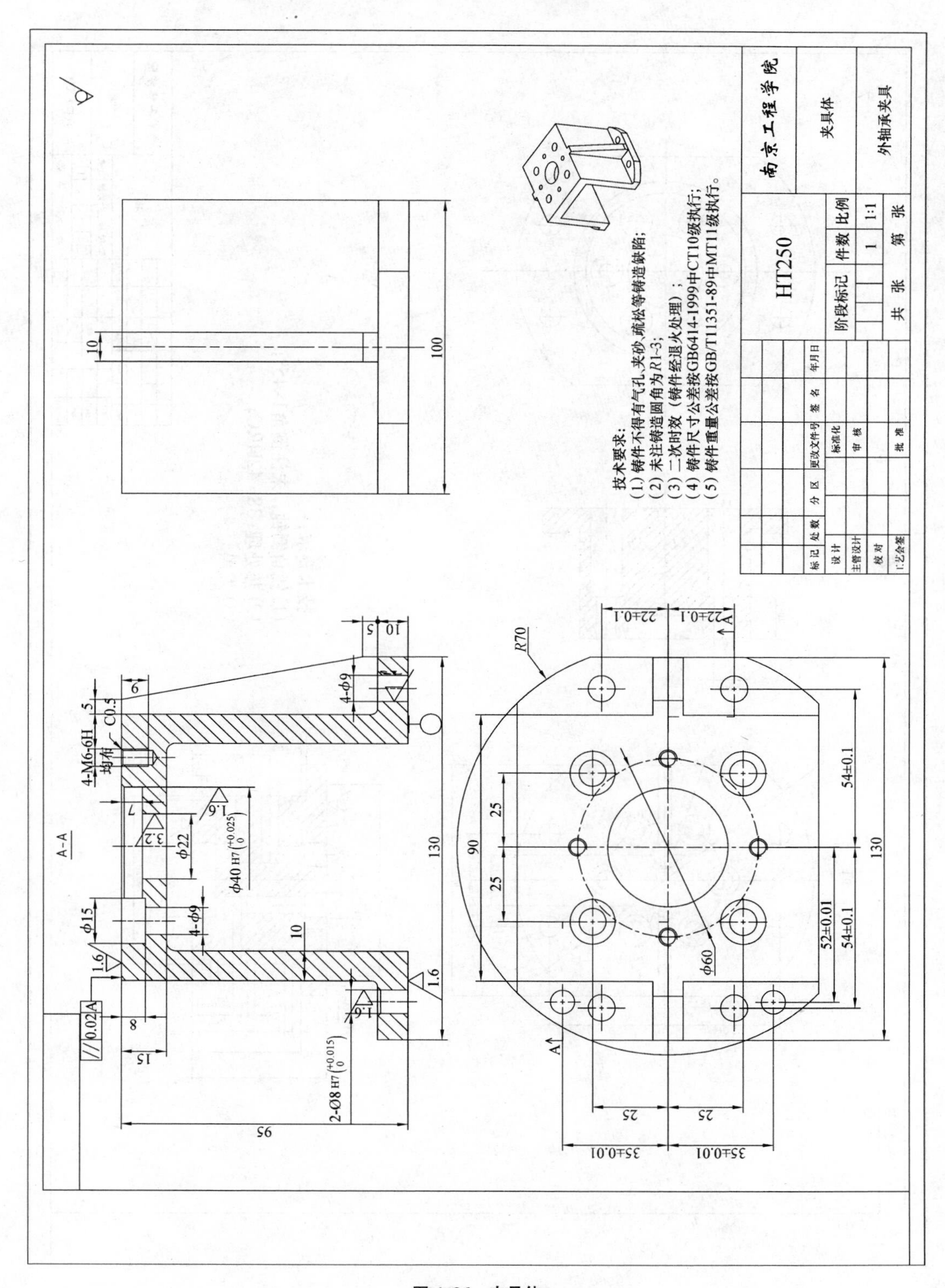
技术要求：
(1) 铸件不得有气孔,夹砂,疏松等铸造缺陷;
(2) 未注铸造圆角为R1-3;
(3) 二次时效（铸件经退火处理）;
(4) 铸件尺寸公差按GB6414-1999中CT10级执行;
(5) 铸件重量公差按GB/T11351-89中MT11级执行。
南京工程学院
夹具体
外轴承夹具
HT250
A-A

图 4.26 夹具体

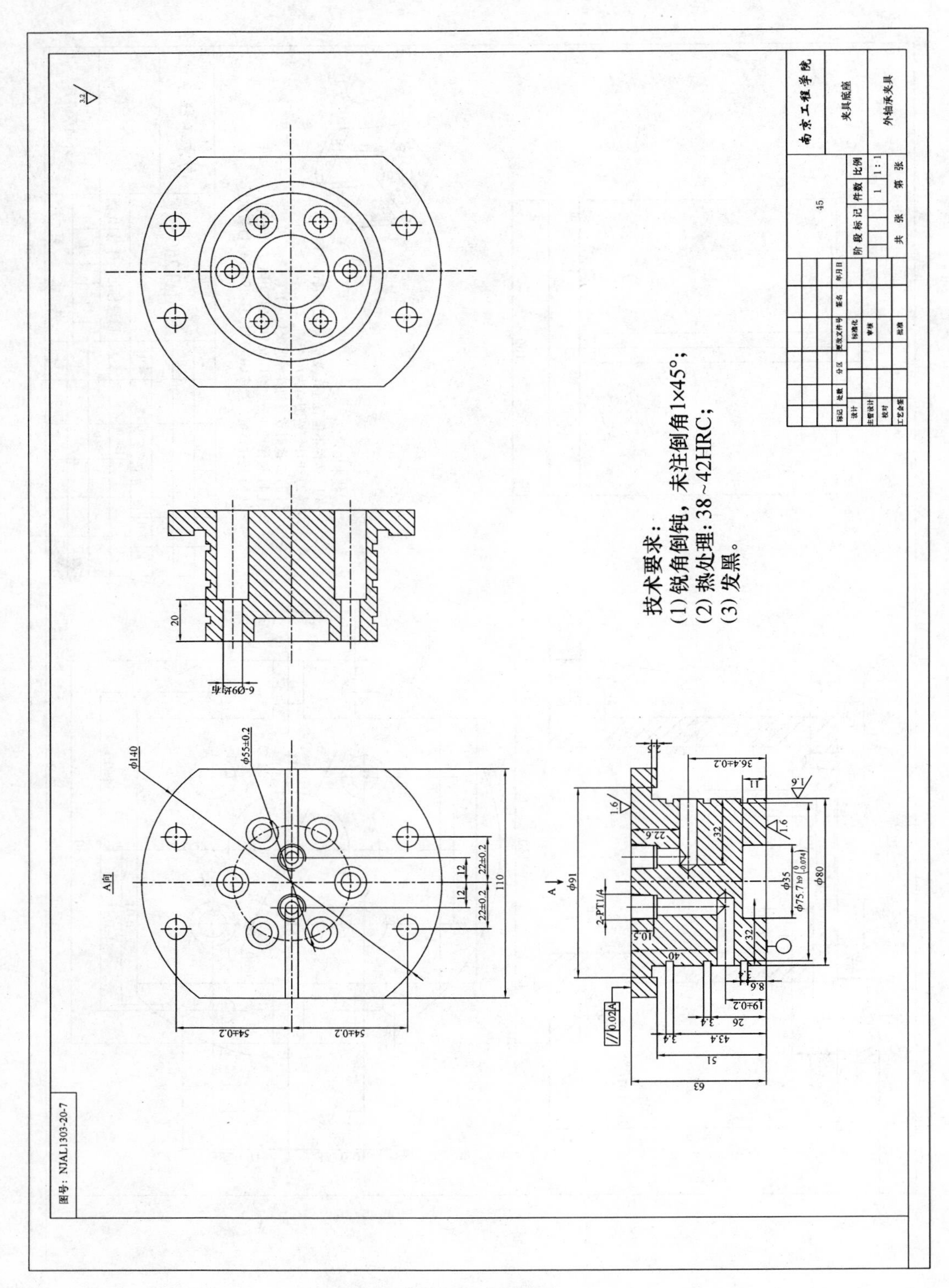

图 4.27　夹具底座

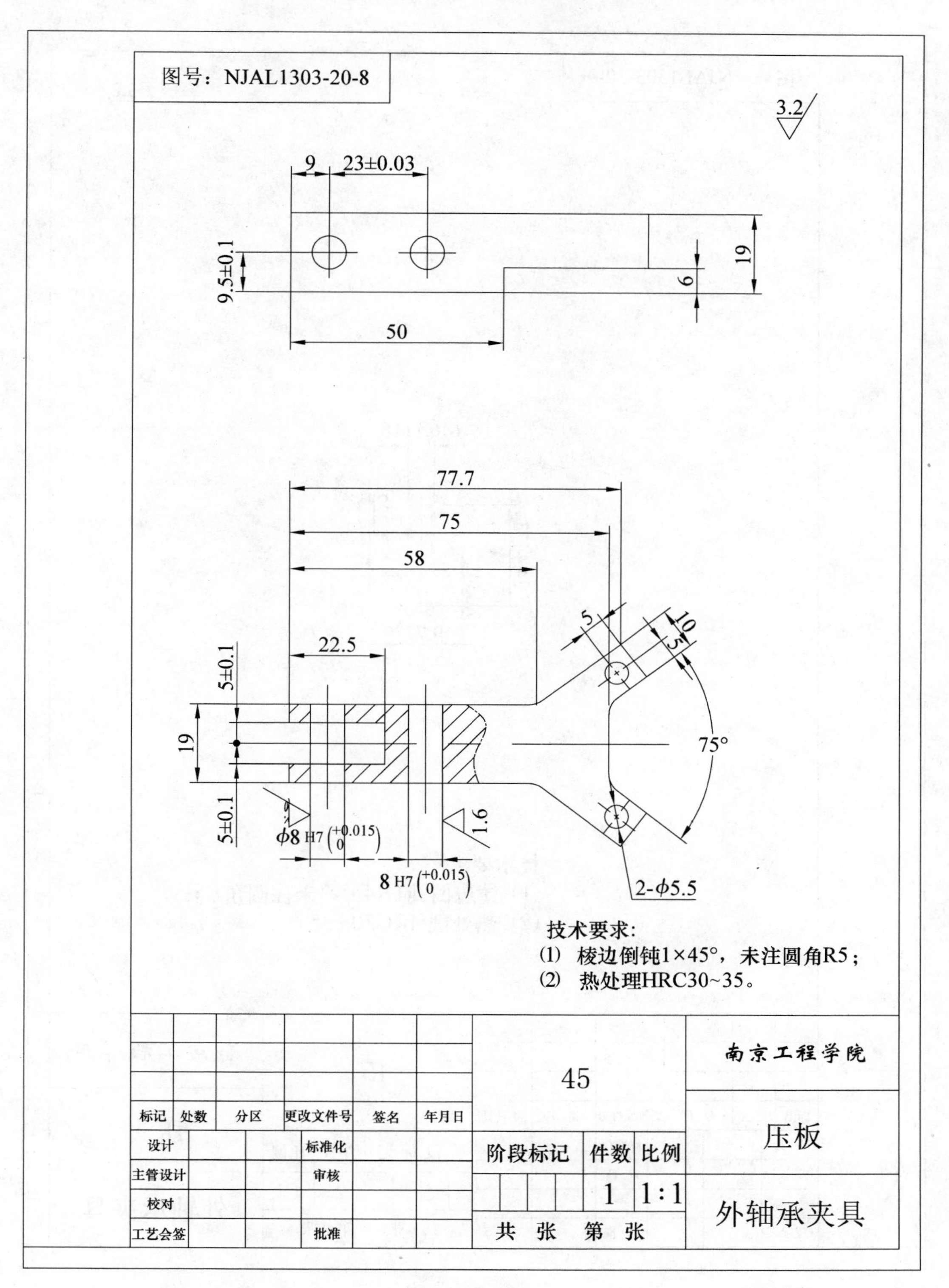
图号：NJAL1303-20-8
3.2
9
23±0.03
9.5±0.1
19
6
50
77.7
75
58
5
10
5
22.5
5±0.1
19
5±0.1
75°
ϕ8 H7(+0.015 0)
8 H7(+0.015 0)
1.6
2-ϕ5.5
技术要求：
(1) 棱边倒钝1×45°，未注圆角R5；
(2) 热处理HRC30~35。
45
南京工程学院
标记 处数 分区 更改文件号 签名 年月日
设计 标准化
主管设计 审核
校对
工艺会签 批准
阶段标记 件数 比例
1 1:1
共 张 第 张
压板
外轴承夹具

图 4.28　压板

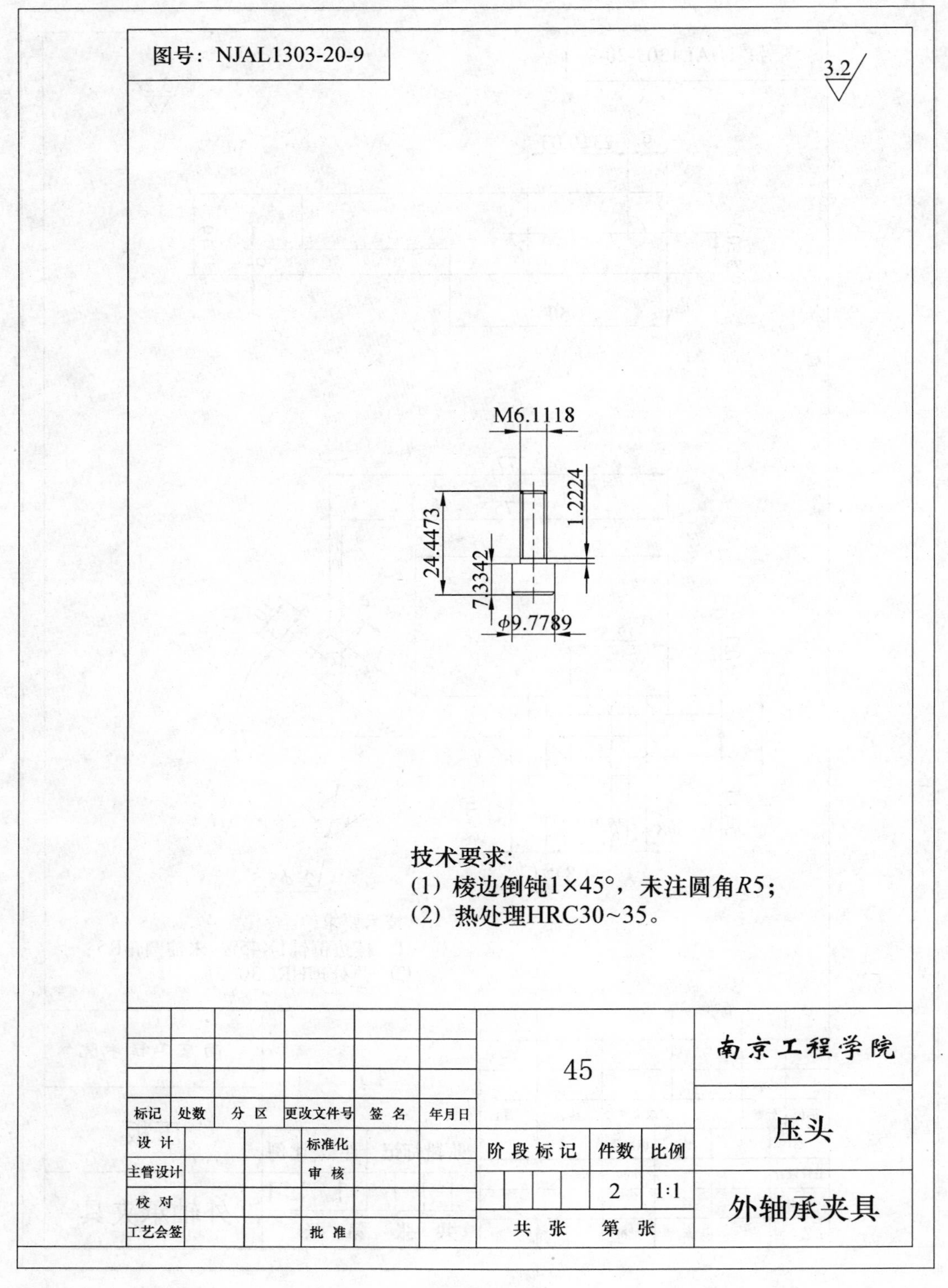
图号：NJAL1303-20-9
3.2
M6.1118
1.2224
24.4473
7.3342
φ9.7789
技术要求:
(1) 棱边倒钝1×45°，未注圆角R5；
(2) 热处理HRC30~35。
45
南京工程学院
标记
处数
分 区
更改文件号
签 名
年月日
设 计
标准化
主管设计
审 核
校 对
工艺会签
批 准
阶 段 标 记
件数
比例
2
1:1
共 张
第 张
压头
外轴承夹具

图 4.29　压头

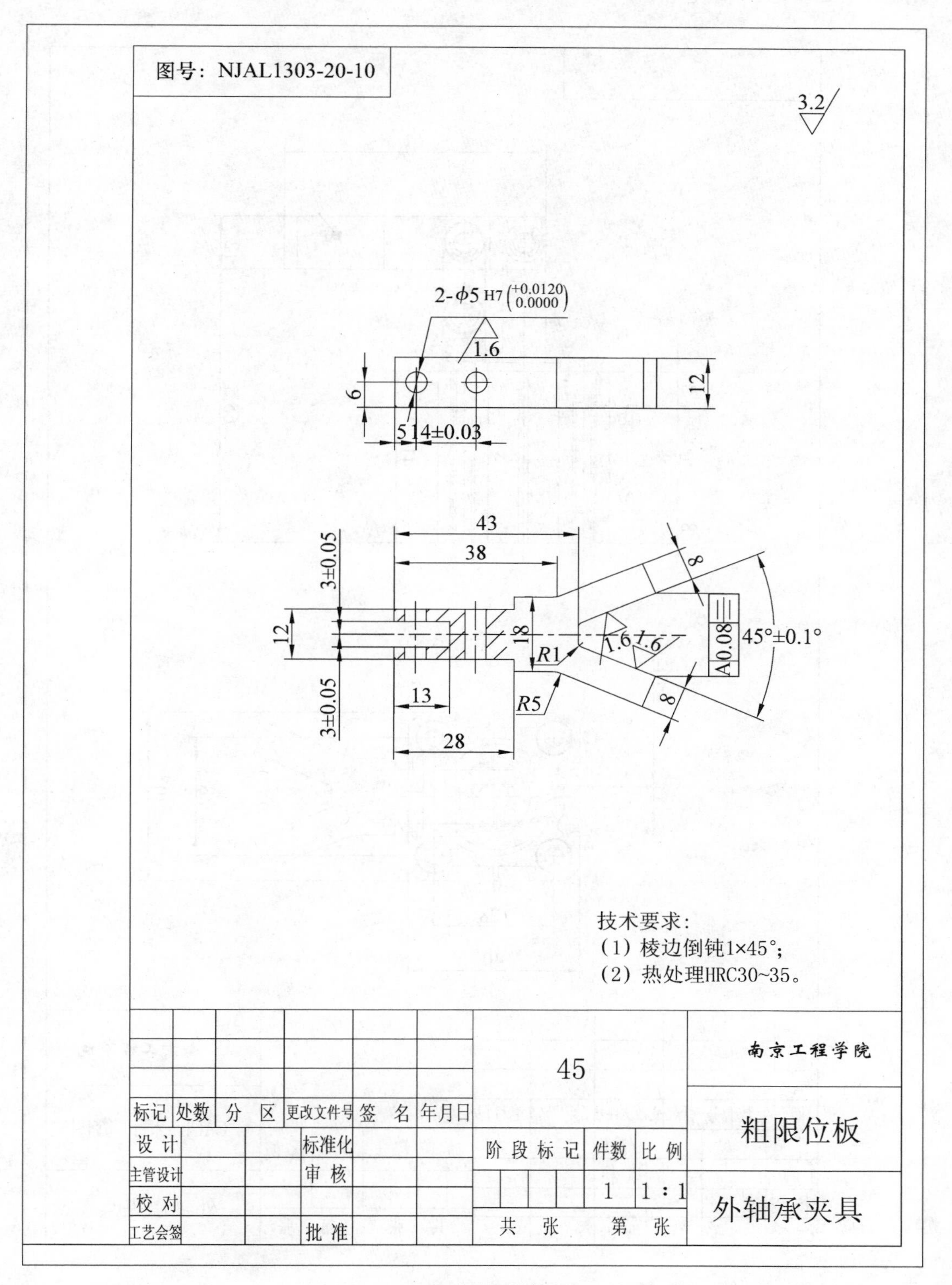
图号：NJAL1303-20-10
3.2
2-ϕ5 H7(+0.0120 / 0.0000)
1.6
6
12
5
14±0.03
43
38
3±0.05
12
18
R1
1.6
1.6
A
0.08
45°±0.1°
8
8
13
R5
3±0.05
28
技术要求：
(1) 棱边倒钝1×45°;
(2) 热处理HRC30~35。
45
南京工程学院
标记 处数 分 区 更改文件号 签 名 年月日
设 计
标准化
粗限位板
主管设计
审 核
阶 段 标 记 件数 比 例
校 对
1 1∶1
外轴承夹具
工艺会签
批 准
共 张 第 张

图 4.30　粗限位板

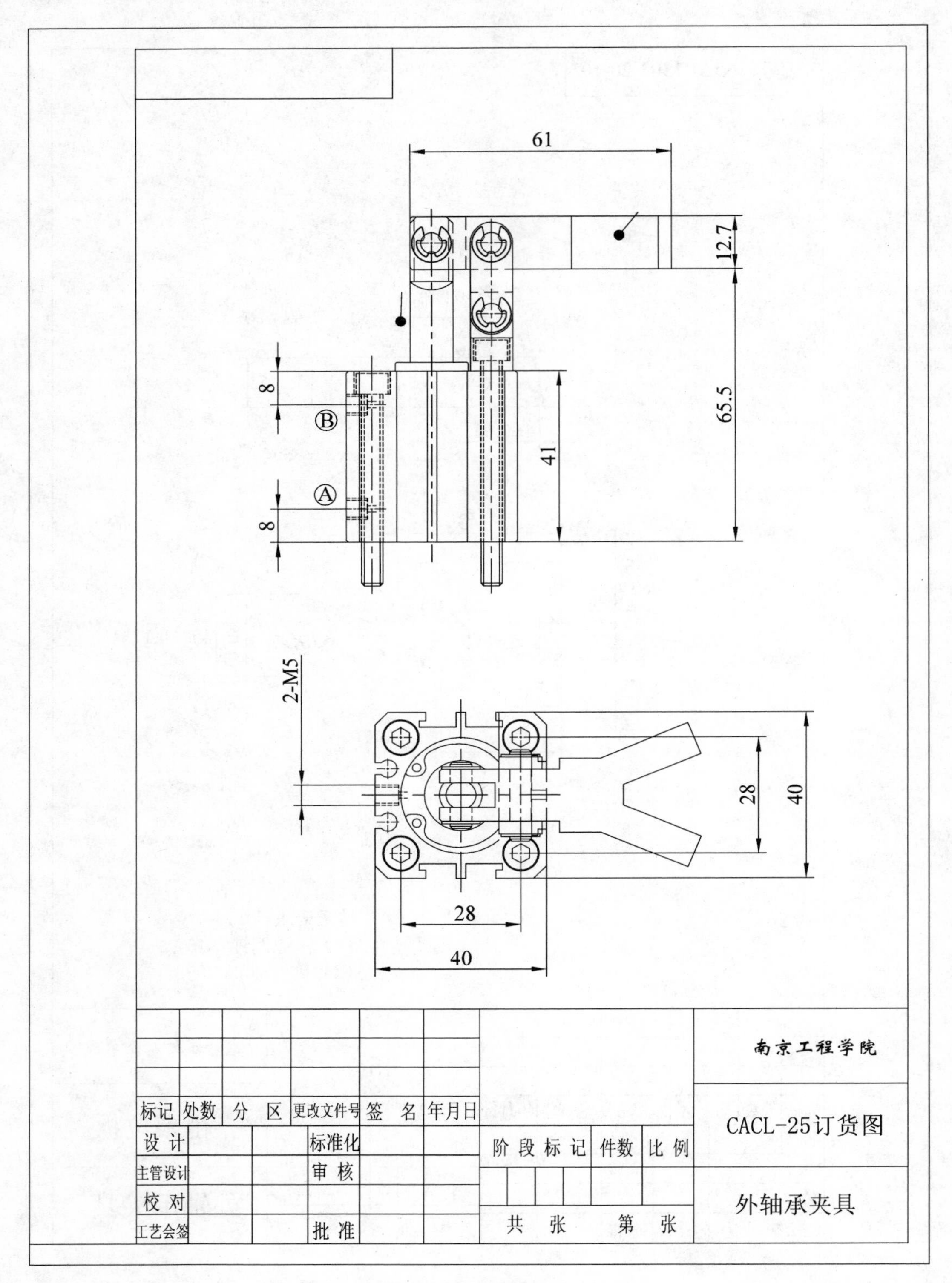

图 4.31　CACL-25 订货图

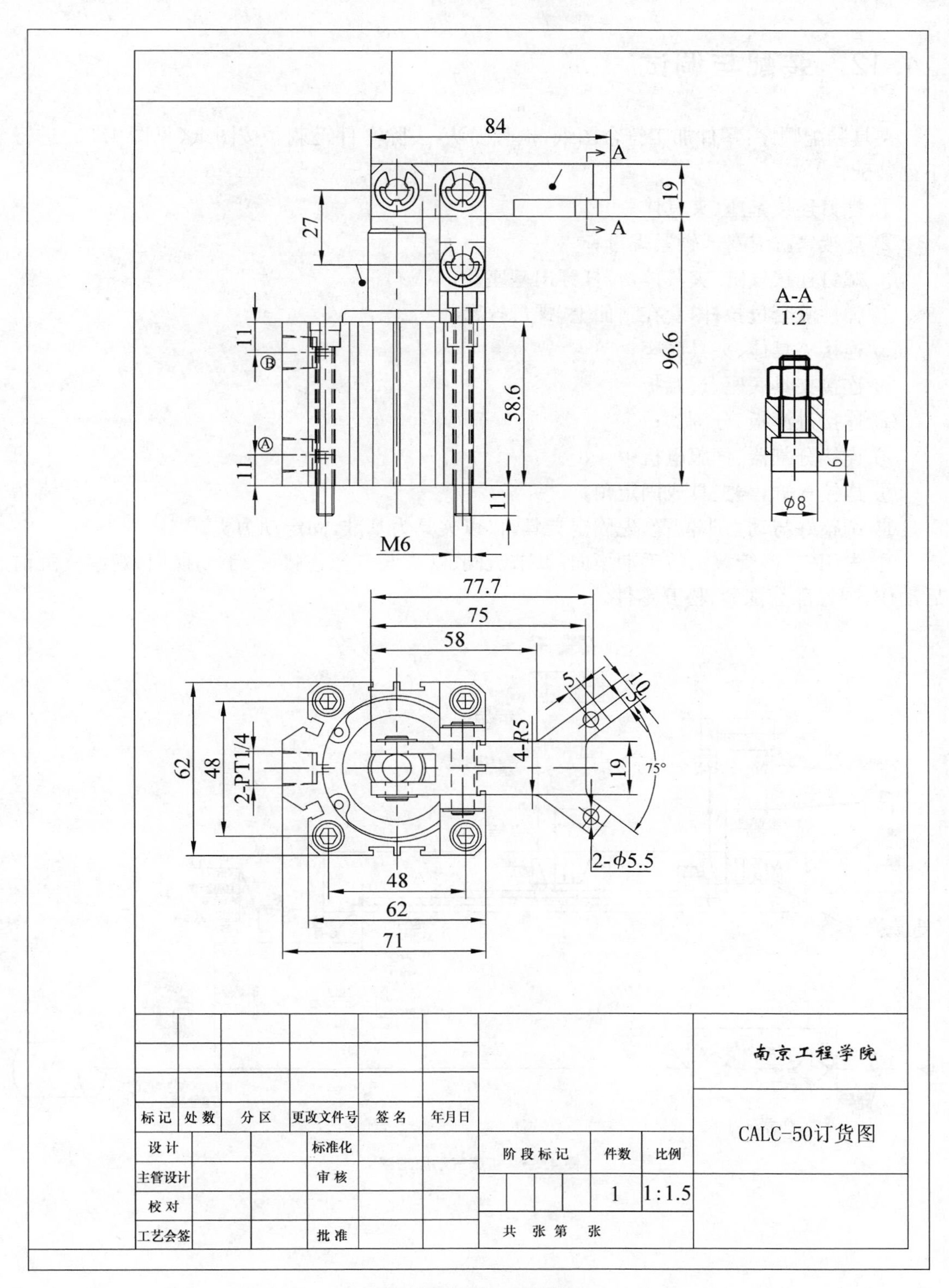

图 4.32 CACL-50 订货图

4.12 装配与调试

夹具装配顺序：零件加工符合图纸，检验确认，去除零件毛刺。按图纸（见图 4.33）进行下列装配：

① 螺钉连接基座、夹具体；

② 连接气缸、拉杆，锁紧螺母；

③ 螺钉连接气缸、夹具体，拉杆穿出基座孔；

④ 弹性涨套过拉杆，套在斜面上，螺母拧紧；

⑤ 连接夹具体、夹具底座；

⑥ 连接夹具底座、过渡板；

⑦ 连接过渡板、分割器；

⑧ 连接分割器、伺服电机；

⑨ 连接气缸，与夹具成固定角；

⑩ 调整好与动力头位置，先固定夹具，再以夹具为基准，固定动力头；

⑪ 先用气管，管接头将手动换向阀、节流阀、气缸与气源连接好，手动换向，观察气缸前后动作，弹性涨套涨紧，松开零件。

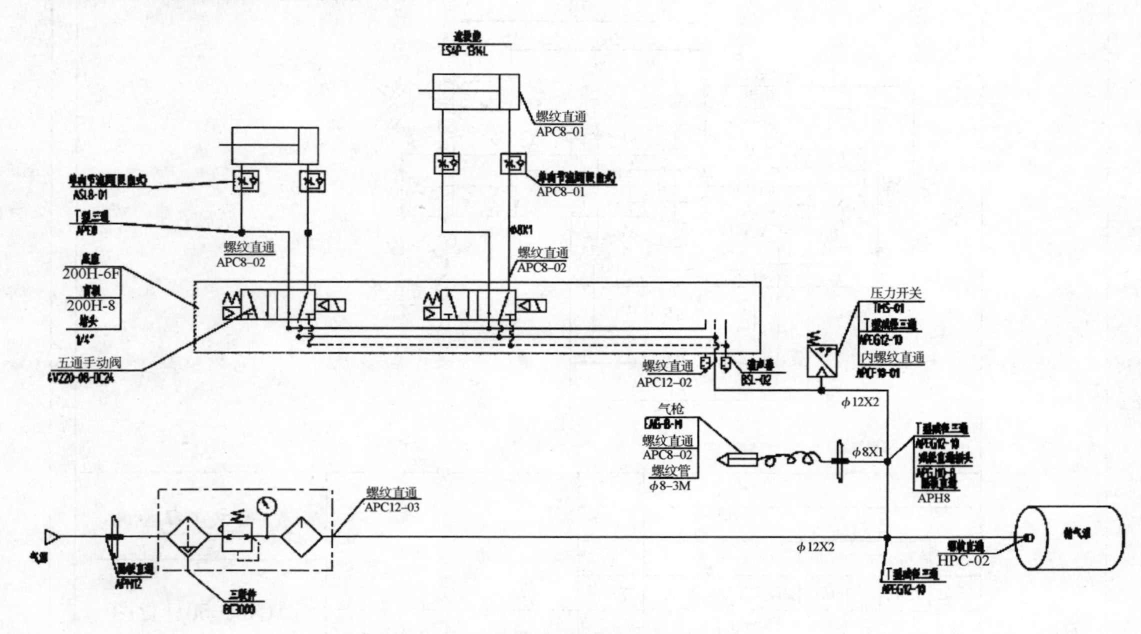

图 4.33 机床气动原理图

5 模具设计与制造实例

5.1 项目任务介绍

1）设计的主要目的

（1）了解塑料模具设计过程与内容。

（2）掌握塑料零件的成形工艺分析、模具结构设计和步骤，非标准零件的设计。

（3）通过本次设计，综合应用和巩固模具设计课程及相关课程的基础理论和专业知识，系统地掌握产品零件的成形工艺分析、模具结构设计的基本方法和步骤、非标准模具零件的设计等模具设计基本方法。同时，学会正确运用技术标准和资料，培养认真负责、踏实细致的工作作风和严谨的科学态度。

2）塑料件分析

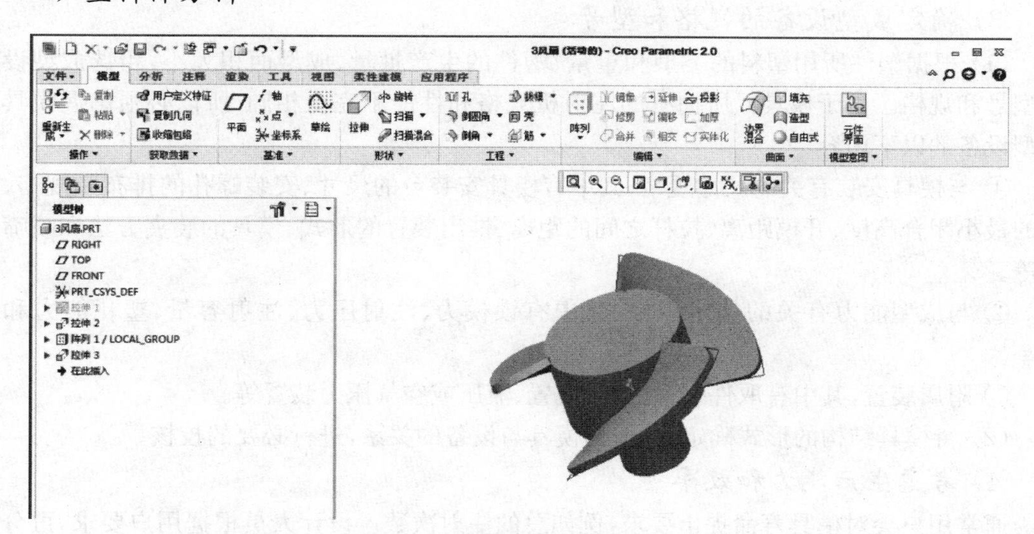

图 5.1 风扇叶片塑件图

以图 5.1 所示塑料风扇为对象，进行产品的塑料模具设计。首先进行产品的工艺分析。风扇侧面有两个小孔，所以模具中需要有侧向分型与抽芯机构，即需要侧型芯、斜导柱、楔紧块、滑块等零件的设计。本零件尺寸较小，为了提高产品的成型效率，特采用一模两腔的结构形式。

5.2　项目设计过程说明

5.2.1　注射模塑工艺设计的基本内容

1）了解塑件所用的塑料种类及其性能

通常用户已规定了塑料的品种，设计人员必须充分掌握材料的种类及其成型特性：

（1）所用材料是热塑性还是热固性以及其他的一些相关性质。

（2）所用塑料的成型工艺性能（流动性、收缩率、吸湿性、比热容、热敏性、腐蚀性等）。

2）分析塑件的结构工艺性

用户提供塑件形状数据，有塑件图纸或塑件模型，根据这些数据应做以下分析：

（1）塑件的用途，使用和外观要求，各部位的尺寸和公差、精度和装配要求。

（2）根据塑件的几何形状（壁厚、孔、加强筋、嵌件、螺纹等）、尺寸精度、表面粗糙度，分析是否满足成型工艺的要求。

（3）如发现塑件某些部位结构工艺性差，可提出修改意见，在取得设计人员的同意后方可修改。

（4）初步考虑成型工艺方案，分型面、浇口形式及模具结构。

3）确定成型设备的规格和型号

（1）根据塑件所用塑料的类型和重量、塑件的生产批量、成型面积大小，粗选成型设备的型号和规格。由于模具厂所拥有的注射机规格和性能不完全相同，所以必须掌握模具厂成型设备的以下内容：

① 与模具安装有关的尺寸规格，其中有模具安装台的尺寸、安装螺孔的排布和规格、模具的最小闭合高度、开模距离、拉杆之间的距离、推出装置的形式、模具的装夹方法和喷嘴规格等。

② 与成型能力有关的技术规格，其中有锁模力、注射压力、注射容量、塑化能力和注射率。

③ 附属装置，其中有取件装置、调温装置、液压或空气压力装置等。

（2）待模具结构的形式确定后，根据模具与设备的关系，进行必要的校核。

4）考虑生产能力和效率

通常用户会对模具寿命提出要求，例如总的注射次数。设计人员根据用户要求，可分别采用长寿命模具或适用于小批量生产的简易模具。有的用户还对每一次注射成型循环的时间提出要求，这时设计人员必须对一次注射成型的循环过程进行详细的分析。

5.2.2　注射成形原理

1）注射成型及注射模

指通过注射机的螺杆或柱塞的作用，将熔融塑料射入闭合的模具型腔，经过保压、冷却、硬化定型后，即可得到由模具成型出的塑件。

注射成型使用的模具即为注射模（注塑模），主要用于热塑性塑料的成型，在塑料制件的生产中占有很大的比重。

2）注射模塑工艺

（1）成型前准备：

① 对原料外观的检验及工艺性能的测定、预热和干燥。

② 注射机料筒的清洗。

③ 嵌件的预热和脱模困难时脱模剂的选用等。

④ 有时还需对模具进行预热。

（2）注射过程一般包括：加料、塑化、充模、保压、倒流、冷却和脱模等。

① 加料：将粒状或粉状塑料加入到注射机的料斗中。

② 塑化：加入的塑料在料筒中进行加热，使其由固体颗粒转变成熔融状态并具有良好的可塑性。

③ 充模：塑化好的熔体被柱塞或螺杆推挤至料筒前端，经过喷嘴、模具浇注系统进入并充满型腔。

④ 保压：模具中熔体冷却收缩时，柱塞或螺杆迫使料筒中的熔料不断补充到模具中，成型出形状完整、质地致密的塑件。

⑤ 倒流：保压结束后，柱塞或螺杆后退，型腔中熔料压力比浇口前方高，如浇口未冻结，型腔中的熔料通过浇口流向浇注系统，如保压结束时浇口已冻结，就不存在倒流。

⑥ 冷却：从浇口处的塑料熔体完全冻结时起到塑件将从模腔内推出为止的全部过程。

⑦ 脱模：塑件冷却到一定的温度即可开模，在推出机构的作用下将塑件推出模外。

（3）后处理包括：退火和调湿处理。

5.2.3　塑料模具设计

1）塑料模具设计的基本内容

（1）进行模具设计与制造的可行性分析

根据塑件技术要求和塑料模塑成型工艺文件技术参数，进行模具设计与制造可行性分析。

① 保证达到塑件要求

为保证达到塑件形状、精度、表面质量等要求，对分型面的设置方法、拼缝的位置、侧抽芯的措施、脱模斜度的数值、熔接痕的位置、防止出现气孔和型芯偏斜的方法及型腔、型芯的加工方法等进行分析。

② 合理地确定型腔数

为提高塑件生产的经济效益，在注射机容量能满足要求的前提下，应计算出较合理的型腔数。随型腔的数量增多，每一只塑件的模具费用有所降低。型腔数的确定一般与塑件的产量、成型周期、塑件价格、塑件重量、成型设备、成型费用等因素有关。

③ 浇道和浇口设置

由于浇口对塑件的形式、尺寸精度、熔接痕位置、二次加工和商品价格等有很大影响，因而必须首先对浇道和浇口与具体塑件的成型关系进行分析。以往是凭借设计人员的经验来确定浇道和浇口系统。现在可以用注射模 CAE 的流动分析软件对浇道和浇口系统进行优化。这对保证模具成功的进行设计有很大的作用。

浇注系统指由注射机喷嘴中喷出的塑料熔体进入型腔的流动通道。普通浇注系统一般由主流道、分流道、浇口和冷料穴等四部分组成。其作用是将塑料熔体均匀地送到每个型腔，并将注射压力有效地传送到型腔的各个部位，以获得形状完整、质量优良的塑件。

浇注系统设计原则：要适应塑料的成型性能；要能保证塑件的质量（避免常见的充填问题）；尽量避免出现熔接痕；尽量避免过度保压和保压不足；尽量减少流向杂乱；尽量减小及缩短浇注系统的截面及长度；尽量减少塑料熔体的热量损失与压力损失；减小塑料用量和模具尺寸尽可能做到同步填充；一模多腔情形下，要让进入每一个型腔的熔体能够同时充满，而且使每个型腔的压力相等。有利于型腔中气体的排出；防止型芯的变形和嵌件的位移。

④ 模具制造成本估算

在最合理型腔数的基础上，设计人员根据塑件的总生产量对模具成本作出估算，并从选用材料、加工难易程度等方面提出降低模具生产成本的措施。

同时，对所需的标准件及所需采用特制加工方法的种类进行选择。

（2）确定模具类型

在对模具设计进行初步分析后，即可确定模具的结构。通常模具结构按以下方法分类，可以进行综合分析选择合理的结构类型。

① 按浇注系统的形式分类的模具类型：两板式模具、三板式模具、多板式模具、特殊结构模具（叠层式模具）

② 按型腔结构分类的模具类型：直接加工型腔（又可细分为整体式结构、部分镶入结构和多腔结构），镶嵌型腔（又可细分为镶嵌单只型腔、镶嵌多只型腔）。

③ 按驱动侧芯方式分类的模具类型：利用开模力驱动（可分为斜导柱抽芯、齿轮机构抽芯等），利用顶出液压缸抽芯，利用电机抽芯。

（3）确定模具主要结构

① 型腔布置

根据塑件的几何结构特点、尺寸精度要求、批量大小、模具制造难易、模具成本等确定型腔数量及其排布方式。

② 确定分型面

分型面的位置要有利于模具加工、排气、脱模及成型操作，保证塑件表面质量等。

③ 确定浇注系统和排气系统

包括确定主浇道、分浇道及浇口的形状、位置、大小以及排气方法、排气槽的位置、大小。

④ 选择推出方式，决定侧凹处理方法、抽芯方式

常见的推出机构形式主要有以下几种：

a. 推件板推出机构

适用范围：薄壁容器、壳体零件。

特点：推出力大且均匀、无推出痕迹；但非圆形塑件推件板与型芯配合部分的加工较麻烦（可用线切割加工）。

b. 推管推出机构

适用范围：圆筒形塑件或推塑件上的圆孔凸台。

特点：动作均衡可靠、无推出痕迹、不适用于软塑料或薄壁深筒形零件的推出。

c. 推杆推出机构

适用范围：脱模阻力小的简单塑件。

特点：简单、灵活，但与塑件接触面积小，易使塑件变形或损坏。

⑤ 成型零件结构的确定

a. 型腔结构设计

型腔零件是成形塑料件外表面的主要零件。按结构不同可分为：

（ⅰ）整体式型腔结构——凹模由整块材料构成

结构特点：牢固、不易变形、塑件质量好。可用于形状简单或形状复杂但凹模可用电火花和数控加工的中小型塑件。大型模具不宜采用整体式结构：不便于加工，维修困难；切削量太大，浪费钢材；大件不易热处理（淬不透）；模具生产周期长，成本高。

（ⅱ）组合式型腔结构

组合式型腔结构是指型腔是由两个以上的零部件组合而成的。按组合方式不同，组合式型腔结构可分为整体嵌入式、局部镶嵌式、侧壁镶嵌式和四壁拼合式等形式。

- 整体嵌入式

凹模由整块模具材料加工成并镶入模套中。

结构特点：型腔尺寸小，凹模镶件外形多为旋转体，更换方便。

适用范围：塑件尺寸较小的多型腔模具。

- 局部镶嵌式凹模

将凹模中易磨损的部位做成镶件嵌入模体中。

结构特点：易磨损镶件部分易加工易更换。

- 底部镶拼式凹模

目的：满足大型塑件凸凹形状的需求，便于机械加工、维修、抛光、研磨、热处理以及节约贵重模具钢材。

结构特点：强度刚度较差，底部易造成飞边（注意结构设计，防止飞边产生）。

适用范围：形状复杂或较大的型腔。

- 侧壁镶拼式凹模

目的：便于机械加工、抛光。

适用范围：很少采用，在成型时熔融塑料成型压力使螺钉和销钉产生变形，达不到产品的技术要求指标。

- 四壁拼合式凹模

凹模四壁和底部都做成拼块，分别加工研磨后压入模套中，侧壁间用锁扣连接。

优点：便于加工、利于淬透、减少热处理变形、节省模具钢材。

适用范围：形状复杂或大型凹模。

（ⅲ）凹模的技术要求

凹模材料：T8，T10A，CrWMn，9Mn2V，9SiCr，40Cr。

凹模热处理：HRC40～55。

表面粗糙度：型腔表面：R_a 0.2～0.1 μm；配合面：R_a 0.8 μm。

凹模表面处理:表面镀铬、抛光。

凹模加工:模套与模块锥面配合严密处配制加工。

b. 型芯的结构设计

凸模(型芯):成型塑件的内表面的零件。

主要包括:主型芯、小型芯、螺纹型芯、螺纹型环等。

型芯:成型塑件中较大的、主要内腔的成型零件。

小型芯、成型杆:成型塑件上较小孔的成型零件。

- 整体式型芯

整个型芯和模板为一个整体。

适用范围:形状简单的型芯。

- 镶拼组合式型芯

适用范围:塑件内腔较复杂的情况。

优缺点:节约贵重金属,减少加工量,拼接处必须牢靠严密。

- 小型芯——型芯

⑤ 模具材料及热处理的确定

a. 根据模具产品批量、复杂程度、精度要求、工作条件及制造方法,合理选用模具材料。

b. 根据模具零件的工作位置、受力情况决定零件的热处理要求。

c. 根据所有塑料的特性、填料类型,确定表面处理要求。

2) 绘制模具装配图,非标准零件图

(1) 绘制模具装配图的要求

① 布置图面及选定比例

a. 遵守国家标准的机械制图规定。

b. 可按照模具设计中习惯或特殊规定的绘制方法作图。

c. 手工绘图比例最好采用 1∶1 比例。

② 模具设计绘图顺序

a. 主视图:绘制总装图时先里后外,由上而下,即先绘制产品零件图、凸模、凹模……

b. 俯视图:将模具沿注射方向打开,绘制俯视图。

③ 模具装配图的布置

④ 模具装配图的绘图要求

a. 用主视图或俯视图表示模具结构。主视图上尽可能将模具的所有零件画出,可采用全剖视或阶梯剖视。

b. 俯视图可只绘出动模,或动模定模各半的视图。需要时再绘制一侧视图以及其他剖视图和部分视图。

⑤ 模具装配图上的塑件

a. 一般画在总图右上角,并注明材料名称,塑料牌号等。

b. 塑件图的比例一般与模具图上的一致,特殊情况可以缩小或放大。塑件的方位应与模具图上的一样,若特殊情况下不一致,应用箭头指出模塑成型方向。

⑥ 模具装配图的技术条件

技术条件包括：所选设备型号、模具闭合高度、防氧化处理、模具编号、刻字、标记、油封、保管等要求，有关试模及检验方面的要求。

⑦ 模具装配图上应标注的尺寸

模具闭合尺寸、外形尺寸、特征尺寸（与成型设备配合的定位尺寸）、装配尺寸（安装在成型设备上螺栓孔的中心距）、极限尺寸（活动零件移动起止点）。

(2) 绘制模具零件图的要求

在生产中标准件不需绘制零件图，非标准零件需绘制零件图。有些标准件需要补加工的地方太多（如动、定模板），也要求画出，并标注加工部位的公差。非标准模具零件图应标注全部尺寸、公差、表面粗糙度、材料及热处理、技术要求等。

① 正确充分的视图

② 具备制造和检验零件的数据

零件图的尺寸是制造和检验零件的依据，故应慎重细致地标注。尺寸既要完备又要不重复。在标注尺寸前，应研究零件的加工和检验的工艺过程，正确选定尺寸的基准面，做到设计、加工、检验的基准统一，以利于加工和检验。零件图的方位应尽量按其在装配图中的方位画出，不要任意旋转颠倒，以防画错。

③ 标注加工尺寸公差及表面粗糙度

所有的配合尺寸及精度要求较高的尺寸都应标注公差（包括形位公差），未注尺寸公差按 IT14 制造。模具的成型零部件（如凹模、凸模）的工作部分尺寸按计算结果标注。

模具零件在装配过程中的加工尺寸应标注在装配图上，如必须标注在零件图上时，则应在有关尺寸近旁注明出“配做”“装配后加工”等字样，或在技术要求中说明。

因装配需要留有一定的装配余量时，可在零件图上标注出装配链补偿量及装配后所需求的配合尺寸、公差和表面粗糙度等。

④ 技术要求

凡是图样或符号不便于表示，而在制造时又必须保证的条件和要求都应注明在技术条件中。它的内容随不同的零件、不同的要求、不同的加工方法有所不同。主要应注明：

a. 对材质的要求。如热处理方法、热处理表面所应达到的硬度等。

b. 表面处理、表面涂层、表面修饰（如锐边倒钝、清砂）等要求。

c. 未注倒角半径说明，个别部位的修饰加工要求。

d. 其他特殊要求。

5.3　风扇叶片塑料模具的设计与装配实例

1) 零件设计过程说明

(1) 定模仁（见图 5.2）

① 在俯视图中，绘制长度 100 mm，宽度 50 mm 的矩形，使用拉伸功能，拉伸深度为 22 mm。

② 以①中长方体的上表面为绘图平面，绘制直径 30 mm 的圆形 2 个，对圆形进行拉伸，

拉伸高度为 10 mm。

③ 在拉伸形成的圆柱形上取一点 PNT0(上表面,第二和第三象限相交处)和 PNT1(圆柱形下表面,第一和第二象限相交处),采用直线连接 PNT0 和 PNT1 两点,得曲线 1。

④ 将曲线 1 投影到圆柱形的外表面上,得到投影线 1。

⑤ 在①中所作的上表面上绘制直径 16 mm 的圆形,采用拉伸切除功能,将圆柱形切成中空的形状,并形成一个圆柱形的辅助平面(已隐藏)。

⑥ 将③中曲线 1 投影到⑤中所形成的辅助平面上,得到投影线 2。

⑦ 连接投影线 1 和 2 的端点,得到曲线 2 和曲线 3,则得到一个曲面。

⑧ 将形成的曲面绕着圆柱形的中心线阵列,得到阵列 1。

⑨ 在长方体的中心上作辅助面 DTM1,以 DTM1 为中心进行镜像。

⑩ 以⑦中连接得到的曲面进行拉伸切除,并对拉伸切除特征进行阵列和镜像同⑧⑨。

⑪ 选用孔命令,在①中的长方体中心上开直径 12 mm 的通孔,孔边距分别为 25 mm 和 50 mm。

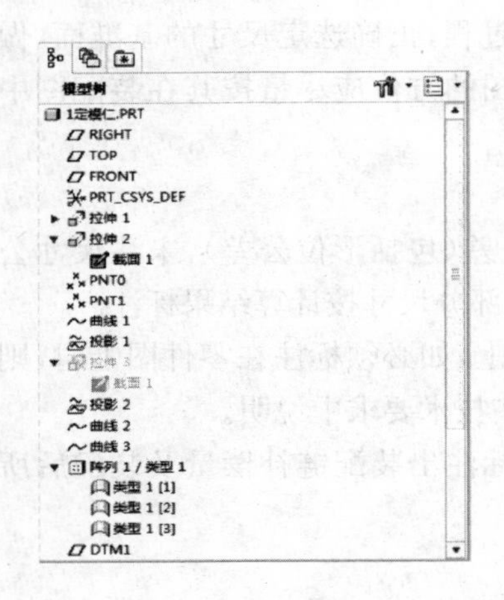

图 5.2　定模仁零件图

(2) 动模仁(见图 5.3)

① 动模仁的设计与定模仁类似,先生成 100 mm×50 mm×22 mm 的长方体。

② 可以通过获取数据合并与继承功能,将定模仁 1 调入零件中,通过两个面的重合以及接触表面偏移 1 mm 生成特征(外部切除)。

③ 将长方体的棱角部分倒角。

④ 通过拉伸切除,在零件上切出直径 10 mm 的通孔和直径 16 mm,深度 10 mm 的沉孔。

⑤ 在长方体上以长度方向的中心平面生成辅助面 DTM1。并对④中生成的孔进行镜像。

⑥ 拉伸 6 是为了形成使塑料流入型腔的流道。

⑦ 在风扇的侧面开两个小孔,是为了使形成的塑料件能够固定在基座上,此孔可称之为侧抽芯孔。

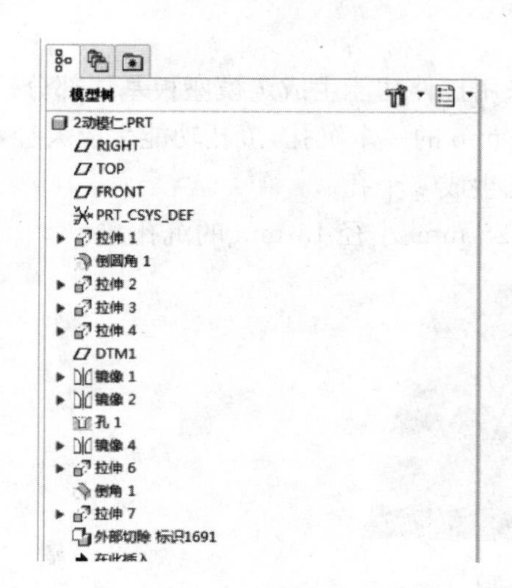

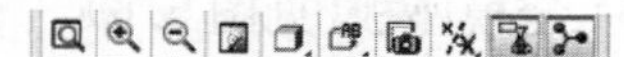

图 5.3 动模仁零件图

(3) 导柱(见图 5.4)

导柱在给定模与动模之间相对运动起导向作用,所以零件比较简单,是一个带台阶的圆柱形零件。画出截面图,通过旋转命令旋转得到一个圆柱形零件,然后对小端倒 2 mm 圆角。

图 5.4 导柱零件图

(4) 定模固定板(见图 5.5)

① 采用拉伸功能生成 200 mm×196 mm×40 mm 的长方体。

② 在定模固定板的中间位置绘制草图,一个长方形采用拉伸切除命令生成一个凹进去的腔,主要是为了将定模仁固定在这里。

③ 采用孔命令,在长方形的角部生成一个直径 20 mm,孔边距 22 mm 的通孔。通过阵列复制几何功能生成间距为 151 和 156 mm 的四个孔。

④ 采用拉伸切除命令,生成类似于②中的凹腔,主要用于固定楔紧块。采用镜像功能共生成 2 个。

⑤ 采用孔和两次镜像共生成四个直径 6 mm 的螺钉孔,用于固定楔紧块。

⑥ 采用草绘功能绘制一条斜线,采用扫描切除功能生成带台阶的斜孔。

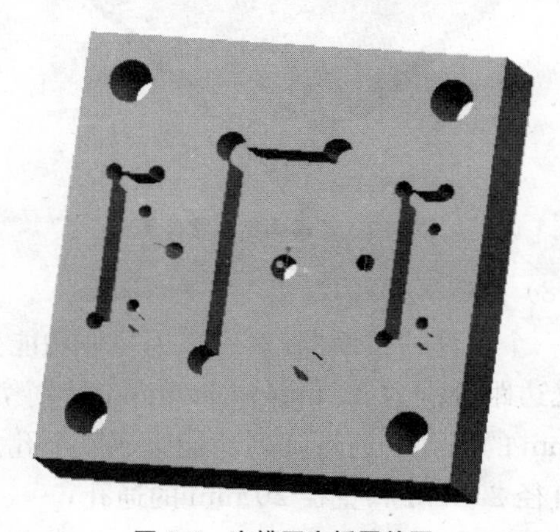

图 5.5 定模固定板零件图

(5) 定模座板(见图 5.6)

① 采用草绘功能绘制一个零件的截面图,然后采用拉伸功能生成定模座板基体部分。

② 采用孔功能,生成孔边距分别为 40 mm 和 14 mm 的一个沉孔,沉孔功能生成大径和小径分别为 16 mm 和 10 mm 的沉孔。通过阵列功能生成 4 个孔。

③ 采用孔功能,在长方体的中心点处,生成大径 25 mm、小径 13 mm 的沉孔。

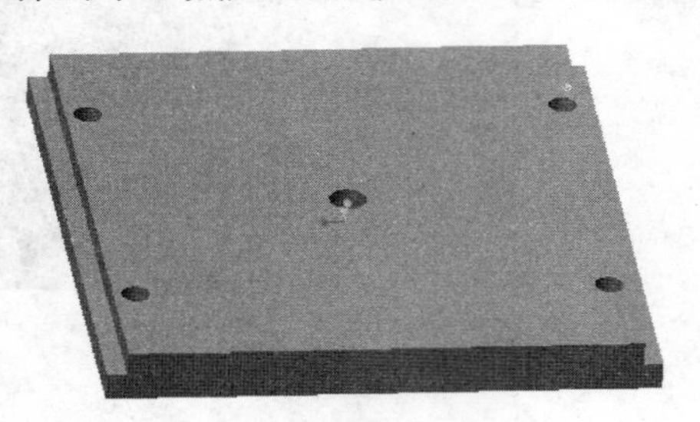

图 5.6　定模座板零件图

(6) 定模固定板(见图 5.7)

① 采用草绘功能绘制一个零件的截面图,然后采用拉伸功能生成定模固定板基体部分。

② 采用孔功能,生成孔边距分别为 53 mm 和 20 mm 的一个沉孔,沉孔功能生成大径和小径分别为 22 mm 和 10 mm 的沉孔。通过阵列功能生成 4 个孔。

③ 采用孔功能,生成孔边距分别为 22 mm 和 22 mm 的一个沉孔,沉孔功能生成大径和小径分别为 14 mm 和 12 mm 的沉孔。通过阵列功能生成 4 个孔。

④ 采用草图功能生成截面图,拉伸切除生成凹腔。

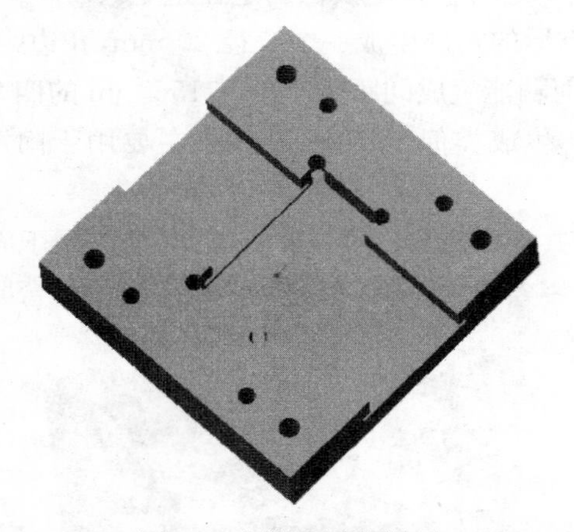

图 5.7　定模固定板零件图

(7) 动模座板(见图 5.8)

① 采用草绘功能绘制一个零件的截面图,然后采用拉伸功能生成动模座板基体部分。

② 采用孔功能,生成孔边距分别为 39 mm 和 14 mm 的一个沉孔,沉孔功能生成大径和小径分别为 16 mm 和 10 mm 的沉孔。通过阵列功能生成 4 个孔。

③ 采用孔功能,生成直径 25 mm 和直径 20 mm 的通孔。

④ 采用镜像功能,对直径 20 mm 的孔镜像。

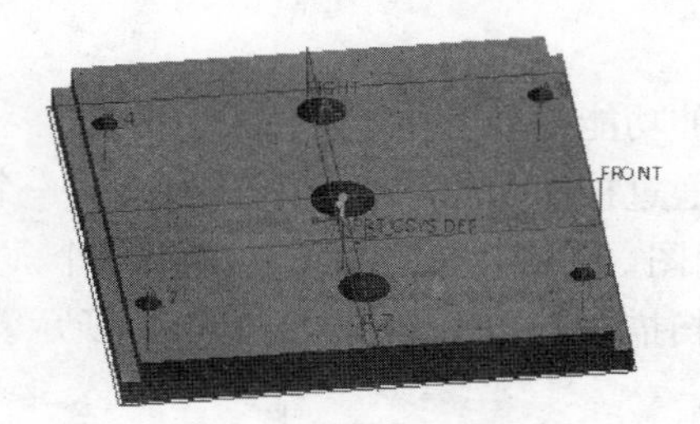

图 5.8　动模座板零件图

(8) 导套(见图 5.9)

绘制直径 21 mm 和 12 mm 的截面图,采用拉伸功能生成导套。

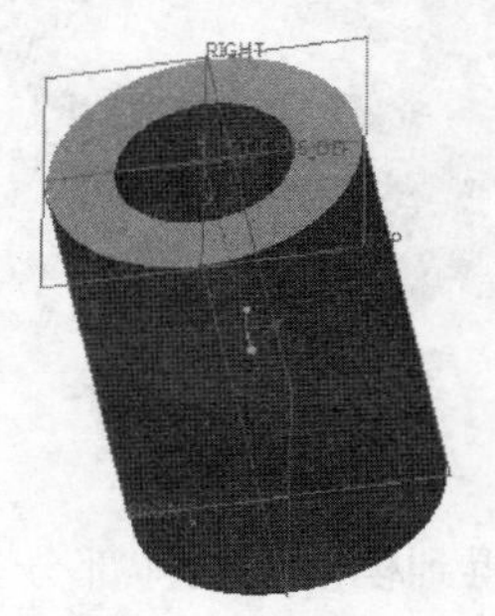

图 5.9　导套零件图

(9) 支撑块(见图 5.10)

绘制 200 mm×100 mm 的截面图,直径 12 mm 孔边距 39 mm,采用拉伸功能生成导套。

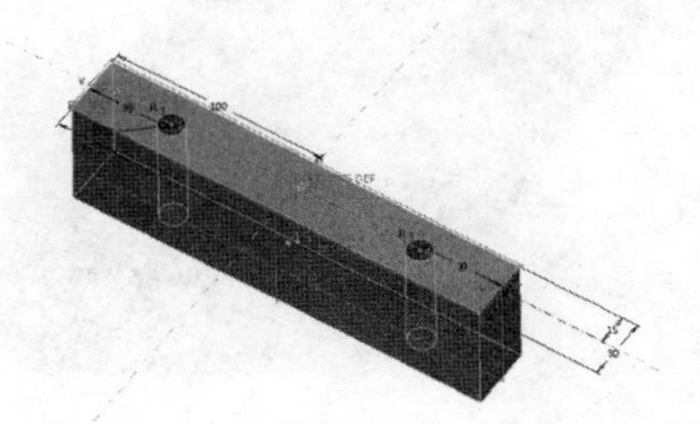

图 5.10　支撑块零件图

(10) 复位杆(见图 5.11)

画出截面图,通过旋转命令旋转得到一个圆柱形零件,然后对小端倒 1 mm 角。

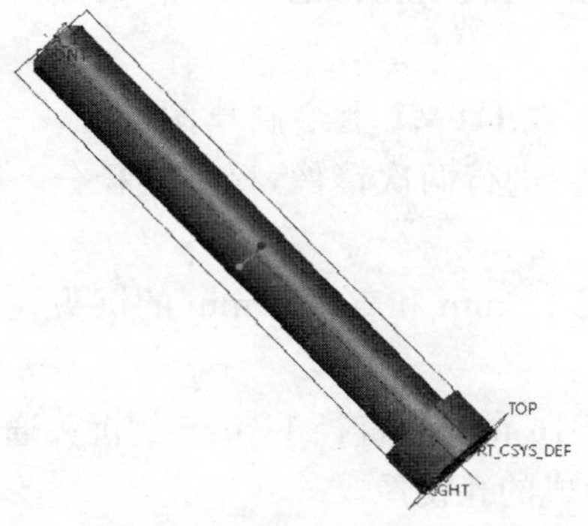

图 5.11　复位杆零件图

(11) 滑块

① 画出截面图,通过拉伸功能得到滑块基体部分。

② 画出三角形截面图,通过拉伸切除功能从滑块上切出一个斜面。

③ 绘制两个侧型芯截面图,采用拉伸切除功能,切出两个 T 形槽。

④ 草绘功能绘制斜线,扫描功能切出斜孔,如图 5.12 所示。

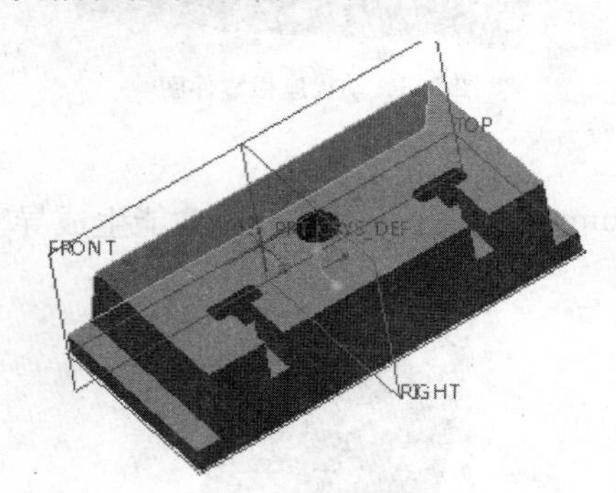

图 5.12　滑块零件图

(12) 楔滑块(见图 5.13)

① 画出截面图,通过拉伸功能得到楔滑块基体部分。

② 采用孔和镜像功能得到两个直径 5 mm,孔边距 10 mm 的螺钉孔。

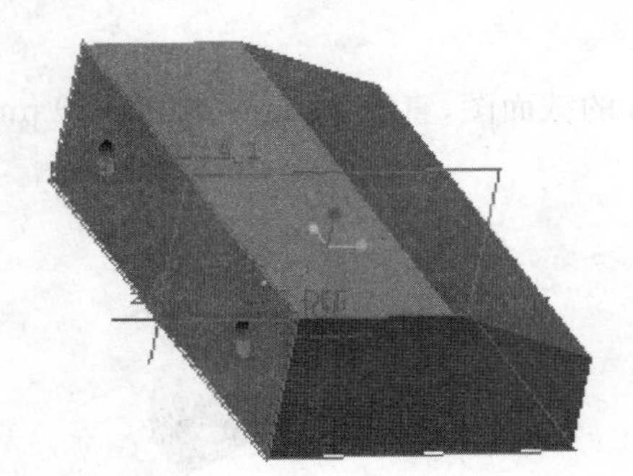

图 5.13　楔滑块零件图

(13) 推杆固定板(见图 5.14)

① 采用草绘功能绘制一个零件的截面图,然后采用拉伸功能生成推杆固定板 200 mm×134 mm×21 mm 的基体部分。

② 绘制辅助平面 DTM1,在 DTM1 上绘制草图界面,然后用旋转切除指令,得到孔。进行两次镜像,得到直径分别为 16、10、22 mm 的孔。

图 5.14　推杆固定板零件图

③ 采用孔功能,生成直径 11 mm 和直径 6 mm 的沉头通孔。

④ 采用孔功能,生成直径 16 mm 和直径 11 mm 的沉头通孔。

⑤ 采用镜像功能,对④生成的孔镜像。

(14) 推板(见图 5.15)

① 采用草绘功能绘制一个零件的截面图,然后采用拉伸功能生成推杆固定板 200 mm ×134 mm×21 mm 的基体部分。

② 采用孔功能,生成直径 10 mm 和直径 6 mm 的沉头通孔。

③ 采用镜像功能,对②生成的孔镜像。

图 5.15　推板零件图

(15) 浇口套(见图 5.16)

画出截面图,通过旋转命令旋转得到一个圆柱形零件。

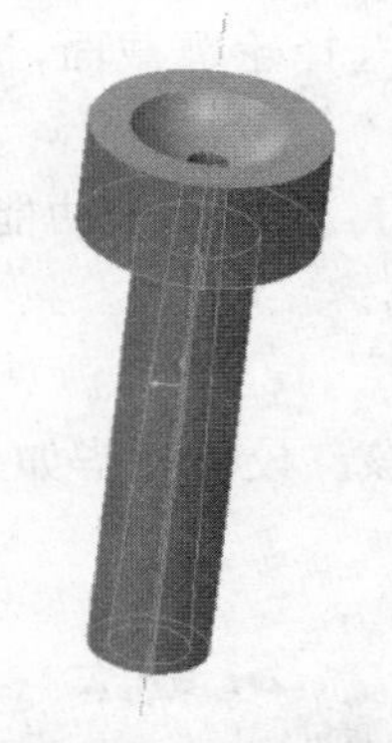

图 5.16　浇口套零件图

(16) 侧型芯(见图 5.17)

画出截面图,通过将截面图拉伸生成顶杆。

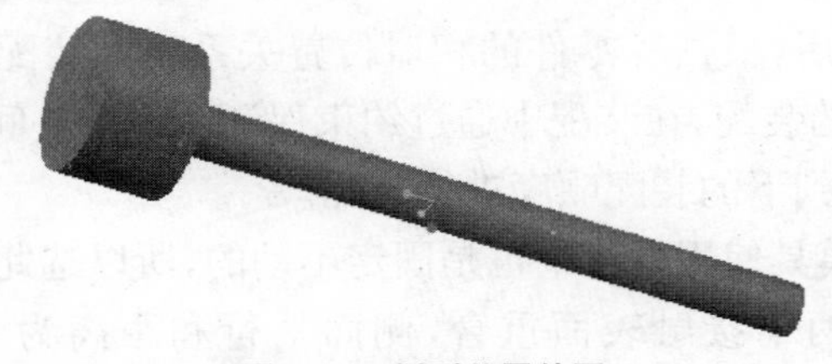

图 5.17　侧型芯零件图

(17) 斜导柱(见图 5.18)

① 画出截面图,通过旋转命令旋转得到一个圆柱形零件。

② 绘制截面图,采用拉伸切除指令,完成零件的绘制。

图 5.18　斜导柱零件图

(18) 拉料杆(见图 5.19)

① 画出截面图,拉伸功能得到直径 8 mm×6 mm 的大端圆柱台,绘制截面图用拉伸功能得到直径 5 mm×79 mm 的圆柱体。

② 绘制截面图,采用拉伸切除指令,完成零件的绘制。

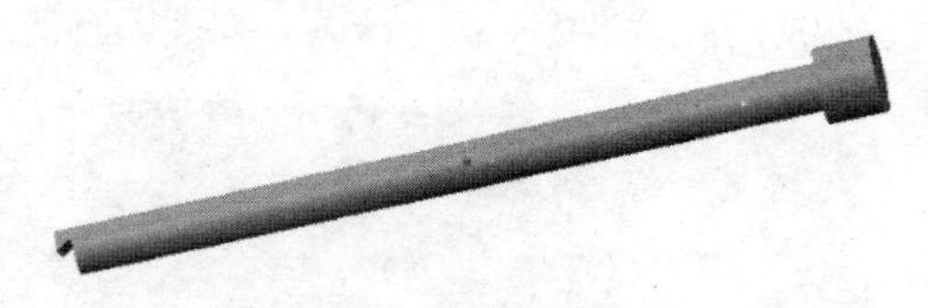

图 5.19 拉料杆零件图

(19) 螺钉(族表)(见图 5.20)

① 画出截面图,拉伸功能得到螺钉的大端部分。

② 画出截面图,拉伸功能得到螺钉的小端部分。

③ 画出截面图,拉伸切除功能得到螺钉大端切除的内六角凹部分。

④ 绘制螺钉螺纹部分的截面图,选择轮廓截面,进行螺旋扫描切除,得到螺钉的螺纹部分。

⑤ 为了得到不同规格尺寸的螺钉,选用族表功能。创建族表:零件(组件)——族表;(WF):工具——族表,进入族表编辑器。

⑥ 进入项目选取窗口,加入项。

⑦ 输入完毕,对族的实例进行校核。校验完毕如果没有实例生成则失败,族表定义就可以结束了。

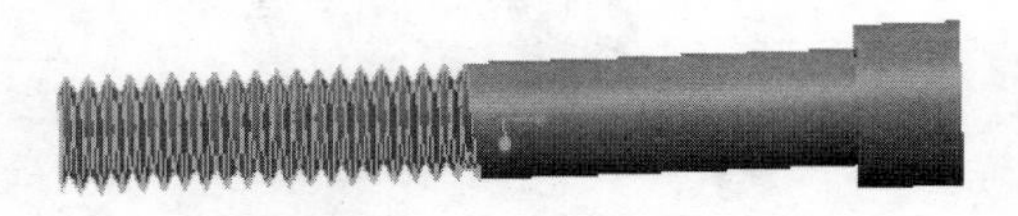

图 5.20 螺钉零件图

2) 装配(见图 5.21)

(1) 各零件设计完成后,根据各零件的相对位置关系将其装配起来。建立 ASM 文件,选用组装功能,进行零件的装配,在装配中通过约束保证两个零件间的相对位置关系。

(2) 本模具采用从上到下的装配顺序进行装配。

① 定模座板由于在模具使用过程中也是固定不动的,所以选此零件作为基准件。

② 定模固定板通过两个接触表面重合,侧面平行和距离为 0 三个约束与定模座板装配。

③ 导套共 4 个,固定在定模固定板的孔内,通过外圆重合以及端面距离为 0 两个约束固定。

④ 浇口套通过两个端面重合和孔与浇口套中心线重合两个约束固定在定模座板上。

⑤ 定模仁外表面是一个长方体,与定模固定板通过三个面重合约束在一起。

⑥ 楔紧块×2 三个平面与定模固定板通过面重合约束在一起。

⑦ 动模固定板通过两个接触表面重合,侧面平行和距离为 0 三个约束与定模固定板装配。

⑧ 动模仁外表面是一个长方体，与动模固定板通过三个面重合约束在一起。

⑨ 滑块与动模固定板通过三个面重合固定装配。

⑩ 侧型芯×4 与滑块通过重合和距离为 0 约束装配。

⑪ 导柱×4 与动模固定板通过重合和距离为 0 约束装配。

⑫ 支撑块×2 外形是一个长方体，通过三面重合与动模固定板约束装配。

⑬ 动模座板外形是一个长方体，通过三面重合与支撑块约束装配。

⑭ 复位杆通过重合与动模固定板约束，并使上表面与动模固定板重合。

⑮ 推杆固定板上的复位杆孔与复位杆重合，并且端面重合。

⑯ 推板与推杆固定板外形都是长方体，通过三个面重合约束装配。

⑰ BLOTBIG10 和 BLOTBIG6 分别为 10 mm 和 6 mm 的螺钉，通过孔和外圆面重合，端面重合约束。

⑱ 斜导柱通过孔和导柱外表面重合以及端面重合约束到定模固定板上。

⑲ 拉料杆通过拉料杆外圆面与推杆固定板上的孔重合以及端面与推杆固定板重合。

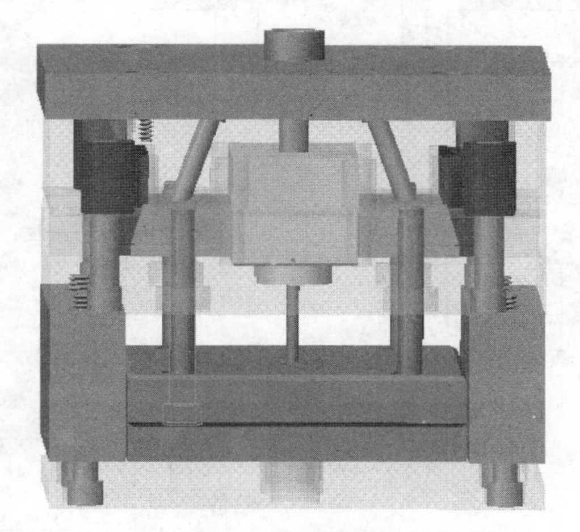

图 5.21 风扇叶片塑料模具三维装配图

3）注射成型原理

注射成型原理：将模具安装在注射机上，注射机的喷嘴与模具的浇口套配合。将颗粒状或者粉状的塑料放入注射机料斗，在注射机加热至熔融状态，然后由注射机浇注进模具。塑料在注射机的压力作用下，进入由定模仁和动模仁组成的空腔。在腔内冷却定型后，取出塑料件，则塑件成型。

4）DWG 文件生成

（1）利用表格功能生成标题栏，将标题栏另存为文件，可以在图板选择时调用生成的标题栏。

（2）建立新文件，选择绘图，进入绘图界面。

（3）插入普通视图，以及投影视图，并将视图显示修改为线框。

（4）剖视图的生成。在俯视图上选择剖面，然后生成剖视图，并表明剖面，见附件。

（5）进行尺寸标注以及填写技术要求。

5.4 零件图绘制

模具零件的三维设计并且完成装配后,为了便于零件的加工精度的控制,需进行模具的总体装配图以及零件图二维图的绘制。

下面以型芯和动模固定板为例,进行二维零件图的绘制说明。首先打开将绘制零件图的三维模型,然后新建图纸页,选择带标准图框的图纸,本例中选择 A4 图纸。选择并调整视图方向,插入视图,根据零件的复杂程序选择剖视位置和剖视方向,插入剖视图。

设置标注尺寸的字体大小,并根据零件的加工要求,进行零件尺寸的标注,如图 5.22 所示。然后添加技术要求等文字说明,并在标题栏相应位置添加文字。

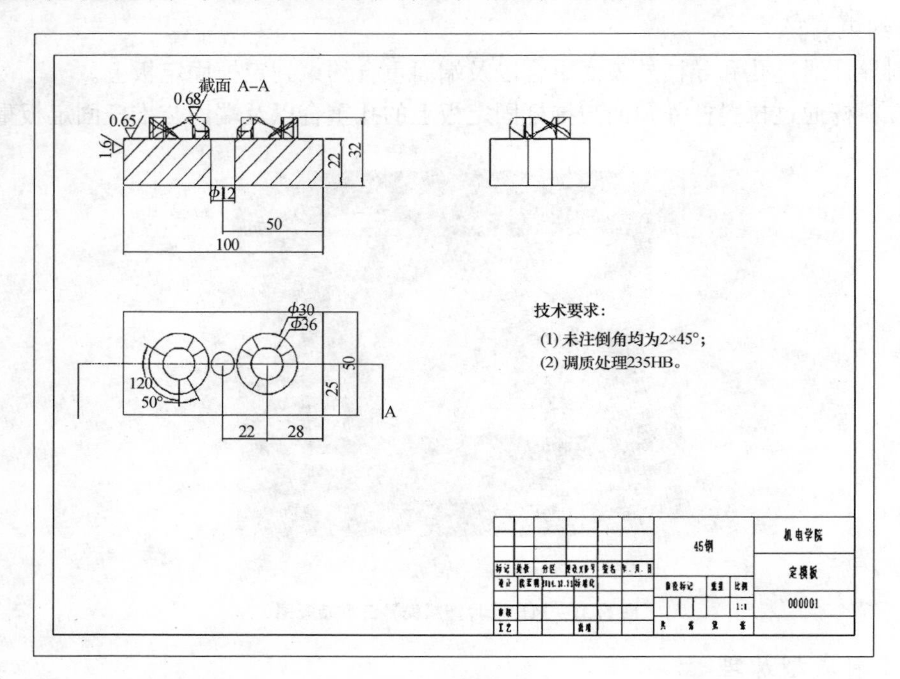

图 5.22 定模板零件图

5.5 零件的 CAM 编程

完成总装图和零件图的二维图绘制后,进行加工时要根据零件图进行数控编程加工,通常形状简单零件可进行手工编程加工,对于形状复杂零件尤其是带曲面轮廓的零件,需进行 CAM 编程加工。

下面以动模固定板零件为例,进行 CAM 编程示例:

首先,在软件中打开被加工零件的三维模型,然后在开始菜单中选择加工模块,并选择加工环境,然后通过编辑—移动对象指令调整加工坐标系,使其与机床设置的工件坐标系对应,立式加工中心将 Z 轴对应刀具加工方向,如图 5.23、图 5.24 所示。根据零件图对加工工艺进行分析,加工区域底面和侧面均为平面,所以选择屏幕铣削加工方式,刀具选择平底刀，根据加工区域尺寸，粗加工选择 8 mm 平底刀，精加工选择 4 mm 平底刀。

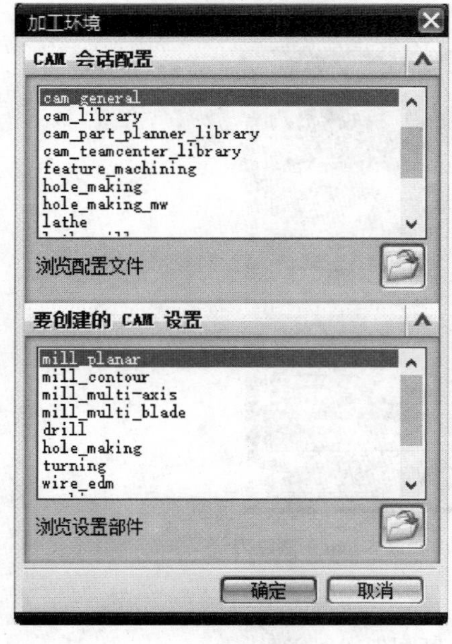

图 5.23 加工环境

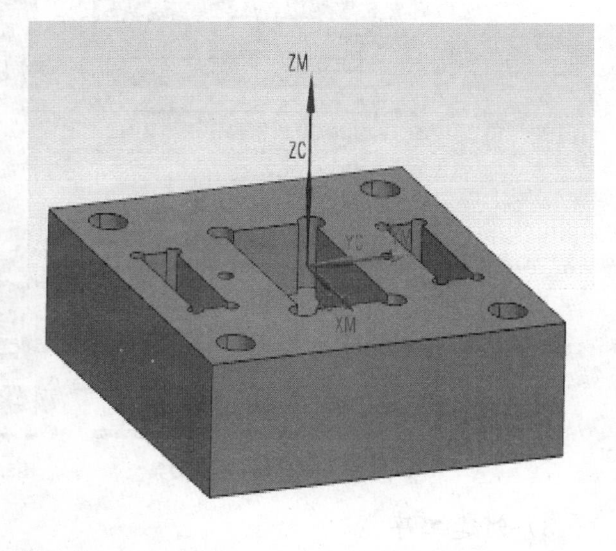

图 5.24 加工坐标系

1）创建程序

第一步进行加工程序程序名的命名，从快捷菜单中选中创建程序图标，命名程序名为 template，其他设置如图 5.25 所示。

图 5.25 创建程序

2）创建刀具

分别创建 8 mm 和 4 mm 的平底铣刀，并设置刀号。

图 5.26　创建刀具

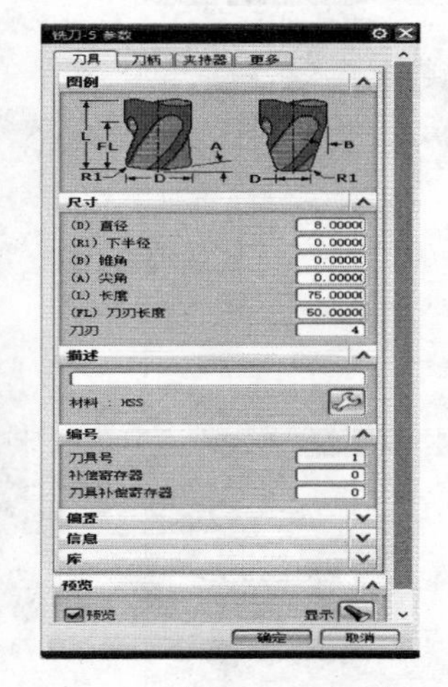

图5.27　创建 8 mm 平底铣刀

3）创建工序

点击创建工序快捷图标，进入创建工序对话框，见图 5.28。

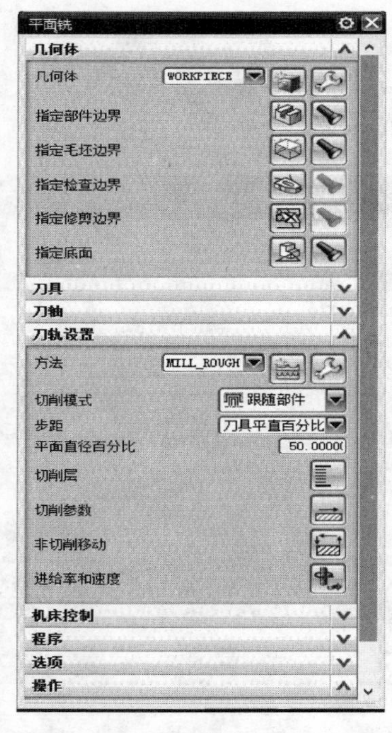

图 5.28　创建工序

选择加工边界，根据图示对话框，选择中间区域作为加工部件边界，如图 5.29 所示。

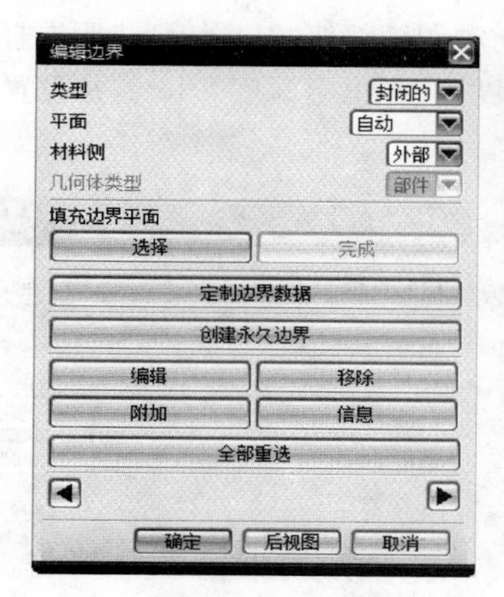

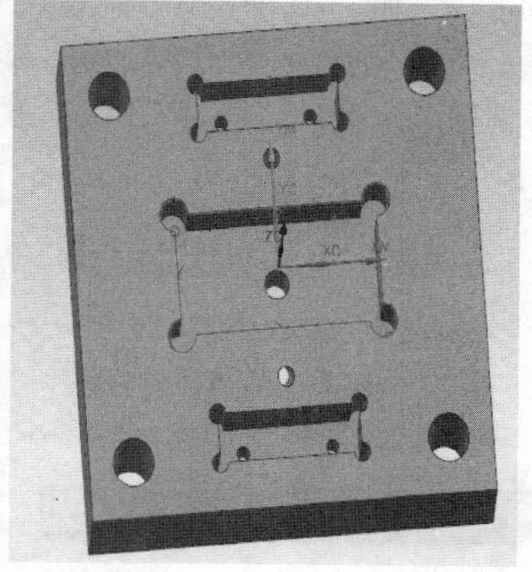

图 5.29 加工边界选择

指定毛坯边界(见图 5.30),选择零件外缘 4 边,作为毛坯边界。

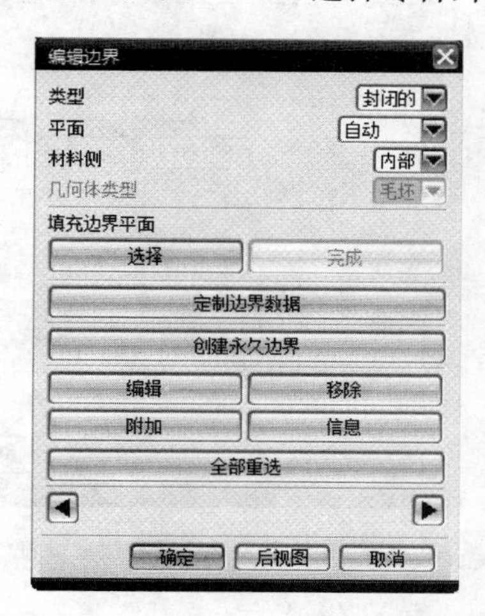

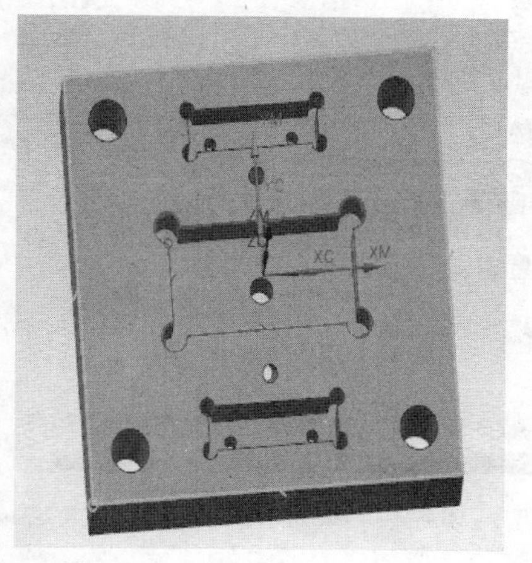

图 5.30 毛坯边界选择

指定底面(见图 5.31),选择被加工区域底面,偏置距离设置为 0。

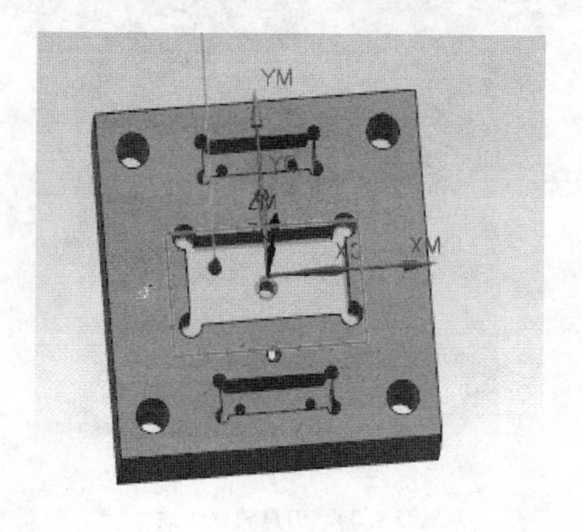

图 5.31 指定底面

刀轨设置选择粗加工，切削模式选择默认选项跟随部件，刀具切削步距选择默认刀具直径的 50%。点击切削层选择，设置每层切削深度，选择恒定深度 2 mm，并设置切削进给率和主轴转速等切削参数等(见图 5.32、图 5.33)。

图 5.32　切削层设置

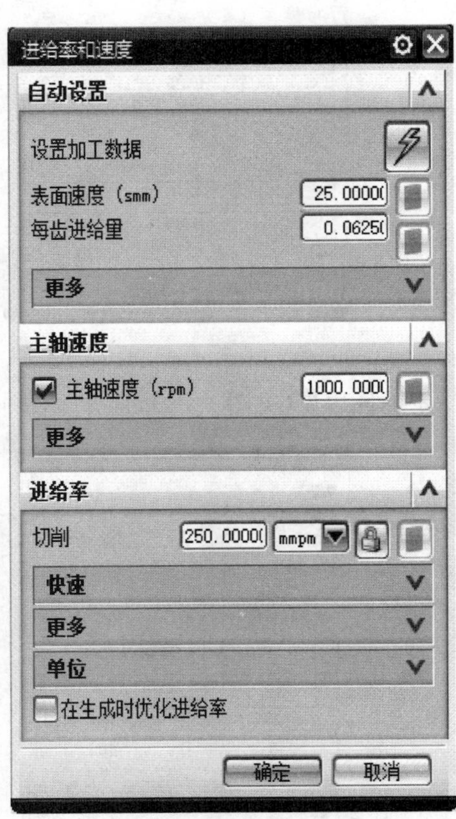

图 5.33　进给率和速度设置

点击生成刀具轨迹按钮，生成的刀具轨迹如图 5.34 所示。

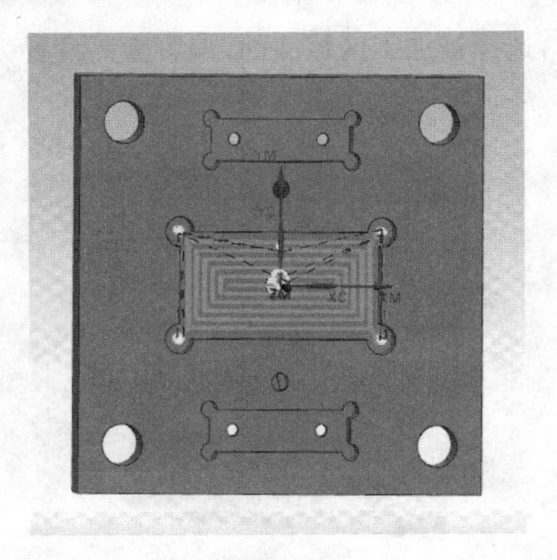

图 5.34　刀具轨迹生成

重复上述操作，生成其余两个楔紧块固定槽的刀轨，见图 5.35。

图 5.35 楔紧块固定槽刀轨生成图

在屏幕左侧的工序导航器中选定一个工序，右键选择程序后处理，见图 5.36。首先根据加工机床的类型和系统类型选择后处理器，并设置输出路径和扩展名。

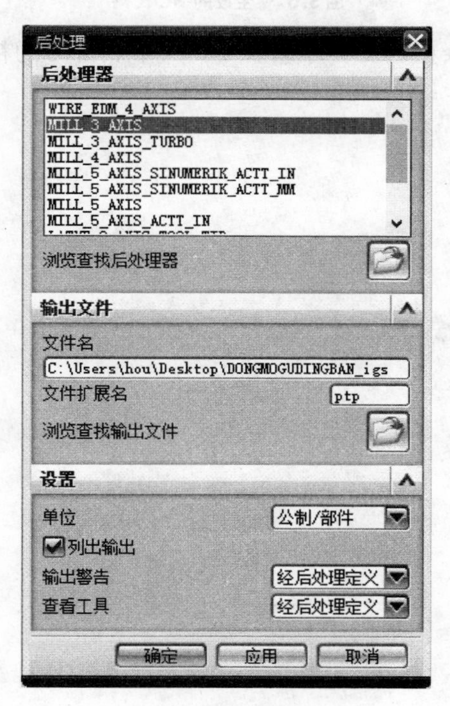

图 5.36 后处理器选择

利用后处理器生成代码见图 5.37。生成的程序可以传输到机床并进行机床、刀具以及夹具的准备，从而进行零件的加工。

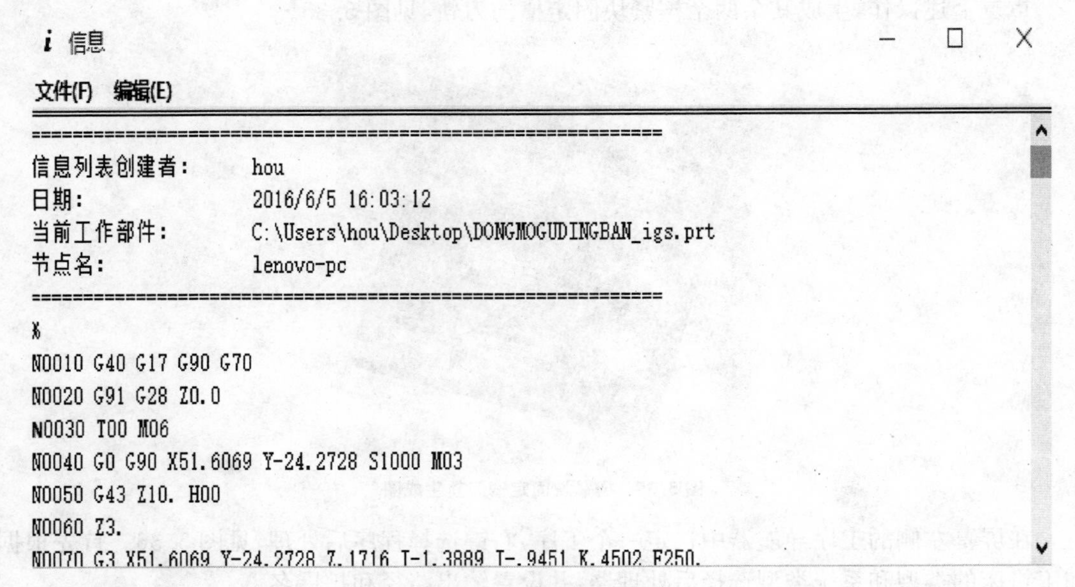
i 信息

文件(F)　编辑(E)

```
============================================================
信息列表创建者:    hou
日期:              2016/6/5 16:03:12
当前工作部件:      C:\Users\hou\Desktop\DONGMOGUDINGBAN_igs.prt
节点名:            lenovo-pc
============================================================

%
N0010 G40 G17 G90 G70
N0020 G91 G28 Z0.0
N0030 T00 M06
N0040 G0 G90 X51.6069 Y-24.2728 S1000 M03
N0050 G43 Z10. H00
N0060 Z3.
N0070 G3 X51.6069 Y-24.2728 Z.1716 I-1.3889 J-.9451 K.4502 F250.
```

图 5.37　生成的 NC 代码

采用同样方法生成其余粗加工程序以及 4 mm 平底铣刀的精加工刀路和程序，这里不再赘述。

6 数控滑台设计与制造实例

6.1 项目任务介绍

数控滑台又称之为直线滑台、精密滑台、模组滑台、电动滑台等，在工业中运用得很广泛，经常在一些电子设备、激光设备、自动化设备、数控设备等设备上运用。也是许多机电一体化设备的基本部件，如数控车床的纵—横向进刀机构、数控铣床和数控钻床的 X-Y 工作台、激光加工设备的工作台、电子元件表面贴装设备等。数控滑台具有精度高、效率高、寿命长、磨损小、摩擦系数小、构造紧凑、通用性强等特点。

数控滑台可以通过手动调节或者使用电机控制，通常需要确定位移行程，负载大小，位移精度，分辨率，外形尺寸等。由于可以进行电路细分，分辨率可以到达超微米级，经过计算机控制即可实现自动化控制。

数控滑台以机械位移作为控制对象，接受数控系统发出的进给速度和位移指令信号，由驱动电路作一定的转换和放大后，经驱动装置和机械传动机构，驱动滑台实现运动。

6.2 项目设计方案

为了保证数控滑台进给系统的定位精度、稳定性和动态性能，在机械传动机构的设计中应满足下列要求：

(1) 高传动刚度。机械传动机构的传动刚度主要取决于丝杠螺母副、蜗杆副及其支承结构的刚度。刚度不足会导致工作台产生爬行、振动和反向死区，影响传动的准确性。缩短传动链、合理选择丝杠尺寸以及丝杠螺母副的支承部件，施加预紧力等都是提高传动刚度的有效途径。

(2) 高谐振。为了提高系统的抗振性，应使机械传动部件具有高的固有频率和合适的阻尼，一般要求机械传动系统的固有频率应高于驱动系统固有频率的 2～3 倍。

(3) 低摩擦。为了提高进给系统的快速响应特性，保证其运动平稳、定位准确，除对传动元件提出要求外，还必须减小运动件的摩擦阻力和动、静摩擦因数之差。例如对丝杠螺母副和导轨，为减小摩擦阻力可以采用滚珠丝杠螺母副、静压丝杠螺母副、滚动导轨和塑料导轨等。

(4) 低惯量。传动元件的惯量对伺服机构的启动和制动特性都有影响，尤其是处于高速运转的零件，其惯性的影响更大。因此，在满足部件强度和刚度的前提下，应尽可能减小执行部件的惯量，减小旋转零件的直径和质量，以减少运动部件的惯量。

(5) 无间隙。机械传动部件之间的间隙是造成进给系统反向死区的一个主要原因，因此,对传动链的各个环节,如联轴器、蜗杆副、丝杠螺母副及其支承部件等,均应采取消除间隙的结构措施或施加预紧力。

6.2.1　数控滑台运动设计

数控滑台根据常用的坐标运动方向可分为一维直线运动的 X 方向滑台或 Y 方向滑台,和二维平面运动的十字滑台。要实现二维平面运动,只需将其分解为两个垂直方向的一维直线运动即可,如图 6.1 所示。

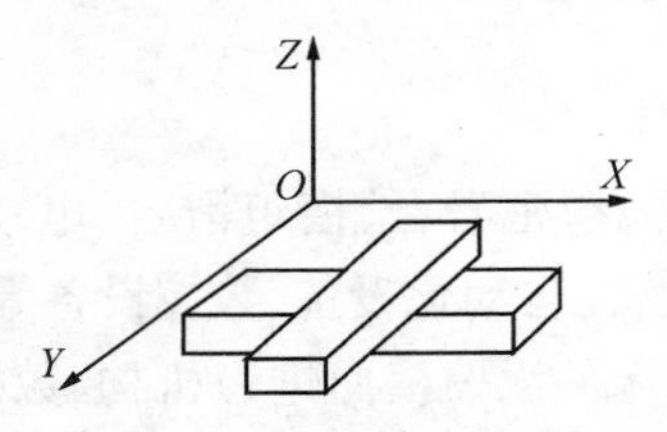

图 6.1　二维平面运动分解

由 X 方向的直线运动机构带动 Y 方向的直线运动机构沿 X 向做直线运动。当 X 向直线运动机构不动时,Y 向直线运动机构在 X 向直线运动机构上沿 Y 向运动,即实现了 XOY 平面的二维运动。

6.2.2　数控滑台结构设计

数控滑台一般由驱动装置、机械传动机构及执行部件等组成。

1）驱动系统

驱动系统是为机械系统正常工作提供动力源、实现能量转换的原动机(或动力机)及其配套装置。

(1) 液压驱动系统。驱动元件为液动机和液压缸,常用的有电液脉冲马达和电液伺服马达。其优点是:低速下可以得到很高的输出转矩,刚度好,时间常数小、反应快,运行速度平稳。与电动机相比在相同功率时其外形尺寸小、重量轻,因而运动件的惯性小,快速响应的灵敏度高。其缺点是:必须具有高压油的供给系统,需要油箱、油管等供油系统,体积大。且对液压元件的制造和装配精度要求较高,如果出现漏油现象会影响工作效率及工作机械的运动精度。一般只有对数控滑台具有特殊要求时,才采用液压驱动系统。

(2) 气压驱动系统。使用空气作为工作介质,容易获得;用后可以直接排入大气而无污染,压缩空气可以进行集中供给和远距离输送。其优点是:驱动系统动作迅速,反应快,维护简单,成本低;对易燃、易爆、多尘和振动等恶劣工作环境的适应性较好。其缺点是:因为空气具有可压缩性,气动马达的工作稳定性较差,气动系统的噪声大;工作压力受到一定的限制不能太高,输出的转矩不能太大,一般只适用于小型和轻型的工作机械。

(3) 电气驱动系统。电气驱动系统全部采用电子器件和电机部件,技术较为成熟,驱动效率高,与被驱动的工作机械联接简便(可用标准联轴器)。驱动元件主要有步进电动机、直流伺服电动机和交流伺服电动机,是目前普遍采用的伺服驱动系统。其优点是:品种和规格多,操作维护方便,费用相对较低,可满足不同类型机械的工作要求;具有良好的调速性能,启动、制动、反向和调速的控制简单可靠,可以实现远距离的测量和控制,便于集中管理和实现生产过程的自动化。其缺点是:反应速度和低速转矩不如液压驱动系统高。

根据数控滑台的性能及使用要求,综上比较选择电气驱动系统即电动机作为驱动器。

2) 机械传动机构

由于使用电动机驱动,电动机的输出运动多为圆周旋转运动,要实现数控滑台的直线运动,需要能够将圆周运动转化为直线运动的机械传动机构。满足以上要求的机械传动机构有多种,其中常用的典型机构有:(1) 丝杠和螺母副机构;(2) 蜗轮蜗杆机构;(3) 齿轮齿条机构;(4) 带传动机构。

此外,直线电机是一种将电能直接转换成直线运动机械能,而不需要任何中间转换机构的传动机构。它将电机与传动机构合二为一,可以看成是一台旋转电机按径向剖开,并展成平面而成。

考虑到数控滑台的体积与使用要求,可以选择丝杠螺母副与带传动机构实现机械传动。

3) 执行部件及其他零部件

数控滑台中的执行部件即为滑台。为固定支撑电动机、丝杠或带轮、滑台,传递运动并保证数控滑台的工作性能,还需要导轨、轴承、联轴器等零部件。

选择常用的电动机类型与传动机构,则数控滑台的结构设计方案可以确定为步进电动机联接带传动、步进电动机联接滚珠丝杠、伺服电动机联接带传动或伺服电动机联接滚珠丝杠四种方式。

6.3 电动机的选型与计算

6.3.1 选择电动机应综合考虑的问题

(1) 根据机械的负载性质和生产工艺对电动机的启动、制动、反转、调速等要求,选择电动机类型。

(2) 根据负载转矩、速度变化范围和启动频繁程度等要求,考虑电动机的温升限制、过载能力和启动转矩,选择电机功率,并确定冷却通风方式。所选电机功率应留有余量,负荷率一般取 0.8～0.9。

(3) 根据使用场所的环境条件,如温度、湿度、灰尘、雨水、瓦斯以及腐蚀和易燃易爆气体等考虑必要的保护方式,选择电动机的结构型式。

(4) 根据电压标准和对功率因数的要求,确定电动机的电压等级和类型。

(5) 根据生产机械的最高转速和对电力传动调速系统的过渡过程性能的要求,以及机械减速机构的复杂程度,选择电机额定转速。

除此之外,选择电动机还必须符合节能要求。综合考虑运行可靠性、设备的供货情况、备品备件的通用性、安装检修的难易,以及产品价格、建设费用、运行和维修费用、生产过程中前后期电动机功率变化关系等各种因素。

6.3.2　常用电动机类型

1）步进电动机

步进电动机是一种将电脉冲信号转换成机械角位移的驱动元件，步进电动机有定位与运转两种状态。当有一个电脉冲输入时，步进电动机就回转一个固定的角度，该角度称为步距角，一个步距角就是一步，所以这种电动机称为步进电动机。又由于它输入的是脉冲电流，也称作脉冲电动机。当电脉冲连续不断地输入，步进电动机便跟随脉冲一步一步地转动，步进电动机的角位移量和输入的脉冲个数严格成正比例，在时间上与输入脉冲同步。因此，只需控制输入脉冲的数量、频率及电动机绕组的通电顺序，便可获得所需转角、转速和方向。

在无脉冲输入时，步进电动机的转子保持原有位置，处于定位状态。步进电动机的调速范围广、惯量小、灵敏度高、输出转角能够控制，而且有一定的精度，常用作开环进给伺服系统的驱动元件。与闭环系统相比，它没有位置速度反馈回路，控制系统简单，成本大大降低，与机床配接容易，使用方便，因而在对精度、速度要求不高的中小型数控机床上得到了广泛的应用。

2）直流伺服电动机

直流电动机具有良好的调速特性，因此在半闭环、闭环伺服控制系统中应用较多。在进给伺服机构中使用的主要有以下两种类型：

(1) 小惯量直流电动机。主要结构特点是其转子的转动惯量尽可能小，因此在结构上与普通电动机的最大不同是转子做成细长形且光滑无槽，转子的转动惯量仅为普通直流电动机的 1/10 左右。因此，响应特别快，机电时间常数可以小于 10 ms，与普通直流电动机相比，转矩与惯量之比要大出 40～50 倍。且调速范围大，运转平稳，适用于频繁启动与制动，要求有快速响应（如数控钻床、冲床等点定位）的场合。但由于其过载能力低，并且电动机的自身惯量比机床相应运动部件的惯量小，因此应用时都要经过一对中间齿轮副，才能与丝杠相连接，在某些场合也限制了它的使用。

(2) 大惯量直流电动机。又称宽调速直流电动机，是在小惯量电动机的基础上发展起来的。在结构上和常规的直流电动机相似，其工作原理相同。当电枢线圈通过直流电流时，就会在定子磁场的作用下，产生带动负载旋转的电转矩。小惯量电动机是从减小电动机转动惯量方面来提高电动机的快速性，而大惯量电动机则是在维持一般直流电动机转动惯量的前提下，使用尽量提高转矩的方法来改善其动态特性。它既具有一般直流电动机便于调速、机械特性较好的优点，又具有小惯量直流电动机的快速响应性能。因此，具有以下特点：

① 转子惯量大。可以和丝杠直接连接，省掉了减速机构，结构简单。

② 低速性能好。这种电动机低速时输出转矩大。

③ 过载能力强、动态响应好。由于大惯量直流电动机的转子有槽，热容量大，同时采用了冷却措施后，提高了散热能力。另外，电动机的定子采用铁氧体永磁材料，可使电动机过载 10 倍而不会去磁，显著地提高了电动机的瞬间加速力矩，改善了动态响应，加减速特性好。

④ 调速范围宽。这种电动机机械特性和调速特性的线性度好，所以调速范围宽而运转

平稳。

大惯量直流电动机尽管有上述优点,但仍有一些不足,如运行调整不如步进电动机简便;快速响应性能不如小惯量电动机。

3）交流伺服电动机

尽管直流伺服电动机具有优良的调速性能,但直流电动机存在着不可避免的缺点:它的电刷和换向器易磨损,需经常维护;另外换向时易产生火花,使电机的最高转速受到限制,也使应用环境受到限制。而且,直流电动机结构复杂,制造成本高。

交流伺服电动机采用了全封闭无刷构造,不需要定期检查与维修定子,省去了铸造件壳体,在外形尺寸上比直流电动机小50%,重量减轻近60%,转子惯量减至20%。定子铁芯较一般电动机开槽多且深,绝缘可靠,磁场均匀。还可对定子铁芯直接冷却,散热效果好。因而传给机械部分的热量少,提高了整个系统的可靠性。转子采用具有精密磁极形状的永久磁铁,可得到高的转矩/惯量比。因此交流伺服电动机可得到比直流伺服电动机更好的机械性能和宽的调速范围。

6.3.2　电动机的设计选型

数控滑台可以按控制方式设计为开环、半闭环和全闭环3种形式。因此,在具体设计之前,首先根据对数控滑台的性能要求选择适当的控制方式。一般选择原则为:精度要求高时(定位误差小于或等于±0.01 mm),应采用闭环控制方式。这样各种影响定位精度的因素都可以得到补偿。另一方面,还必须考虑到稳定性、成本及数控滑台规格大小等其他因素。

对于闭环伺服进给系统,其设计计算主要是稳定性问题;对于开环、半闭环伺服进给系统,其设计计算主要是定位精度问题。

1）电动机的转速选择

电动机额定转速是根据要求而选定的。在确定电动机额定转速时,必须考虑机械减速机构的传动比值,两者相互配合,经过技术、经济全面比较才能确定。通常,电动机转速不低于500 r/min,因为当功率一定时,电动机的转速愈低,则其尺寸愈大,价格愈贵,而且效率也较低。如选用高速电动机,势必需要增大机械减速机构的传动比,使机械传动部分更加复杂。

需要调速的机械,电动机的最高转速应与机械转速相适应。要求快速频繁启动、制动的机械,通常是电动机的转动惯量与额定转速平方的乘积为最小时,能获得启动、制动最快的效果。

2）电动机的惯量计算

转动惯量对伺服进给系统的精度、稳定性、动态响应都有影响。惯量大,系统的机械常数大,响应慢,会使系统的固有频率下降,容易产生谐振,影响伺服精度和响应速度。惯量越小,系统的动态特性反应越好。惯量的适当增大只有在改善低速爬行时有利,因此,在不影响系统性能的条件下,应尽量减小惯量。

常用的转动惯量计算公式:

(1) 圆柱体的转动惯量 J_K(kg·mm^2)(齿轮、丝杠、轴等的转动惯量)

$$J_K=\frac{m\times D^2}{8} \tag{6.1}$$

式中：m——圆柱体质量(kg)；

D——圆柱体直径(mm)。

图中：L——圆柱体长度或厚度(mm)。

(2) 滚珠丝杠折算到电动机轴上的转动惯量 J(kg·mm²)

$$J=\frac{J_S}{i^2} \tag{6.2}$$

式中：J_S——丝杠转动惯量(kg·mm²)；

i——传动比。

1 m 长的滚珠丝杠的转动惯量可以查表获得。

(3) 工作台折算到滚珠丝杠上的转动惯量 J_K

$$J=\left(\frac{v}{2\pi n}\right)^2 m(\text{kg}\cdot\text{mm}^2) \tag{6.3}$$

式中：v——工作台移动速度(m/min)；

n——丝杠转速(r/min)；

m——工作台质量(kg)。

(4) 丝杠传动时传动系统折算到驱动轴上的总转动惯量 J_t

$$J_t=J_1+\frac{1}{i^2}\left[(J_2+J_S)+m\left(\frac{P}{2\pi}\right)^2\right]\times10^{-6}(\text{kg}\cdot\text{mm}^2) \tag{6.4}$$

式中：J_1——齿轮 z_1 及其轴的转动惯量(kg·mm²)；

J_2——齿轮 z_2 的转动惯量(kg·mm²)；

P——丝杠螺距(mm)。

3）电动机的负载力矩计算

电动机的负载力矩在各种情况下是不同的，一般分为下列三种情况：

快速空载启动时所需力矩

$$M=M_{amax}+M_f+M_0 \tag{6.5}$$

快速进给时所需力矩

$$M=M_f+M_0 \tag{6.6}$$

最大负载时所需力矩

$$M=M_{at}+M_f+M_0+M_t \tag{6.7}$$

式中：M_{amax}——空载启动时折算到电动机轴上的最大力矩（N·m）；

M_f——折算到马达轴上的摩擦力矩（N·m）；

M_0——由于丝杠预紧引起的折算到电动机轴上的附加摩擦力矩（N·m）；

M_{at}——切削时折算到电动机轴上的加速力矩（N·m）；

M_t——折算到电动机轴上的负载力矩（N·m）。

以数控机床为例，因为动态性能要求高，系统时间常数小，而等效的转动惯量又较大，故电动机力矩主要是用来产生加速度的。而负载力矩往往小于加速力矩，一般都为电动机力矩的30%～90%，故常常用快速空载启动力矩作为依据来选择电动机。通常要求快速空载启动力矩M小于电动机的最大转矩M_{max}，其中电动机输出转矩的最大值，即峰值转矩。

另外，对直流伺服电动机来说，还应保证快速进给力矩是在电动机的连续运行区域内，最大负载力矩下的进给时间是在所希望的数值之内。

6.4　带传动计算

带传动是常用的传动形式之一，利用张紧在带轮上的带，借助它们的摩擦或啮合，在两轴（或多轴）间传递运动或动力。带传动具有结构简单，传动平稳，造价低廉，不需润滑以及缓冲、吸振等特点。

6.4.1　带传动的效率

带传动有四种功率损失。

1）滑动损失

带在工作时，由于带轮两边的拉力差以及相应的变形差形成的弹性滑动，导致带与从动轮的速度损失。弹性滑动与载荷、速度、带轮直径和带的结构有关。弹性滑动率通常在1%～2%之间。有的带传动还有几何滑动。

过载时将引起打滑，使带的运动处于不稳定状态，效率急剧下降，磨损加剧，严重影响带的寿命。

2）滞后损失

带在运行中会产生反复伸缩，特别是在带轮上的挠曲会使带体内部产生摩擦引起功率损失。

3）空气阻力

高速传动时，运行中的风阻将引起转矩损耗，其损耗值与速度的平方成正比。因此，设计高速带传动时，带的表面积宜小，尽量用厚而窄的带，带轮的轮辐表面要平滑，或用辐板以减小风阻。

4）轴承的摩擦损失

轴承受带拉力的作用，也是引起转矩损失的重要因素。滑动轴承的损失为2%～5%，滚动轴承的损失为1%～2%。

考虑上述损失，带传动的效率约在80%～90%范围内，根据带的种类而定。进行传动设计时，可按下表选取。

表6.1 带传动的效率

带的种类		效率(%)
平带		83～98
普通V带	帘布结构	83～98
	绳芯结构	92～96
窄V带		90～95
同步带		92～98

根据数控滑台的使用要求，选择传动效率较高的同步带为例进行设计。

同步带是一种工作面为齿形的环形传动带，一般采用伸长率小、抗拉与抗弯疲劳强度高的钢丝绳作为强力层，其外面包覆重量轻、耐油、耐磨、摩擦因数大及强度较高的氯丁橡胶或聚氨酯橡胶。在带背的内表面开有工艺凹槽，能改善带的柔性，同时在运转过程中，可使齿间的截留空气逸出，以消除噪声。同步带传动具有传动比较准确，不打滑，效率高，初拉力小以及适用的功率范围广，不需要润滑等优点。

同步带传动最基本的参数是节距p_b，它是在规定的张紧力下，同步带纵截面上相邻两对称中心线的直线距离，如图6.2所示。当同步带垂直其底边弯曲时，在带中保持原长度不变的周线，称为节线。通常位于承载层的中线节线长L_p为公称长度。

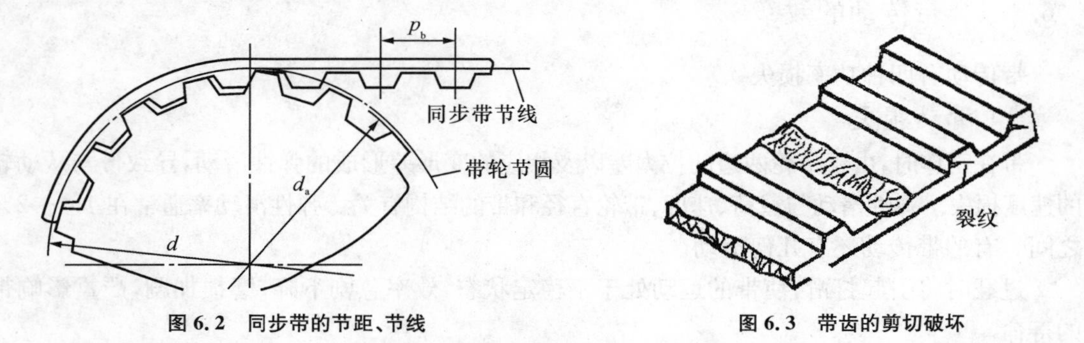

图6.2 同步带的节距、节线

图6.3 带齿的剪切破坏

同步带传动的主要失效形式是同步带疲劳断裂，带齿的剪切和压溃，如图6.3所示，以及同步带两侧边、带齿的磨损。同步带传动设计的要点是单位齿宽的拉力，必要时才校核工作齿面的压力。

6.4.2 同步带传动的设计计算

在正常工作条件下，同步带传动的主要失效形式为如下三种：① 同步带的承载绳疲劳拉断；② 同步带的打滑和跳齿；③ 同步带带齿的磨损。

因此，同步带传动的设计准则是在同步带不打滑的情况下，具有较高的抗拉强度。此外，在灰尘、杂质较多的工作条件下应对带齿进行耐磨性计算。

1）设计功率 P_d(kW)

$$P_d = K_A P \tag{6.8}$$

式中：P——传递的功率(kW)；

K_A——工况系数。

2）选定带型、节距 p_b 或模数 m

根据 P_d 和小带轮转速 n_1 选取。

3）小带轮齿数 z_1

$$z_1 \geqslant z_{min} \tag{6.9}$$

带速 v 和安装尺寸允许时，z_1 尽可能取最小值。

4）小带轮节圆直径 d_1(mm)

$$d_1 = \frac{z_1 p_b}{\pi} \tag{6.10}$$

5）大带轮齿数 z_2

$$z_2 = i z_1 = \frac{n_1}{n_2} z_1 \tag{6.11}$$

式中：i——传动比；

n_2——大带轮转速(r/min)。

6）大带轮节圆直径 d_2(mm)

$$d_2 = \frac{z_2 p_b}{\pi} \tag{6.12}$$

7）带速 v(m/s)

$$v = \frac{\pi d_1 n_1}{60 \times 1\,000} \leqslant v_{max} \tag{6.13}$$

8）初定轴间距 c_0(mm)

$$0.7(d_1 + d_2) \leqslant c_0 \leqslant 2(d_1 + d_2) \tag{6.14}$$

或根据结构要求确定。

9）同步带带长 L_0(mm)及其齿数 z

$$L_0 = 2a_0 + \frac{\pi}{2}(d_1 + d_2) + \frac{(d_2 - d_1)^2}{4a_0} \tag{6.15}$$

查表选取标准节线长 L_p 及其齿数 z。

10）实际轴间距 a(mm)

轴间距可调整时

$$a = a_0 + \frac{L_p - L_0}{2} \tag{6.16}$$

轴间距不可调整时

$$a = \frac{d_2 - d_1}{2\cos\frac{\alpha_1}{2}} \tag{6.17}$$

$$\operatorname{inv}\frac{\alpha_1}{2}=\tan\frac{\alpha_1}{2}-\frac{\alpha_1}{2}=\frac{L_p-\pi d_2}{d_2-d_1} \tag{6.18}$$

式中：α_1——小带轮包角(°)。

11）小带轮啮合齿数 z_m

$$z_m=\operatorname{ent}A\left[\frac{z_1}{2}-\frac{p_b z_1}{2\pi^2 a}(z_2-z_1)\right] \tag{6.19}$$

12）基本额定功率 P_0(kW)

$$P_0=\frac{(T_a-mv^2)v}{1\,000} \tag{6.20}$$

式中：T_a——宽度为 b_{s0} 的带的许用工作拉力(N)；

m——宽度为 b_{s0} 的带单位长度的质量(kg/m)。

基本额定功率是各带型基准宽度 b_{s0} 的额定功率。

13）带宽 b_s(mm)

$$b_s=b_{s0}\left(\frac{P_d}{K_z P_0}\right)^{\frac{1}{1.14}} \tag{6.21}$$

式中：K_z——啮合齿数系数。

b_s 应取标准值，一般应小于 d_1。

14）作用在轴上的力 F_r(N)

$$F_r=\frac{1\,000P_d}{v} \tag{6.22}$$

15）带轮的结构和尺寸

查表或取决于渐开线刀具尺寸结构形式。同步带轮的齿形可以使用渐开线齿形，也可以使用直边齿形，一般推荐采用渐开线齿形，并采用渐开线齿形带轮刀具用范成法加工而成。因此，齿形尺寸取决于其加工刀具的尺寸。

带轮直径、宽度、挡圈尺寸以及形位公差等可查阅《机械设计手册》。

6.5　滚珠丝杠选型

丝杠螺母副又称螺旋传动机构，可分为滑动螺旋传动、滚动螺旋传动和静压螺旋传动。滑动螺旋传动结构简单，加工方便，制造成本低，具有自锁功能，但其摩擦阻力大、传动效率低。滚动螺旋传动可用较小的驱动转矩获取高精度、高刚度、高速度和无侧隙的微进给，而且正传动(由丝杠回转运动变为螺母直线运动)和逆传动(将螺母直线运动变为丝杠回转运动)的效率相近，常在90%以上。滚珠丝杠螺母副即是滚动螺旋传动的典型机构。

滚珠丝杠在具有螺旋滚道的丝杠和螺母间充满滚珠。这些滚珠作为中间传动件，在螺母闭合的回路中循环滚动，使丝杠螺母副的运动由滑动变成滚动，以减小摩擦。滚珠丝杠虽然结构复杂、制造成本高，但具有摩擦阻力小，传动效率高(92%～98%)，传动精度高，系统刚度好，使用寿命长等特点。当滚珠丝杠使用双螺母并加以预紧后，轴向刚度好，传动副爬行小，具有较高的定位精度，启动转矩小，传动灵敏，同步性好。因此滚珠丝杠螺母副在机电一体化系统中得到了大量广泛应用。

6.5.1　滚珠丝杠的精度

滚珠丝杠副的制造成本主要取决于制造精度和长径比。根据国家标准滚珠丝杠的精度等级有 1、2、3、4、5、7、10 共 7 个等级，1 级最高，10 级最低，2 级及 4 级不优先采用。体现滚珠丝杠精度的主要参数有：行程补偿值，目标行程公差，实际平均行程偏差，行程变动量等。进行丝杠选型时需要首先根据使用要求选择适当精度的滚珠丝杠。

6.5.2　滚动丝杠副的安装方式

1）两端固定

该形式两端分别由一对轴承约束轴向和径向自由度，负载由两组轴承共同承担，如图 6.4 所示。可以使两端的轴承副承受反向预拉伸力，从而提高传动刚度。在定位要求很高的场合，甚至可以根据受力情况和丝杠热变形趋势精确设定目标行程补偿量，进一步提高定位精度。丝杠的静态稳定性和动态稳定性最高，适用于高转速、高精度的场合。丝杠轴向刚度最大，适用于对刚度和位移精度要求高的滚珠丝杠安装，也适用于较长的丝杠安装。

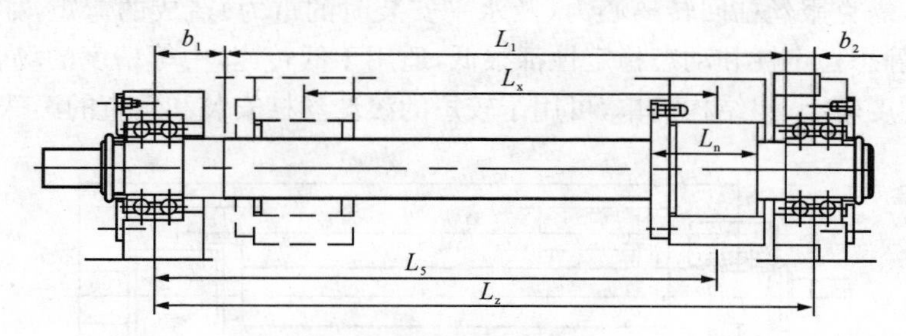

图 6.4　两端固定式丝杠安装

2）一端固定，一端支承

该形式一端由一对轴承约束轴向和径向自由度，另一端由单个轴承约束径向自由度，负载由一对轴承副承担，如图 6.5 所示。单个轴承能防止悬臂挠度，并消化由热变形产生的应力。此形式结构丝杠轴向刚度大，适用于对刚度和位移精度要求较高的滚珠丝杠安装。丝杠的静态稳定性和动态稳定性都较高，适用于中转速、高精度的场合。需要注意的是使用推力球轴承时应安装在离热源（电动机）较远的一端。

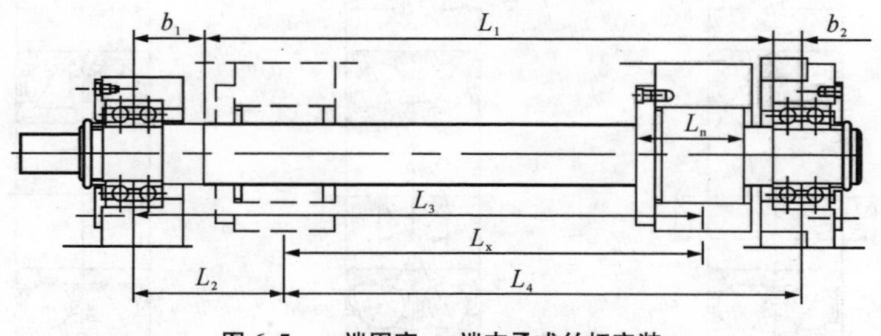

图 6.5　一端固定，一端支承式丝杠安装

3）两端支承

该形式两端分别设有一个轴承，分别承受径向力和轴向力，随负载方向的变化，分别由两个轴承单独承担某一方向的力，如图 6.6 所示。此形式结构简单，但由于支承点随受力方向变化，受力情况较差，定位可控性较低。由于轴向刚度小，适用于对刚度和位移精度要求不高的滚珠丝杠安装。对丝杠的热伸长较敏感，适用于中等回转速度，中等精度的场合。

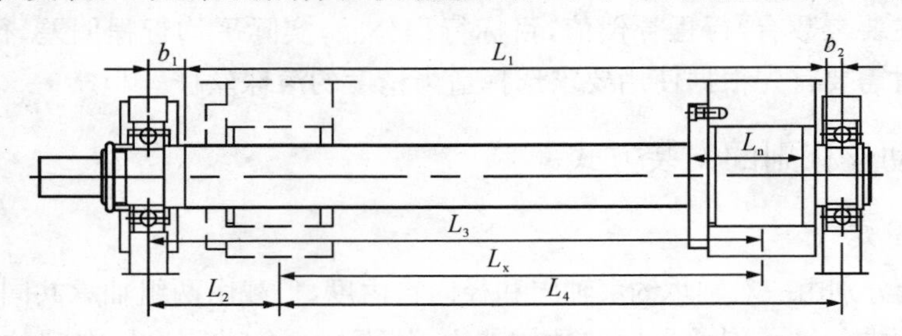

图 6.6 两端支承式丝杠安装

4）一端固定，一端自由

该形式一端由一对轴承约束轴向和径向自由度，另一端悬空呈自由状态，负荷均由同一对轴承副承担，需克服丝杠回转离心力（及水平安装时的重力）造成的弯矩，如图 6.7 所示。此形式丝杠的静态稳定性和动态稳定性都很低，适用于低转速，中等精度的场合。虽然受力情况差，轴向刚度较小，但结构简单，可用于较短的滚珠丝杠安装和垂直的滚珠丝杠安装。

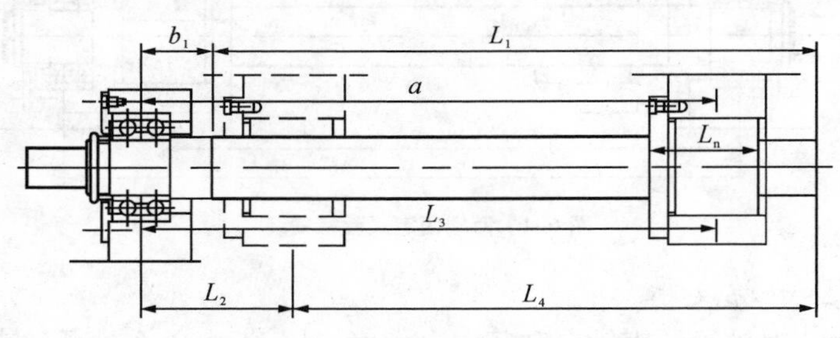

图 6.7 一端固定，一端自由式丝杠安装

上述滚珠丝杠的安装方式中，成对使用角接触轴承时，其安装方式有三种，如图 6.8 所示。(1) 轴承背对背安装时，载荷作用中心处于轴承中心线之外。交点间跨距较大，悬臂长度较小，悬臂端刚性较大。当丝杠受热伸长时，轴承游隙增大，轴承不会卡死破坏。(2) 轴承

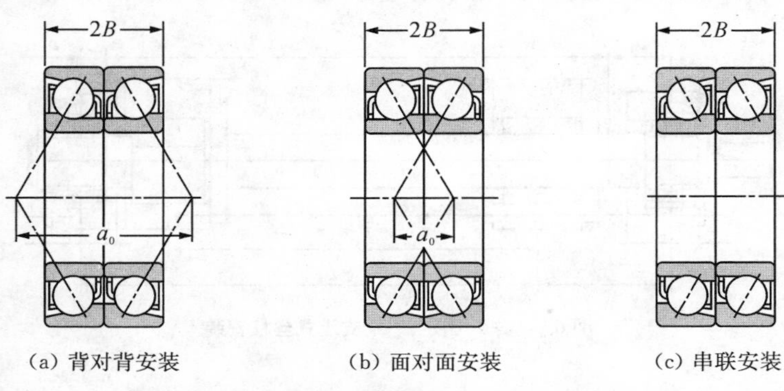

图 6.8 成对使用的角接触球轴承安装方式

面对面安装时，载荷作用中心处于轴承中心线之内。结构简单、拆装方便，当丝杠受热伸长时，轴承游隙减小，容易造成轴承卡死，因此要特别注意轴承游隙的调整。(3) 轴承串联安装时，载荷作用中心处于轴承中心线同一侧；适合轴向载荷大，需多个轴承联合承担的情况。

6.5.3 滚珠丝杠副的尺寸计算

计算滚珠丝杠副尺寸之前，必须先弄清使用对象及工作条件，包括工作载荷、速度与加速度、工作行程、定位精度、运转条件、预期工作寿命、工作环境、润滑密封条件等，然后按程序进行计算。

1) 滚珠丝杠副的初算导程 P_h(mm)

$$P_h = \frac{v_{max}}{n_{max}} \tag{6.23}$$

式中，v_{max}——丝杠副最大移动速度(mm/min)；

n_{max}——丝杠副最大相对转速(r/min)。

导程 P_h 需要符合标准值。

2) 当量载荷 F_m(N)

当量载荷是用来计算滚珠丝杠额定动载荷的一个重要参数，当轴向变化载荷在 F_{min} 和 F_{max} 之间近于正比例变化时，

$$F_m = \frac{2F_{max} + F_{min}}{3} \tag{6.24}$$

式中，F_{max}——最大轴向载荷(N)；

F_{min}——最小轴向载荷(N)。

3) 当量转速 n_m(r/min)

当转速在 n_{min} 和 n_{max} 之间近于正比例变化时，

$$n_m = \frac{n_{max} + n_{min}}{2} \tag{6.25}$$

式中，n_{max}——最高工作转速(r/min)；

n_{min}——最低工作转速(r/min)。

4) 额定动载荷 C_{am}(N)

额定动载荷是用来确定滚珠丝杠正常使用时间的参数，它可以根据预期工作时间或者预期空行程的距离来计算。

根据滚珠丝杠的预期工作时间计算：

$$C_{am} = \sqrt[3]{60 n_m L_h} \frac{F_m f_w}{100 f_a f_c} \tag{6.26}$$

根据滚珠丝杠的预期工作距离计算：

$$C_{am} = \sqrt[3]{\frac{L_s}{P_h}} \frac{F_m f_w}{100 f_a f_c} \tag{6.27}$$

式中，L_h——预期工作时间(h)(见表 6.2)；

f_w——载荷性质系数(见表 6.3)；

f_a——精度系数(见表 6.4)；

f_c——可靠性系数；

L_s——预期工作距离(km)。

表 6.2　滚珠丝杠副预期工作寿命

主机类别	L_h(h)
一般机床、组合机床	10 000
数控机床、精密机床	15 000
工程机械	5 000～10 000
自动控制系统	15 000
测量系统	15 000

表 6.3　滚珠丝杠副负荷系数

负荷性质	f_w
平稳，无冲击运动	1～1.2
一般运动	1.2～1.5
伴随着冲击和振动的运动	1.5～2.5

表 6.4　滚珠丝杆副精度系数

精度等级	f_a
P1—P3	1.0
P4—P5	0.9
P7	0.8
P10	0.7

5）估算滚珠丝杠允许最大轴向变形 δ_m(μm)

空载时作用在滚珠丝杆副上的最大轴向工作载荷称为静摩擦力，若改变其方向会产生误差等因素。

$$\delta'_m=\left(\frac{1}{3}\sim\frac{1}{4}\right)(\text{重复定位精度}) \tag{6.28}$$

$$\delta''_m\leqslant\left(\frac{1}{4}\sim\frac{1}{5}\right)(\text{重复定位精度}) \tag{6.29}$$

取两者中较小值为 δ_m。

6）估算滚珠丝杠底径 d_{2m}(mm)

$$d_{2m}\geqslant\alpha\sqrt{\frac{F_0L}{\delta_m}} \tag{6.30}$$

$$F_0=\mu_0W \tag{6.31}$$

式中：α——支承方式系数，一端固定一端游动取 0.078，两端固定或支承取 0.039；

F_0——导轨静摩擦力(N)；

L——丝杠两轴承支点间距离(mm)；

W——导轨面正压力(N)；

μ_0——导轨静摩擦系数。

7）确定滚珠丝杠副规格型号

根据上述估算值按照标准选择滚珠螺母型式，丝杠规格代号及有关安装、连接尺寸。

8）校验 D_n(mm · r/min)值

$$D_n = D_{pw} n_{max} \leqslant 70\ 000 \tag{6.32}$$

式中：D_{pw}——节圆直径；

n_{max}——滚珠丝杠副最高转速(r/min)。

9）计算滚珠丝杠的预紧力 F_p(N)

$$F_p = bC_a \tag{6.33}$$

式中：b——载荷系数，轻载取 0.05，中载荷取 0.075，重载取 0.10；

C_a—额定动载荷(N)。

10）行程补偿值 $C(\mu m)$

$$C = 11.8 \Delta t l_u \times 10^{-3} \tag{6.34}$$

式中：Δt——温度变化值(°)；

l_u——滚珠丝杠有效行程(mm)。

11）滚珠丝杠的预拉伸力 F_t(N)

$$F_t = 1.95 \Delta t d_2^2 \tag{6.35}$$

12）滚珠丝杠副临界转速 n_c(r/min)

$$n_c = \frac{10^7 f d_2}{L_{c2}^2} \tag{6.36}$$

式中：f——支承系数；

L_{c2}——临界转速计算长度。

13）滚珠丝杠压杆稳定性 F_c(N)验算

$$F_c = \frac{10^5 K_1 K_2 d_2^4}{L_{c1}^2} \geqslant F'_{amax} \tag{6.37}$$

式中：F_c——临界压缩载荷(N)；

K_1——安全系数，丝杠垂直安装取 1/2，水平安装取 1/3；

K_2——支承系数；

L_{c1}——丝杠最大受压长度；

F'_{amax}——滚珠丝杠副所受最大轴向压缩载荷(N)。

14）额定静载荷 C_{oa}(N)

$$f_s F_{amax} \leqslant C_{oa} \tag{6.38}$$

式中：C_{oa}——滚珠丝杠副基本轴向额定静载荷(N)；

f_s——静态安全系数，一般取 1～2，有冲击及振动时取 2～3；

F_{amax}——滚珠丝杠副最大轴向载荷(N)。

15）丝杠轴拉压强度验算

$$\frac{\pi d_2^2 \sigma_p}{4} \geqslant F_{amax} \tag{6.39}$$

式中：σ_p——丝杠轴许用拉压应力(MPa)。

6.6 其他零部件设计

6.6.1 联轴器

联轴器在机械装置中的应用非常广泛，主要用于连接轴与轴，来传递运动和转矩。联轴器所联接的两轴，由于制造及安装误差、承载后的变形及温度变化的影响等，往往不能保证严格的对中，而是存在着某种程度的相对位移与偏斜，如图 6.9 所示。如果这些偏斜得不到补偿，将会在轴、轴承及联轴器上引起附加的动载荷，甚至发生振动。

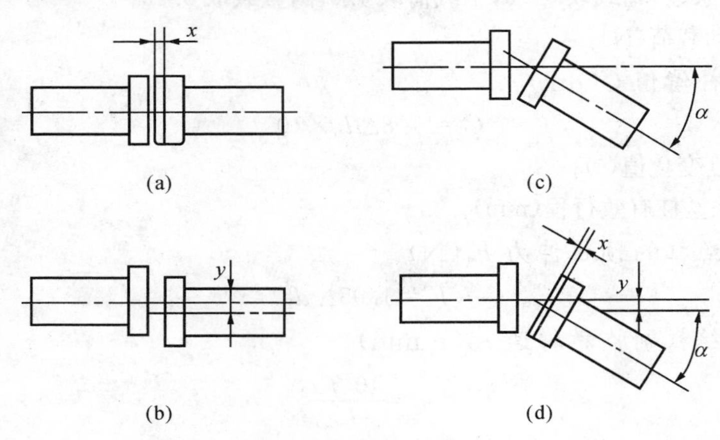

图 6.9 两轴间的相对位移

因此根据对两轴的相对位移是否具有补偿能力，可以将联轴器分为刚性联轴器和挠性联轴器，其中挠性联轴器又分为无弹性元件挠性联轴器和有弹性元件挠性联轴器。常用的刚性联轴器有凸缘式联轴器、套筒式联轴器等；常用的无弹性元件挠性联轴器有十字滑块式联轴器、滑块式联轴器、齿式联轴器、万向联轴器等；常用的有弹性元件挠性联轴器，包括弹性套柱销联轴器、弹性柱销式联轴器、轮胎式联轴器、梅花形联轴器、膜片联轴器等。

1）套筒式联轴器

套筒式联轴器是一个圆柱形套筒，它与轴用圆锥销或键联接以传递转矩，如图 6.10 所示。用圆锥销联接时，传递的转矩较小；用键联接时，则传递的转矩较大。套筒式联轴器的结构简单，制造容易，径向尺寸小；但两轴线要求严格对中，装拆时需作轴向移动，适用于工作平稳，无冲击载荷的低速、轻载的轴。

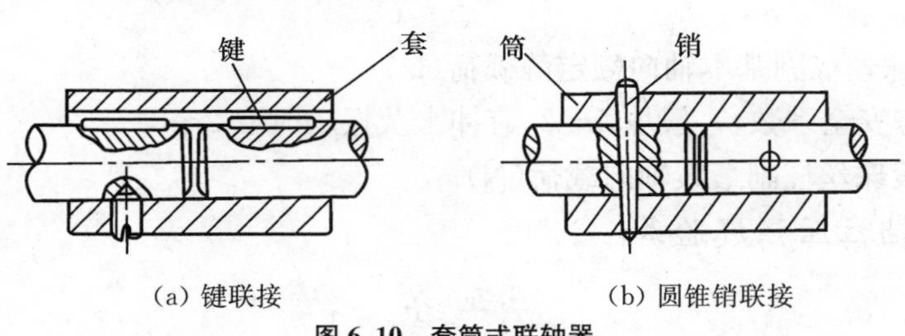

图 6.10 套筒式联轴器

2）凸缘式联轴器

凸缘式联轴器把两个带有凸缘的半联轴器用键分别与两轴联接，用螺栓把两个半联轴器联成一体，以传递运动和转矩，如图 6.11 所示。凸缘式联轴器有两种对中方法：一种是用一个半联轴器上的凸肩与另一个半联轴上的凹槽相配合而对中，如图 6.11(a)所示；另一种则是用铰制孔螺栓对中，如图 6.11(b)所示。前者采用普通螺栓联接，螺栓与孔壁间存在间隙，转矩靠半联轴器结合面间的摩擦力矩来传递，装拆时，轴必须作轴向移动。后者采用铰制孔联接，螺栓与孔为过盈配合，靠螺栓杆承受挤压与剪切来传递转矩，装拆时轴无须作轴向移动。凸缘式联轴器的结构简单，使用维修方便，对中精度高，传递转矩大；但对所联两轴间的偏移缺乏补偿能力，制造和安装精度要求较高，故凸缘式联轴器适用于速度较低、载荷平稳、两轴对中性较好的情况。

(a) 凸肩与凹槽对中

(b) 绞制孔螺栓对中

图 6.11　凸缘式联轴器

3）十字滑块联轴器

十字滑块联轴器是由两个在端面上开有凹槽的半联轴器 1、3 和一个两面带有凸牙的中间盘 2 组成，如图 6.12 所示。两个半联轴器 1、3 分别固定在主动轴和从动轴上，中间盘两面的凸牙位于相互垂直的两个直径方向上，并在安装时分别嵌入 1、3 的凹槽中，将两轴联为一体。因为凸牙可在凹槽中滑动，故可补偿安装及运转时两轴间的偏移。这种联轴器结构简单，径向尺寸小，适用于径向位移相对较大、工作平稳的场合。为了减少滑动面的摩擦及磨损，凹槽及凸块的工作面要淬硬，并且在凹槽和凸块的工作面间要注入润滑油。

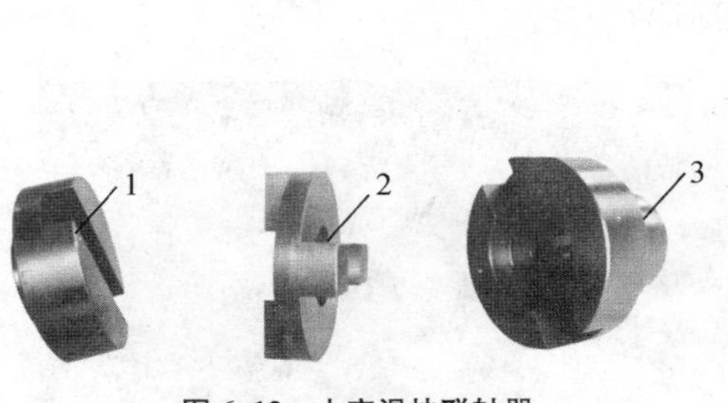

图 6.12　十字滑块联轴器

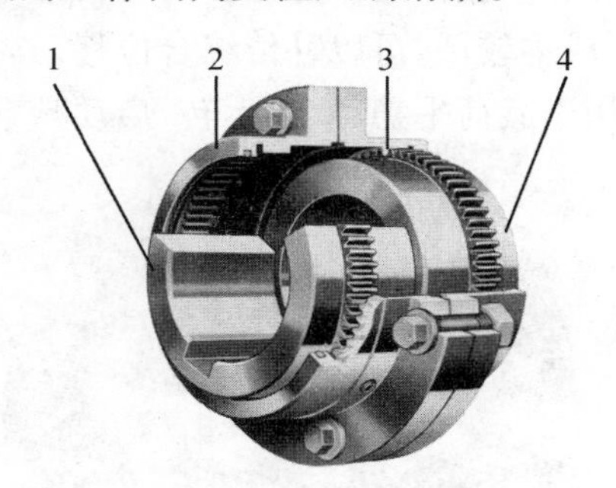

图 6.13　齿式联轴器

4）齿式联轴器

齿式联轴器是由两个带有内齿及凸缘的外套筒 2、3 和两个带有外齿的内套筒 1、4 所组成，如图 6.13 所示。两个内套筒 1、4 分别用键与两轴联接，两个外套筒 2、3 用螺栓联成一体，依靠内外齿相啮合以传递转矩。由于外齿的齿顶制成椭球面，且保持与内齿啮合后具有适当的顶隙和侧隙，故在转动时，套筒 1 可有轴向、径向及角位移。工作时，轮齿沿轴向有相对滑动。为了减轻磨损，可由油孔 4 注入润滑油，并在套筒 1 和 3 之间装有密封圈 6，以防止润滑油泄露。

5）万向联轴器

万向联轴器是由两个叉形接头和一个十字销组成，十字销分别与固定在两根轴上的叉形接头用铰链联接，从而形成一个可动的联接，如图 6.14 所示。这种联轴器可允许两轴间有较大的夹角，而且在运转过程中，夹角发生变化仍可正常工作；但当夹角 α 过大时，转动效率明显降低。若用单个万向联轴器联接轴线相交的两轴时，当主动轴以等角速度 ω_1 回转时，从动轴的角速度 ω_2 并不是常数，而是在一定的范围内（$\omega_1\cos\alpha\leqslant\omega_2\leqslant\omega_1/\cos\alpha$）变化，因而在传动过程中将产生附加的动载荷。为了改善这种状况，常将万向联轴器成对使用，组成双万向联轴器，如图 6.15 所示，安装时应保证主、从动轴与中间轴间的夹角相等，且中间轴两端叉形接头应在同一平面内。万向联轴器的结构紧凑，维修方便，能补偿较大的位移。

图 6.14 万向联轴器

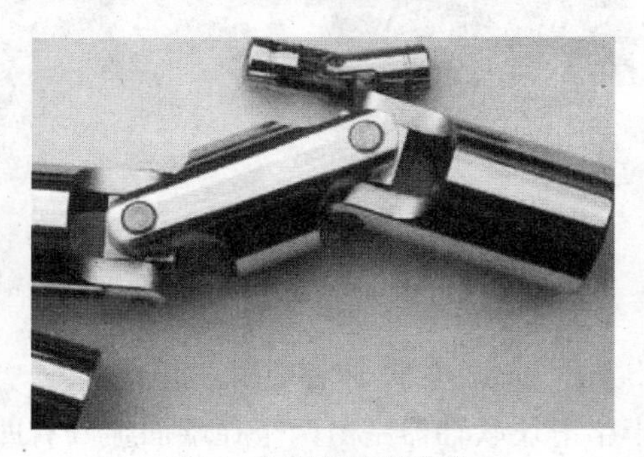

图 6.15 双万向联轴器

6）弹性套柱销联轴器

弹性套柱销联轴器的结构与凸缘式联轴器相似，只是用套有弹性套的柱销代替了联接螺栓，如图 6.16 所示。由于通过弹性套传递转矩，故可补偿两轴间的径向位移和角位移，并有缓冲和减振作用。弹性套的材料常用耐油橡胶，以提高弹性。这种联轴器制造容易，装拆方便，成本较低，可以补偿综合位移，具有一定的缓冲和吸振力，但弹性套易磨损，寿命较短。它适用于载荷平稳、双向运转、启动频繁和变载荷的场合。

图 6.16 弹性套柱销联轴器

图 6.17 弹性柱销联轴器

7）弹性柱销联轴器

弹性柱销联轴器是用若干个尼龙柱销将两个半联轴器联接起来，为防止柱销滑出，在半联轴器的外侧有用螺钉固定的挡板，如图 6.17 所示。为了增加补偿量，可将柱销的一端制成鼓形。这种联轴器与弹性套柱销联轴器结构类似，但传递转矩的能力较大，可补偿两轴间一定的轴向位移及少量的径向位移和偏角位移。

8）轮胎式联轴器

轮胎式联轴器是利用轮胎状橡胶元件，用螺栓与两个半联轴器联接，轮胎环中的橡胶件与低碳钢制成的骨架硫化粘结在一起，骨架上的螺纹孔处焊有螺母，装配时用螺栓与两个半联轴器的凸缘联接，依靠拧紧螺栓在轮胎环与凸缘端面之间产生的摩擦力来传递转矩，如图 6.18 所示。这种联轴器的结构简单，装拆、维修方便，弹性强，补偿能力大，具有良好的阻尼且不需润滑，但承载能力不高，外形尺寸较大。

图 6.18　轮胎式联轴器

6.6.2　导轨

导轨的作用是使运动部件能沿一定轨迹运动（导向），并承受运动部件及工件的重量和切削力（承载）。导轨应满足下列要求：

① 导向精度高。导向精度是指运动件沿导轨移动的直线性，以及它与有关基面间的相互位置的正确性。

② 运动平稳。工作时，应轻便省力，速度均匀，低速时应无爬行现象。

③ 良好的耐磨性。导轨长期使用后，能保持一定的使用精度。导轨在使用过程中必然存在磨损，但应使磨损量小，且磨损后能自动补偿或便于调整。

④ 足够的刚度。导轨应有足够的接触刚度，使导轨面能承受运动件所受外力。为此，常加大导轨面宽度，以降低导轨面比压；设置辅助导轨，以承受外载。

⑤ 温度变化影响小。保证导轨在工作温度变化的条件下，仍能正常工作。

⑥ 结构工艺性好。在保证导轨其他要求的条件下，应使导轨结构简单，便于加工、测量、装配、维修和调整，并降低成本。

针对导轨的使用要求，在设计选用导轨时应注意以下几方面内容：

① 根据工作条件，选择导轨结构类型。

② 选择导轨的截面外形，以保证导向精度。

③ 选择导轨尺寸，使其在给定的载荷及工作温度范围内，有足够的刚度，良好的耐磨性，以及运动轻便和平稳。

④ 设计导轨磨损后的补偿及间隙（或预紧力）调整装置。

⑤ 选择导轨的材料、表面加工和处理方法、表面硬度匹配。

⑥ 决定导轨的润滑方法并设计防护装置，保证良好的工作条件，减少摩擦、磨损。

⑦ 确定导轨精度和技术要求。

根据导轨的摩擦性质，可分为滑动摩擦导轨、滚动摩擦导轨和静压导轨。表 6.5 中给出了各类导轨的对比。

表 6.5 各类导轨对比

导轨名称	导向精度	运动平稳性	承载能力	耐磨性	使用环境	成本
滑动导轨	较高	较好	大	差	要求不高	低
滚动导轨	高	较好	较低	较好	要求较高	较高
液体静压导轨	高	好	较大	好	要求高	高
气体静压导轨	高	好	较低	好	要求高	高

常用的滑动导轨的截面形状有三角形、矩形、燕尾形和圆形。

三角形导轨磨损后能自动补偿,导向精度高。它的截面角度由载荷大小及导向要求而定,一般为 90°。为增加承载面积,减小比压,在导轨高度不变的条件下,可采用较大的顶角(110°~120°);为提高导向性,可采用较小的顶角(60°)。假如导轨上所受的力,在两个方向上的分力相差很大,应采用不对称三角形,以使力的作用方向尽可能垂直于导轨面。

矩形导轨的优点是结构简单,制造、检验和修理方便;导轨面较宽,承载力较大,刚度高,故应用广泛。但导向精度比三角形导轨低;导轨间隙需用压板或镶条调整,且磨损后需重新调整。

燕尾形导轨:燕尾形导轨的调整及夹紧较简便,用一根镶条可调节各面的间隙,且高度小,结构紧凑;但制造检验不方便,摩擦力较大,刚度较差。用于运动速度不高,受力不大,高度尺寸受限制的场合。

圆形导轨:制造方便,外圆采用磨削,内孔珩磨可达精密的配合,但磨损后不能调整间隙。为防止转动,可在圆柱表面开键槽或加工出平面,但不能承受大的扭矩。适用于承受轴向载荷的场合。

6.6.3 轴承

轴承是支承轴颈的部件,有时也用来支承轴上的回转零件。按照承受载荷的方向,轴承可分为径向轴承和推力轴承两类。轴承上的反作用力与轴中心线垂直的称为径向轴承;与轴中心线方向一致的称为推力轴承。

根据轴承工作的摩擦性质,又可分为滑动摩擦轴承(简称滑动轴承)和滚动摩擦轴承(简称滚动轴承)两类。滑动轴承工作平稳、可靠,噪声较滚动轴承低。如果能够保证液体摩擦润滑,滑动表面被润滑油分开而不发生直接接触,则可以大大减小摩擦损失和表面磨损,且油膜具有一定的吸振能力。普通滑动轴承的起动摩擦阻力较滚动轴承大得多。

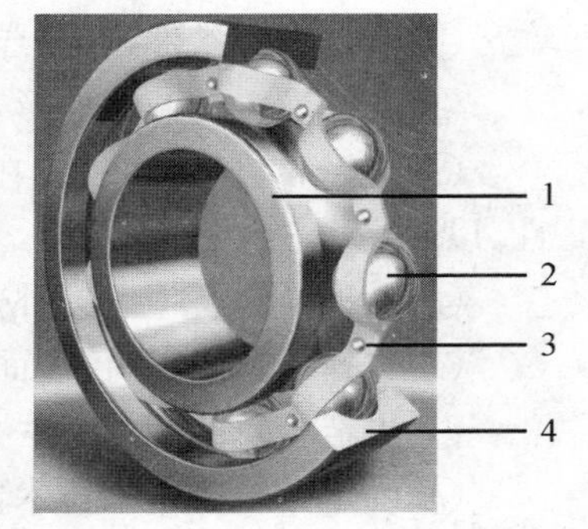

1—内圈;2—滚动体;
3—保持架;4—外圈
图 6.19 滚动轴承的结构

滚动轴承是标准件,设计中只需根据工作条件选用合适的滚动轴承类型和型号进行组合结构设计。滚动轴承安装、维修方便,价格也较便宜。典型的滚动轴承由内圈、外圈、滚动体和保持架组成,如图 6.19 所示。内圈、外圈分别与轴颈及轴承座孔装配在一起。多数情况是内圈随轴回转,外圈不动;但也有外圈回转、内圈不转或内、外圈分别按不同转速回转等使用情况。

滚动体是滚动轴承中的核心元件，它使相对运动表面间的滑动摩擦变为滚动摩擦。根据不同轴承结构的要求，滚动体有球、圆柱滚子、圆锥滚子等。滚动体的大小和数量直接影响轴承的承载能力。球轴承内、外圈上都有凹槽滚道，起降低接触应力和限制滚动体轴向移动的作用。保持架使滚动体等距离分布并减少滚动体间的摩擦和磨损。如果没有保持架，相邻滚动体将直接接触，且相对摩擦速度是表面速度的两倍，发热和磨损都较大。

滚动轴承的内、外圈和滚动体一般采用强度高、耐磨性好的铬锰高碳钢制造，常用牌号如 GCr9、GCr15、GCr15SiMn 等（G 表示滚动轴承钢），淬火后硬度应不低于 61HRC～65HRC，工作表面要求磨削抛光。保持架则常用较软的材料如低碳钢板经冲压后铆接或焊接而成，实体保持架则选用铜合金、铝合金、酚醛层压布板或工程塑料等制成。

与滑动轴承比较，滚动轴承有下列优点：① 在一般工作条件下，摩擦阻力矩大体和液体动力润滑轴承相当，比混合润滑轴承要小很多。滚动轴承效率比液体动力润滑轴承略低，但较混合润滑轴承要高一些。采用滚动轴承的机器起动力矩小，有利于在负载下起动。② 径向游隙比较小，向心角接触轴承可用预紧方法消除游隙，回转精度高。③ 对于同尺寸的轴颈，滚动轴承的宽度比滑动轴承小，可使机器的轴向结构紧凑。④ 大多数滚动轴承能同时受径向和轴向载荷，故轴承组合结构较简单。⑤ 消耗润滑剂少，便于密封，易于维护。⑥ 不需要用有色金属。⑦ 标准化程度高，成批生产，成本较低。

滚动轴承存在以下缺点：① 承受冲击载荷能力较差。② 高速重载下轴承寿命较低。③ 振动及噪声较大。④ 径向尺寸比滑动轴承大。

1）滚动轴承的基本特性

（1）接触角　滚动轴承中滚动体与外圈接触处的法线和垂直于轴承轴心线的平面的夹角 α，称为接触角，如图 6.20 所示。α 越大，轴承承受轴向载荷能力越大。

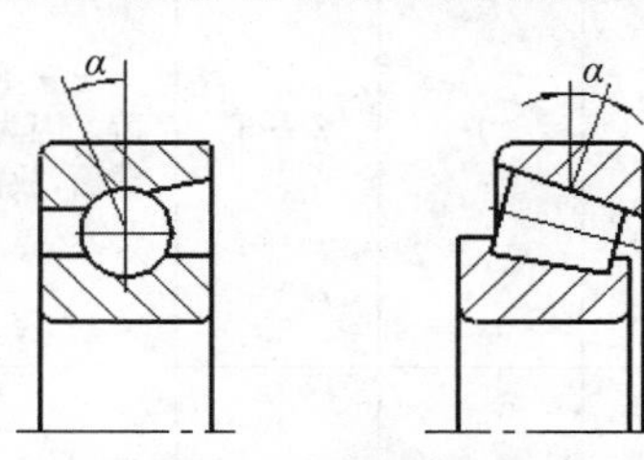

图 6.20　滚动轴承的接触角

（2）游隙　滚动体与内、外圈滚道之间的最大间隙称为轴承的游隙。将一套圈固定，另一套圈沿径向的最大移动量称为径向游隙，沿轴向的最大移动量称为轴向游隙，如图 6.21 所示。游隙的大小对轴承的运转精度、寿命、噪声、温升等有很大影响，应按使用要求进行游隙的选择或调整。

（3）偏位角　轴承内、外圈轴线相对倾斜时所夹锐角，称为偏位角，如图 6.22 所示。能自动适应偏位角的轴承，称为调心轴承。

（4）极限转速　滚动轴承在一定的载荷和润滑的条件下，允许的最高转速称为极限转速，其具体数值见有关手册。

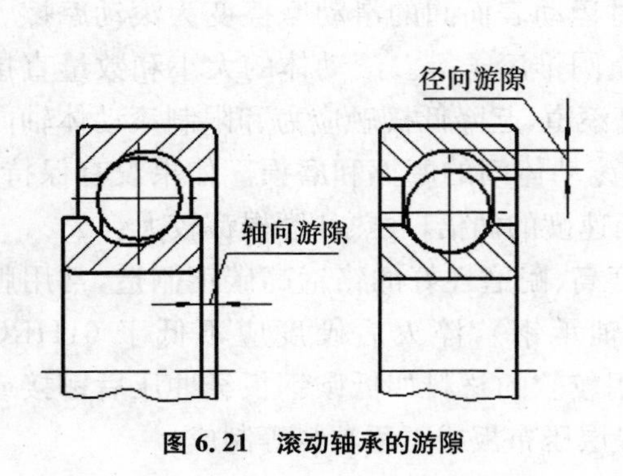

图 6.21　滚动轴承的游隙

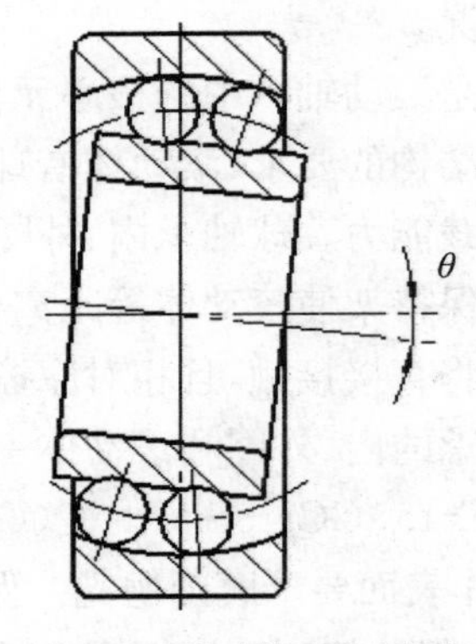

图 6.22　滚动轴承的偏位角

2）常用的滚动轴承类型及特性

滚动轴承的类型很多，按滚动体的形状分，可分为球轴承和滚子轴承两大类。球轴承的滚动体是球形，承载能力和承受冲击能力小。滚子轴承的滚动体形状有圆柱滚子、圆锥滚子、鼓形滚子和滚针等，承载能力和承受冲击能力大，但极限转速低。按滚动体的列数，滚动轴承又可分为单列、双列及多列滚动轴承。按工作时能否调心可分为调心轴承和非调心轴承。调心轴承允许的偏位角大。按承受载荷方向不同，可分为向心轴承和推力轴承两类。

常用的滚动轴承类型及特性见表 6.6。

表 6.6　滚动轴承的主要类型和特性

轴承名称	结构简图	基本额定动载荷比*	极限转速比**	允许偏位角	主要特性及应用
调　心球轴承		0.6～0.9	中	2°～3°	主要承受径向载荷，也能承受少量的轴向载荷。因为外圈滚道表面是以轴线中点为球心的球面，故能自动调心
调心滚子轴承		1.8～4	低	1°～2.5°	主要承受径向载荷，也可承受一些不大的轴向载荷，承载能力大，能自动调心
圆锥滚子轴承		1.1～2.5	中	2′	能承受以径向载荷为主的径向、轴向联合载荷，当接触角 α 大时，亦可承受纯单向轴向载荷。内、外圈可以分离，装拆方便，一般成对使用

续表 6.6

轴承名称	结构简图	基本额定动载荷比*	极限转速比**	允许偏位角	主要特性及应用
推力球轴承	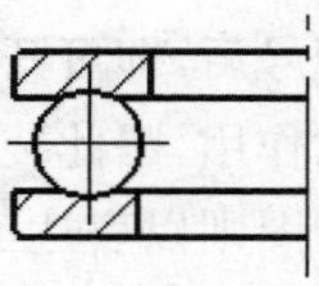	1	低	不允许	接触角 $\alpha=0°$，只能承受单向轴向载荷。而且载荷作用线必须与轴线相重合。高速时钢球离心力大，磨损、发热严重，极限转速低。所以只用于轴向载荷大，转速不高处
双向推力球轴承	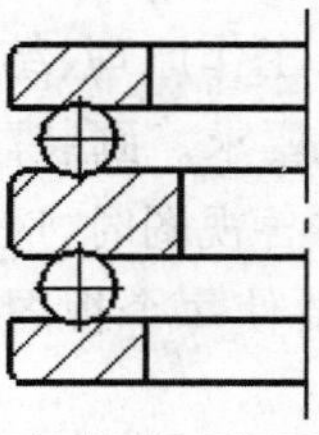	1	低	不允许	能承受双向轴向载荷。其余与推力轴承相同
深沟球轴承	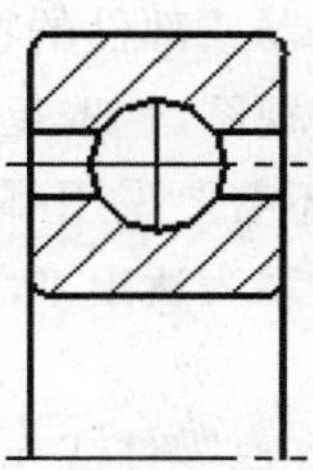	1	高	8′～16′	主要承受径向载荷，同时也能承受少量的轴向载荷。当转速很高而轴向载荷不太大时，可代替推力球轴承承受纯轴向载荷。生产量大，价格低
角接触球轴承	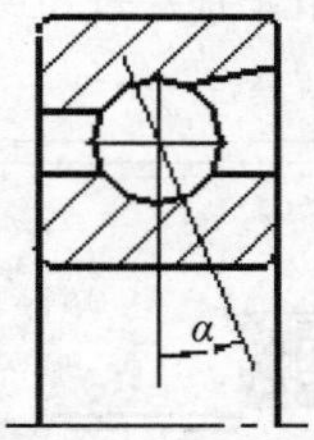	1.0～1.4	较高	2′～10′	能同时承受径向和轴向联合载荷。接触角 α 越大，承受轴向载荷的能力也越大。接触角 α 有 15°、25°和 40°三种。一般成对使用，可以分装于两个支点或同装于一个支点上
圆柱滚子轴承	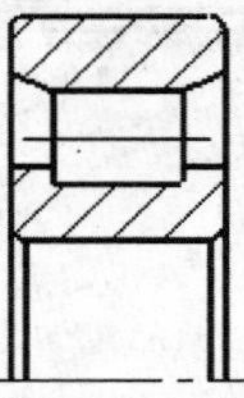	1.5～3	较高	2′～4′	外圈（或内圈）可以分离，故不能承受轴向载荷。由于是线接触，所以能承受较大的径向载荷
滚针轴承	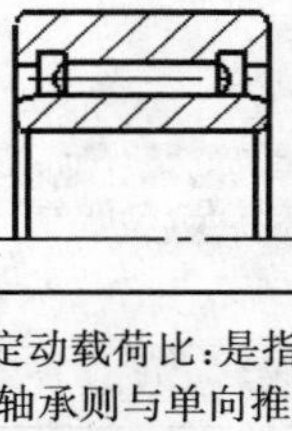	—	低	不允许	在同样内径条件下，与其他类型轴承相比，其外径最小，外圈（或内圈）可以分离，径向承载能力较大，一般无保持架，摩擦系数大

注：* 基本额定动载荷比：是指同一尺寸系列（直径及宽度）各种类型和结构形式的轴承的基本额定动载荷与 6 类深沟球轴承的（推力轴承则与单向推力球轴承）基本额定动载荷之比。

** 极限转速比：是指同一尺寸系列 0 级公差的各类轴承脂润滑时的极限转速与 6 类深沟球轴承脂润滑时的极限转速之比。高、中、低的含义为：高为 6 类深沟球轴承极限转速的 90%～100%；中为 6 类深沟球轴承极限转速的 60%～90%；低为 6 类深沟球轴承极限转速的 60%以下。

6.7　工程图设计

确定电动机、丝杠螺母副或带传动机构、联轴器、导轨与轴承的型号后，即可开始绘制工程图与零件图。由于装配图和零件图在设计、制造过程中起着不同的作用，因此装配图与零件图在表达方面存在差异。零件图以表达零件的结构形状为主，装配图则以表达工作原理、装配关系为主。

绘制装配图之前，首先要对部件进行分析研究，理解部件的用途、工作原理、结构特点和零件间的装配关系，才能选择好合理的表达方案，满足装配图的表达要求。画装配图前，可以先确定好主要的视图投影方向，基本视图的数量与相互关系。考虑各视图时，应尽可能使每一部分结构完整地表达在一个视图或相邻的一个视图上，同时又要使每个视图都有其表达重点和表达目的。

选择主视图时，投射方向的确定应使主视图最能充分地反映出机器或部件的特征，充分表达机器或部件的主要装配干线，并符合其工作位置。根据确定的主视图，选取反映其他装配关系、外形及局部结构的视图，以达到完整、清晰的表达。再考虑还需要采用哪些局部视图、剖视图等，以便把在基本视图上仍未表达清楚的局部结构和装配关系表达出来，如图 6.23 所示。画装配图的具体步骤如下：

(1) 根据表达方案，画出各主要视图的作图基准线(通常用主要支撑零件或起定位作用的主要零件的轴线和端面轮廓线、装配体的对称线等作为各视图的画图主要基准线)。应注意在视图之间留出必要的间距，以便标注尺寸和编排零件序号。

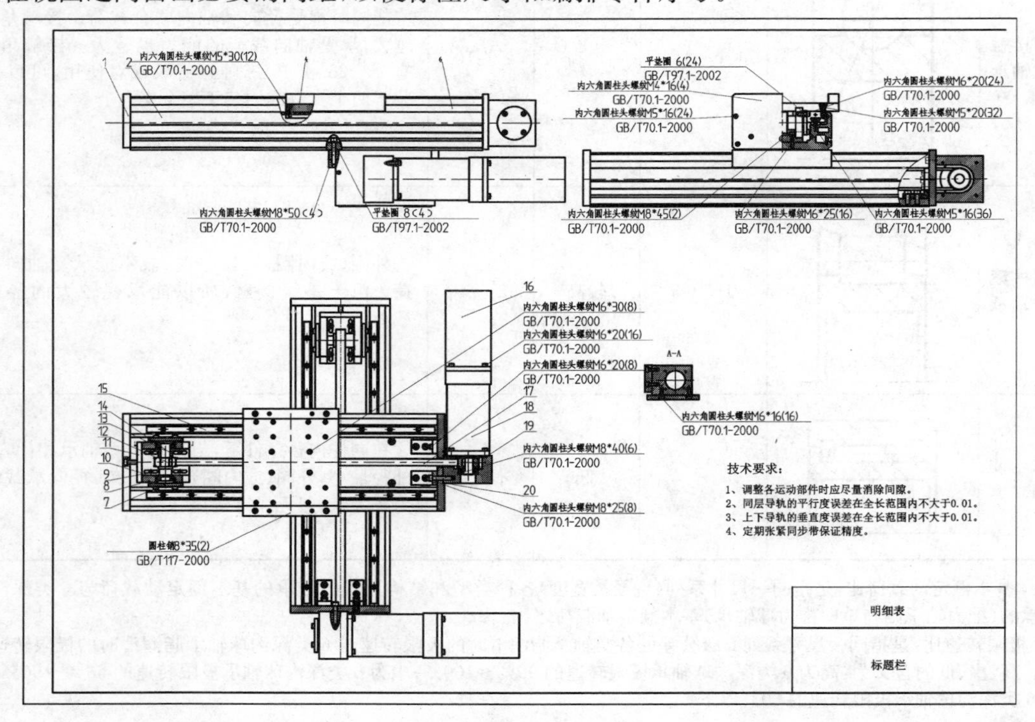

图 6.23　数控滑台装配图

(2) 画出各基本视图。一般可从主视图或反映较多装配关系的视图着手，按照视图之间的投影关系，联系起来画。在画每个视图时，应先从主要装配干线的装配定位面开始，先画最明显的零件或主要大件的轮廓线，再沿这些装配干线按定位和相邻的装配关系，依次画出各个零件的投影。

(3) 画其他视图，如局部视图、局部放大图、剖视图等。

(4) 画剖面线，编写零、部件序号。

(5) 校核并修改全图，无误后按线型规格加深图形。

(6) 标注尺寸，注写技术要求，填写标题栏，并编制明细栏。

(7) 最后一次全面校核，完成装配图。

零件是组成机器或部件的最基本构件，是不可拆分的最小单元。装配图中外购件及标准件以外的零件尺寸、精度都要通过零件图进行表达。零件图是设计部门提交给生产部门的重要技术文件，也是生产部门进行产品制造检验的技术依据。所以，零件图既应满足产品对它的性能要求，也要符合制造工艺的合理性要求，如图 6.24 所示。零件图一般应包括下列内容：

(1) 一组图形。用一组图形(包括视图、剖视图和其他表示法)表达出零件的内外结构形状。

(2) 尺寸。标注出制造和检验零件时所需的全部尺寸，一般为组成零件的各基本形体的形状和相对位置尺寸。

(3) 技术要求。用符号、数字、字母或文字，标注制造、检验零件时所需达到的各项性能要求，如零件各表面的粗糙度、重要尺寸的尺寸公差、形位公差、热处理、表面处理，及其他方面的要求。

(4) 标题栏。标题栏在图样的右下角，用于填写零件的名称、材料、数量、绘图的比例，及设计、审核、批准人员的签名、日期等。

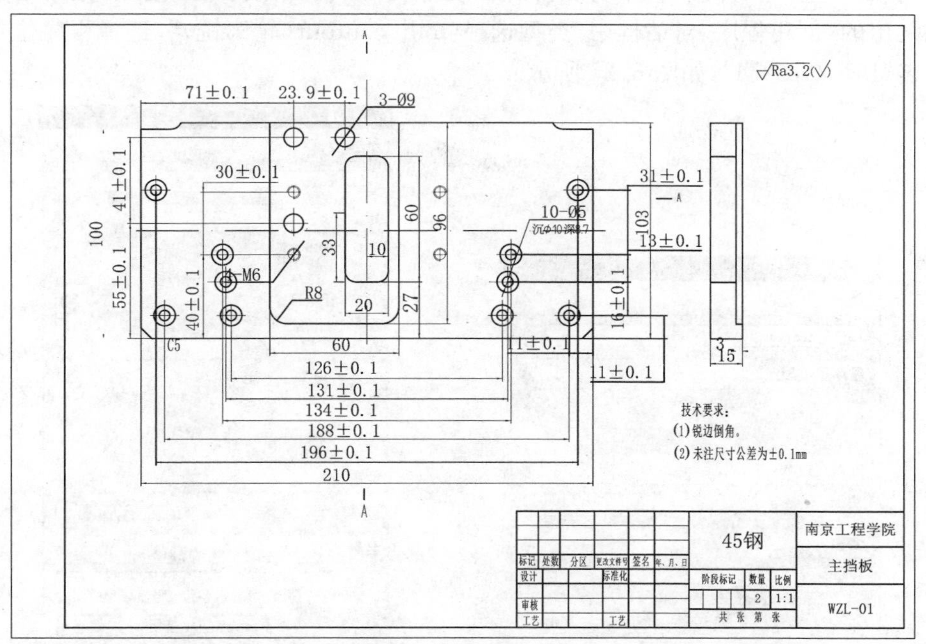

图 6.24　数控滑台零件图

6.8　零件 CAM 加工

根据数控滑台的建模过程，利用现代二维及三维建模软件的多方面功能，可以实现从二维装配图到零件实体的“自上而下”建模，也可以实现从三维零件模型到装配实体的“自下而上”建模。通过三维建模软件在零件建模完成后还可以进行数控加工编程工作。本部分以数控滑台结构中自制零件中的轴承端盖为例介绍 NX8.5 数控加工编程过程，零件图如图 6.25 所示。

根据图纸建立好的零件模型如图 6.26 所示。拟采用直径 20 mm 的立铣刀对零件进行铣削加工，毛坯为 60 mm×60 mm×15 mm 的长方体铝块。

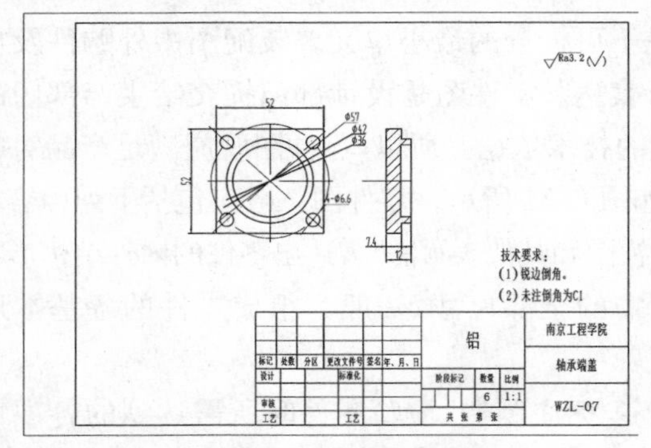

图 6.25　轴承端盖零件图

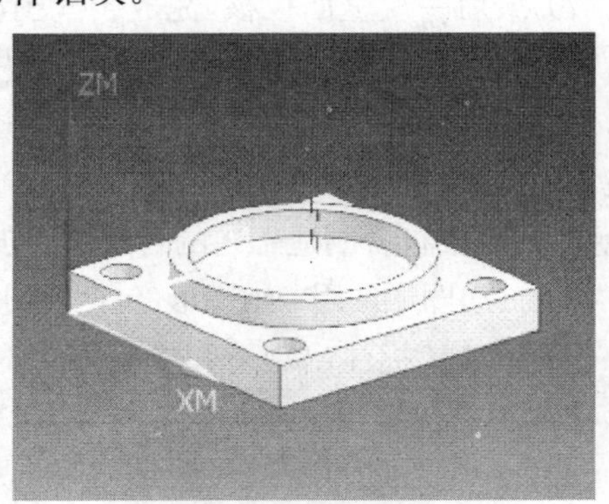

图 6.26　轴承端盖模型

6.8.1　创建程序

点击软件左上角“开始”菜单将软件界面切换到“加工”模块。在“插入”菜单中选择“程序”，在跳出的“创建程序”对话框中，类型选择“mill_contour(轮廓铣)”，选择程序位置，并为程序命名“PROGRAM”，如图 6.27 所示。

图 6.27　创建程序对话框

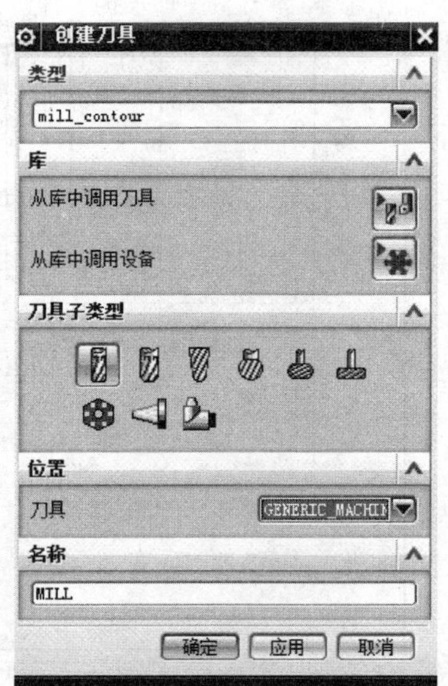

图 6.28　创建刀具对话框

6.8.2　创建刀具

“插入”菜单中选择“刀具”，在跳出的“创建刀具”对话框中类型选择“mill_contour”，如图 6.28 所示。点击“从库中调用刀具”，在库类选择中选择“5 参数铣刀”，创建立铣刀，刀具参数如图 6.29 所示。

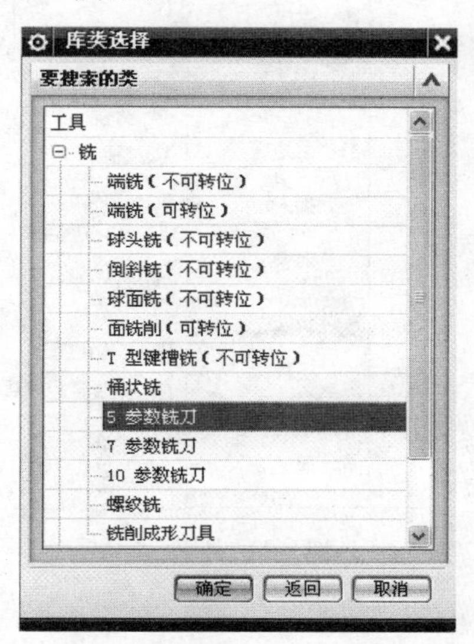

(a)

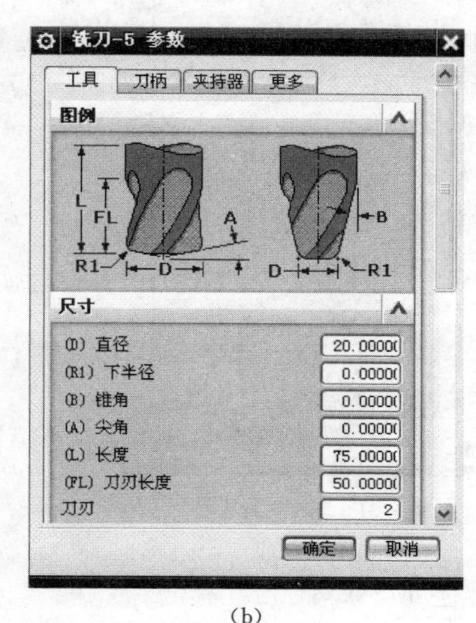

(b)

图 6.29　刀具参数设置对话框

6.8.3　创建工序

“插入”菜单中选择“工序”，在跳出的“创建工序”对话框中类型选择“mill_contour”，“工序子类型”选择型腔铣“CAVITY_MILL”，“刀具”选择建立好的参数铣刀，“几何体”选择建立的毛坯，“方法”根据加工需要选择“ROUGH（粗加工）、FINISH（精加工）”等，点击确定，如图 6.30 所示。

图 6.30　创建工序对话框

在跳出的“型腔铣”对话框中依次指定所需对象，如图 6.31 所示。“几何体”中每个项目选定后，后方的蓝色手电筒会由灰色变亮。刀轨设置中的“切削模式”选择“跟随部件”，“每刀的公共切深”选择“恒定”，“最大距离”填入 6 mm。其余的“切削层”“切削参数”“进给率速率”等项目可根据实际加工情况分别选填，或选择默认参数。

点击确定后，在左侧“工序导航器”中对当前项目进行右键选择，点击“刀轨”即可自动生成刀轨，如图 6.32 所示。点击“确认”按钮后，在跳出的“刀轨可视化”对话框中可以预览加工过程的动画。

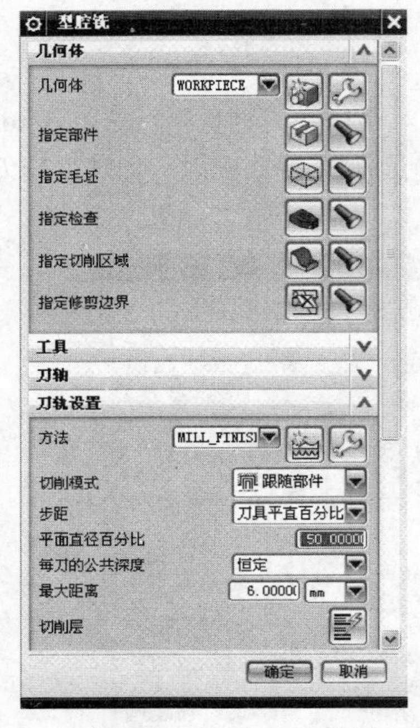

图 6.31 型腔铣对话框

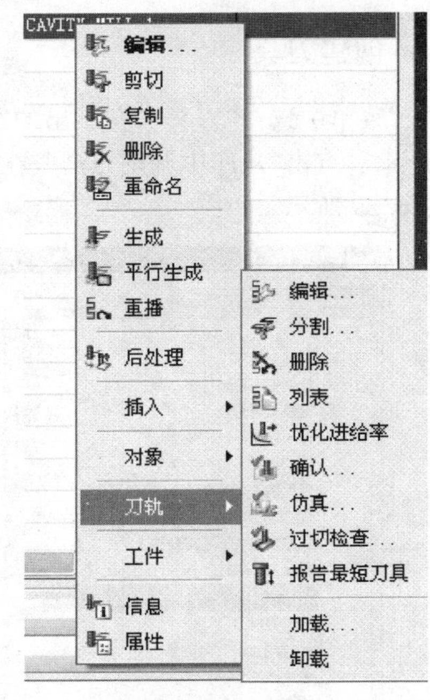

图 6.32 型腔铣对话框

6.8.4 生成 NC 代码

在左侧“工序导航器”中对当前项目进行右键选择，点击“后处理”，在跳出的“后处理”对话框中，“后处理器”根据使用的机床类型进行选择，输入文件名，点击“确定”后即可自动生成 NC 代码文件，如图 6.33 所示。

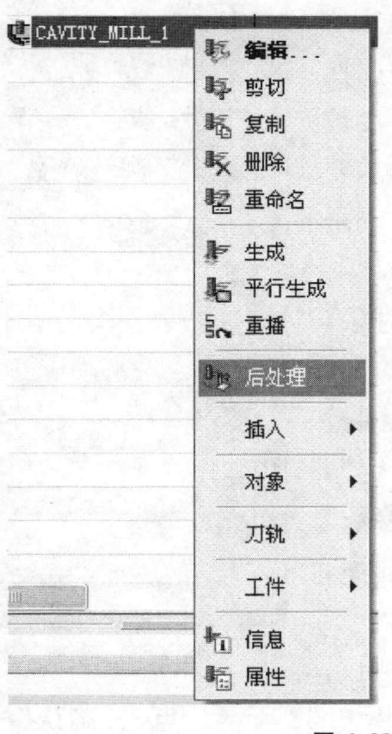

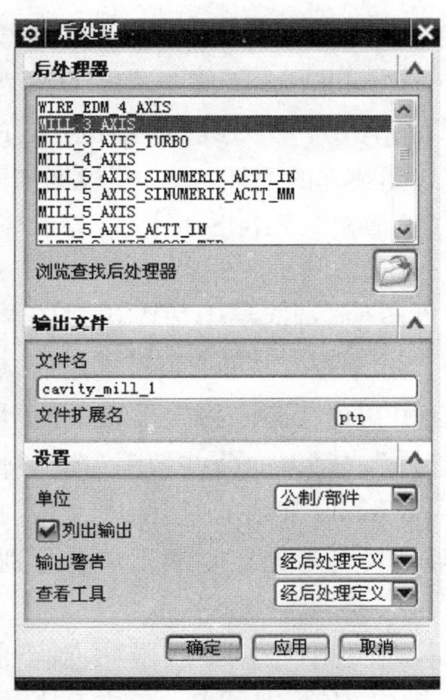

图 6.33 后处理对话框

7 机床辅助机构设计与制造实例

7.1 自动上下料机构简介

7.1.1 机构背景

近年来,市场需求的变化以及激烈的竞争,都迫使着很多企业更新和改造机械设备,通过提高机械设备的自动化程度,来降低人工成本,提高生产效率。

以数控车床为例,由于毛坯为棒料零件,外形变化程度不大,易于实现机床加工过程中零件的自动送料。若再与自动接料装置配套使用,可以实现机床单机自动化,大大提高机床加工性能,减少辅助加工时间,实现机床最优化应用,这也是机床用户追求机床最佳性能的最终目的。

7.1.2 机构分类

根据自动棒料送料装置不同的工作原理和构造形式,自动棒料送料装置可分为料仓式、简易式和液压送进式。每种送料装置都有一定的应用范围,需要在了解每种自动棒料送料装置的工作类型和工作特点后,才能为数控车床选配合适的自动送料装置。

1) 夹持抽拉式棒料送料装置

这种送料装置属于简易型,工作时可将其安装在数控车床的回转刀架上,可根据刀具的安装形式经验来确定安装柄的位置,夹持钳口的大小可通过调节螺栓来调节,来满足不同直径的棒料供料。送料装置的工作过程如图 7.1 所示。

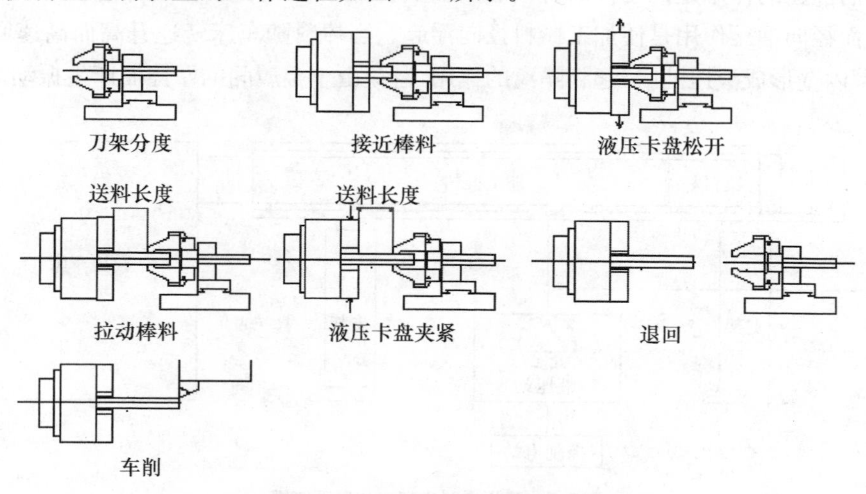

图 7.1 抽拉式棒料供应装置的工作过程

松开夹爪，移动 Z 向托板接近棒料并夹住棒料，松开卡盘，托板带动刀架移动一个送料长度后，夹紧卡盘，移开 Z 向托板。但在工作之前，需人工将预先锯好的棒料送入车床主轴内，并且对好刀，以确定送料装置每次抽取棒料时，刀架需要移动的距离。

2）料仓式自动棒料送料装置

料仓式自动棒料送料装置由料仓、隔料器、送料器等组成，料仓作用是储存毛坯，其大小由毛坯的尺寸和工作循环的长度所决定。根据毛坯的质量不同以及毛坯形状的复杂程度不同，一般将料仓分为自重送进和强制送进两种形式。隔离器的作用是将料仓中的许多毛坯隔离开来，使其能逐个送入送料器，或者由隔离器将毛坯自动送入加工的位置。送料器的作用是将毛坯从料仓送入机床加工位置。其组成和工作原理，如图 7.2 所示。将工作前锯好的具有同一长度的棒料人工装入料仓，送料器左移将落入接收槽的毛坯送入主轴前端，其上表面将料仓的通道隔断，完成隔料作用的同时，送料杆继续将毛坯送入夹料筒中（图中未画出），待零件加工完毕后，夹料筒松开，卸料杆将加工完成的工件顶出落入导出槽（图中未画出）。

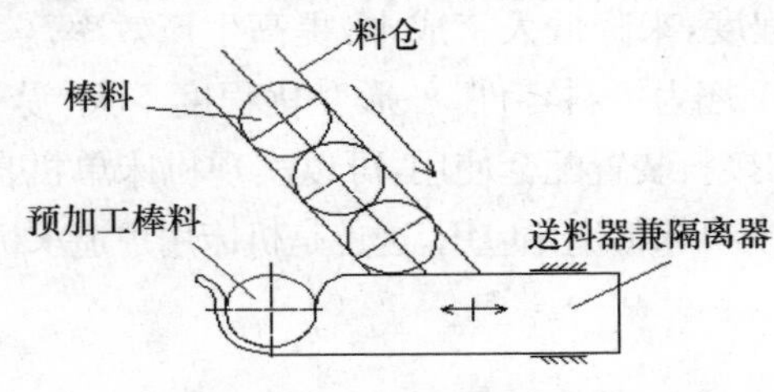

图 7.2　料仓式送料机构

3）液压棒料送料装置

液压棒料送料支架又称为液压推进式棒料送料器，由液压站、导料管、推料杆、支架、控制电路等五部分组成。其工作原理图如图 7.3 所示。在送料器导管中预先装好棒料，在车床开动前，棒料浸在送料导料管的油液中，由于自重，依靠在导料管的底壁上。当同时接通液压电气控制及液压控制器后，液压站以恒定的压力分两路向导料管中供油，一路轴向供油，一路径向供油，轴向油压的作用是推动推料杆（料管活塞杆）将加工的棒料推入车床主轴并在弹簧夹头中夹紧，而径向油压作用是使加工棒料径向浮起。当棒料随车床转速升高而高速回转时，棒料与导料管内壁形成液压油膜，起到隔离的作用，避免由于金属间的摩擦而产生振动。

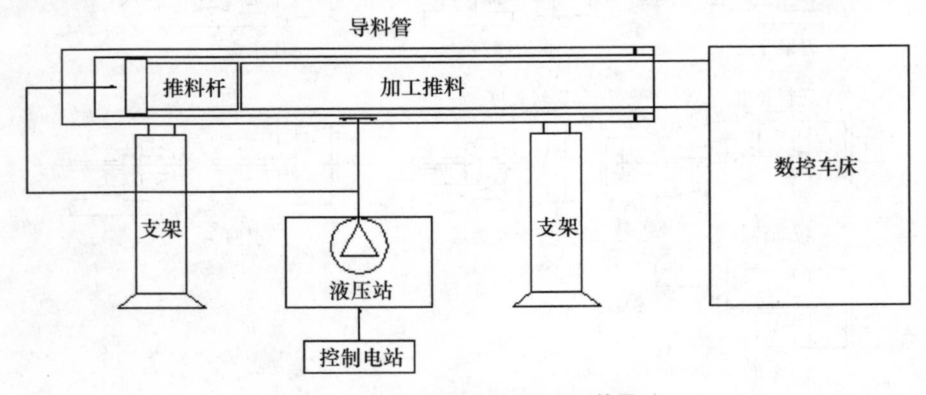

图 7.3　液压送料支架工作原理简图

7.1.3 自动棒料送料装置的适用范围

1）夹持抽拉式棒料供料装置

夹持抽拉式棒料供料装置与另外两种装置相比较，结构最为简单，费用低，设计周期短，使用容易，无需额外的场地。但由于在棒料的后端无支撑，所以棒料不宜过长，否则会引起棒料的振动，从而影响加工零件的加工精度，因此对零件的加工精度要求不高，投资有限时可采用此装置。

2）料仓式自动棒料送料装置

料仓式自动棒料送料装置自动化程度很高，适用于单件毛坯尺寸较大，棒料的加工，以及难于自动定向的大批量生产。但结构较为复杂，设计成本也较高，要求的安装场地较大。

3）液压棒料送料支架送料装置

液压棒料送料支架送料装置的送料直径范围广（一般为 $\phi3$～$\phi42$ mm 或更大）、送料长度长（一般在 3 m 以内）、操作方便，稳定性好，棒料无磨损，费用适中，特别适用于高转速、长棒料、精度要求较高零件的加工。但由于液压棒料送料支架送料装置结构复杂，棒料的长径比问题等，当主轴高速回转时，棒料在弹簧夹头的夹持下会产生振动，影响零件加工时的质量。

7.2 项目任务介绍与方案设计

本课题设计任务是为在数控车床上加工以棒料为坯料的零件设计棒料送料装置，棒料的规格为 $\phi33\times2\ 000$ mm，对零件的加工精度要求高，所以选择液压棒料送料支架送料装置作为本课题设计的对象。

在液压棒料送料支架送料装置的设计中，将机械结构相关知识与液压与气动控制技术有机结合，通过查阅资料，方案论证，设计计算，并结合以前所学过的仪器零件、工程力学、机械原理、工程材料、互换性与测量技术、液压与气动等知识，并加以综合运用，达到锻炼学生，提高知识的综合运用能力，为今后从事相关的工作奠定基础。

设计任务要求：

(1) 毛坯材料为 $\phi33$ mm$\times2\ 000$ mm；

(2) 选用改造机床为 TND360。

7.3 设计计算

7.3.1 计算送料系统送料时的液压推力

1）计算棒料的质量

棒料质量计算公式

$$M=\frac{\pi R^2 L\rho}{1\ 000\ 000} \tag{7.1}$$

式中：R——圆棒料的半径为 16.5 mm；

L——圆棒料的总长为 2 000 mm；

ρ——棒料的密度为 8.96 g/cm³。

可求得：

$$M=\frac{\pi R^2 L\rho}{1\ 000\ 000}=\frac{3.14\times 16.5^2\times 2\ 000\times 8.96}{1\ 000\ 000}=15.33\ \text{kg} \tag{7.2}$$

2）计算送料系统送料时的液压推力

因为送料系统送料时的液压推力主要克服棒料与导管内壁摩擦力，所以只需求得棒料与导料管内壁摩擦力。

棒料与导料管内壁摩擦力的计算公式

$$F_f=mgl \tag{7.3}$$

式中：f——油液的动摩擦系数为 0.1。

可求得：

$$F_f=mgl=15.33\times 9.8\times 0.1=15.023\ 4\ \text{N} \tag{7.4}$$

$$F_{推}=F_f=15.023\ 4\ \text{N} \tag{7.5}$$

7.3.2　计算计算棒料浮起的支撑力

液压泵站接通后，液压油通过径向输油装置进入油管，克服棒料自身重力并支撑棒料浮起，所以要计算径向液压动力只需要求得棒料的自身重力。

棒料的重力计算公式

$$G=mg \tag{7.6}$$

由上述计算可知：

$$m=15.33\ \text{kg} \tag{7.7}$$

可求得：

$$G=mg=15.33\times 9.8=150.234\ \text{N} \tag{7.8}$$

7.3.3　确定液压泵的规格

送料支架工作时，液压油泵站的输出油经过调压阀，分两路进入导料管，所以需比较在压力油作用下推动活塞轴向移动的油液压力和支撑棒料浮起的油液压力，从而根据导料管最大工作压力确定液压泵的最大工作压力。

1）计算送料系统送料时的油液压力

计算无杆腔面积

$$A=\frac{\pi D^2}{4} \tag{7.9}$$

式中：D——无杆腔活塞的直径。

通过查资料可知棒料与导管之间的径向间隙不得超过 10 mm，但也不能小于 1 mm，取径向间隙为 2 mm。因棒料直径为 33 mm，所以导料管内径为 35 mm，为防止泄漏，液压缸与活塞之间的单侧间隙值在 $\zeta=0.02\sim 0.05$ mm 之间，取单侧间隙值为 0.05 mm，即双侧间隙值为 0.1 mm。所以 $D=35-0.1=34.9$ mm。

可求得：

$$A=\frac{\pi D^2}{4}=\frac{\pi\times 34.9^2}{4}=956.6\ \text{mm}^2=9.566\times 10^{-4}\ \text{m}^2 \tag{7.10}$$

计算无杆腔油液压力

$$p_{推}=\frac{F_{推}}{A}=\frac{15.0234}{9.566\times 10^{-4}}=15.7\times 10^3\ \text{Pa} \tag{7.11}$$

计算油液作用的有效面积

$$A=L\times\frac{\pi d}{2} \tag{7.12}$$

式中：d——棒料直径为 33 mm；

L——棒料总长为 2 000 mm。

可求得：

$$A=L\times\frac{\pi d}{2}=2\,000\times\frac{\pi\times 33}{2}=103\,672\ \text{mm}^2=0.103\,672\ \text{m}^2 \tag{7.13}$$

计算支撑棒料浮起的油液压力

$$p_{径}=\frac{F_{径}}{A}=\frac{150.234}{0.103\,672}=1\,449.13\ \text{Pa} \tag{7.14}$$

2）确定导料管最大工作压力

$$F_{推}<F_{径} \tag{7.15}$$

所以导料管最大工作压力为

$$p_{推}=15.7\times 10^3\ \text{Pa} \tag{7.16}$$

$$F_{径}=G=150.234\ \text{N} \tag{7.17}$$

3）确定液压泵最大工作压力 p_P

$$p_P>p_1+\sum\Delta p \tag{7.18}$$

式中：p_1——导料管最大工作压力为 15.7×10^3 Pa；

$\sum\Delta p$——从液压泵出口到液压缸或液压马达入口之间的管路损失。

Δp 的准确计算要待元件选定并绘出管路图时才能确定，初算时可按经验数据选取：管路简单且流速不大时，取 $\sum\Delta p=(0.2\sim 0.5)$MPa；管路复杂时，进口装有调速阀的，取 $\sum\Delta p=(0.5\sim 1.5)$MPa。由于本设计管路简单，流速不大，所以选择管路损失 $\sum\Delta p=0.3$ MPa。

可求得：

$$p_P=15.7\times 10^3+0.3\times 10^6=31.5\times 10^4 \tag{7.19}$$

因为 $p_P=31.5\times 10^4$ Pa<7 MPa，属于低压，可选择低压齿轮泵，根据机械手册，选取 CB-B2.5 型低压齿轮泵，额定压力为 2.5 MPa。液压送料支架工作时推动顶料杆的压力不宜调得过大，如果过大会使得棒料产生冲击现象，从而影响棒料的加工质量。通常情况下，操作者可以根据棒料的直径和长度选择一合适的工作压力，但最大不可超过 CB-B2.5 型低压齿轮泵的额定压力 2.5 MPa。

7.3.4 确定液压泵的电动机功率

电动机功率的确定：

1）齿轮泵流量的计算

$$q_P = Vn \tag{7.20}$$

式中：V——齿轮泵的排量，根据机械手册可知，CB-B2.5 型齿轮泵的排量为 2.5 mL·r^{-1}；

n——齿轮泵的转速，根据机械手册可知，CB-B2.5 型齿轮泵的转速为 1 450 r·min^{-1}。

可求得：

$$q_p = Vn = 2.5 \times 1\,450 = 3\,625\ \text{mL/min} = 0.362\,5\ \text{L/min} \tag{7.21}$$

2）电动机功率的计算

$$P = \frac{p_P q_P}{\eta_P} \tag{7.22}$$

式中：η_P——齿轮泵的总效率，取 $\eta_P = 0.7$；

p_P——齿轮泵的输出压力为 31.5×10^4 Pa。

可求得：

$$P = \frac{p_P q_P}{\eta_P} = \frac{31.5 \times 10^4 \times 0.362\,5 \times 10^{-3}}{60 \times 0.7} = 2.719\ \text{W} \tag{7.23}$$

3）电动机功率的确定

根据计算得到的电动机功率属于小功率，按照设计手册选用 YS45S-2 型 380 V 三相异步电动机，额定功率为 10 W，大于所需要的电动机输出功率 $P = 2.719$ W，同步转速为 1 400 r/min。

7.4 结构设计

7.4.1 棒料自身的结构

棒料原材料的影响

市场上提供的棒料尾部是没有进行预加工的，如图 7.4 所示，这时送料器中的定心锥面对棒料并没有起到定心作用，棒料的位置会随上下料的情况而发生变化。此时棒料与导管之间的油膜会因为棒料旋转时产生的不稳定的现象而局部破裂，这不但会使棒料在油液中高速旋转时，液压动力起不到对棒料的支撑作用，而且棒料与导管内壁无法形成液压油膜，起不到隔离作用，从而引起两金属间的摩擦，造成棒料在液压送料支架工作过程中产生振动的现象。

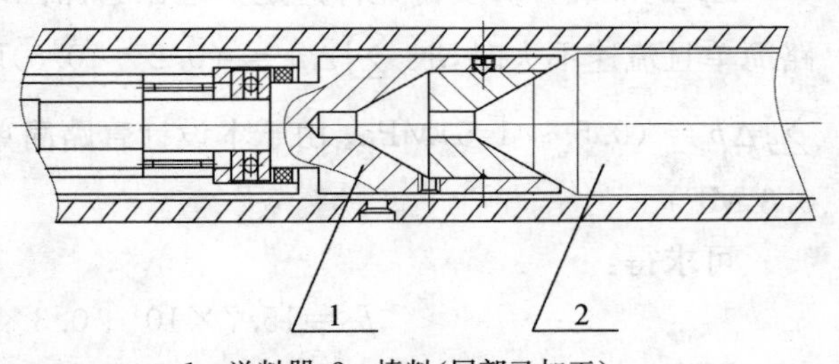

1—送料器；2—棒料（尾部已加工）

图 7.4 棒料尾部在倒料管中的支撑

(1) 棒料直线度的影响

棒料的过度弯曲也会造成棒料与倒料管之间的间隙不等，造成棒料与导管之间的油膜分布不均匀，从而产生振动。

(2) 棒料自身其他因素的影响

棒料太长，倒料管内的轴向推力不足，以及棒料与导管的间隙过大，无法形成油膜等都会造成振动的现象。

(3) 棒料自身结构的设计

为了克服液压送料支架工作过程中由于棒料自身原因而产生的振动，棒料应该选择冷拔棒料以保证棒料有好的表面质量。为了使棒料在高速旋转有好的定心支撑作用，毛坯两端需进行预加工，尾部锥面应与送料器的定心锥面相同，以保证同轴度，如图 7.4 所示。另外可以根据棒料直径的大小，对毛坯棒料的两端倒角进行适当调整，若棒料为空心棒料，可以加工一实心小轴封住棒料尾端孔口，类似于实心的冷拔棒料。

另外待加工棒料必要时应进行校直处理，弯曲度不超过 0.5 mm，长径比不超过 50∶1。

(4) 棒料在料管中的受力

在液压送料支架工作过程中，送料器推动活塞沿轴向移动，将棒料推入主轴并在弹簧夹头的夹持下夹紧随主轴作高速回转，这时棒料的一端在弹簧夹头中，另一端被送料器锥套支撑，在油液压力 p 和高速旋转的离心力的作用下形成一个简支梁(一端固定约束，一端活动约束)，如图 7.5 所示。棒料的承重 F_q 与棒料的长度 l 和棒料承受载荷集度 q 有关，可用下列表达式：

$$F_q = ql \tag{7.24}$$

从式中可以看出棒料的承重 F_q 与棒料的长度 l 成正比，从图 7.5 所示的剪力图和弯矩图中可以看出棒料所承受的剪力与弯矩均与 F_q 成正比，所以为了控制剪切和扭转给棒料带来的破坏，应控制棒料的长度，棒料的最大长度为 2 m。

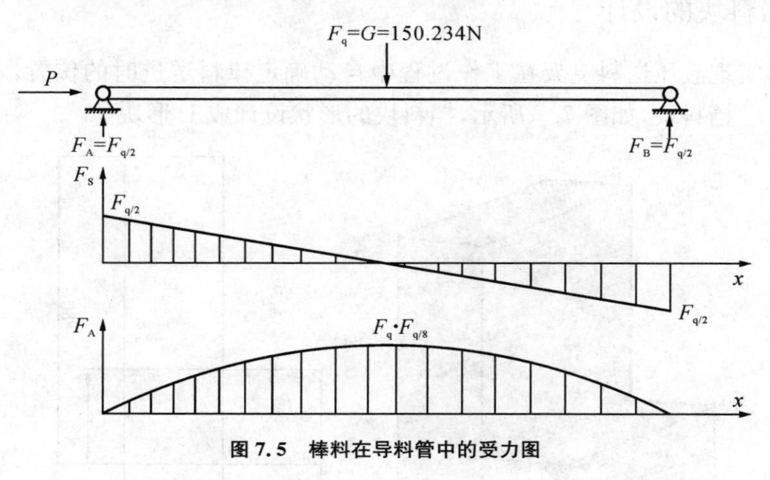

图 7.5　棒料在导料管中的受力图

7.4.2　送料器前端承料器

如图 7.6 所示，送料器前端承料器由套、轴、推力球轴承组成，送料支架工作时，棒料不直接作用在前端活塞杆上，而必须作用在送料器上，送料器前端有 60°的承料锥，与已加工后的棒料尾部接触，保证了棒料尾部的自定心作用。为避免由于被加工棒料长期旋转，送料器与被加工接触端容易变形而出现跳动的现象，进而产生噪声缩短送料器的使用寿命，将送料器前端设计套 4，送料器内装有推力球轴承 2，当棒料高速旋转时，套 4 旋转，轴 3 通过紧定螺钉与套 4 连接同步转动，这样的设计使得整个顶料杆工作时，前端活塞杆做轴向运动，后端送料器作圆周运动。

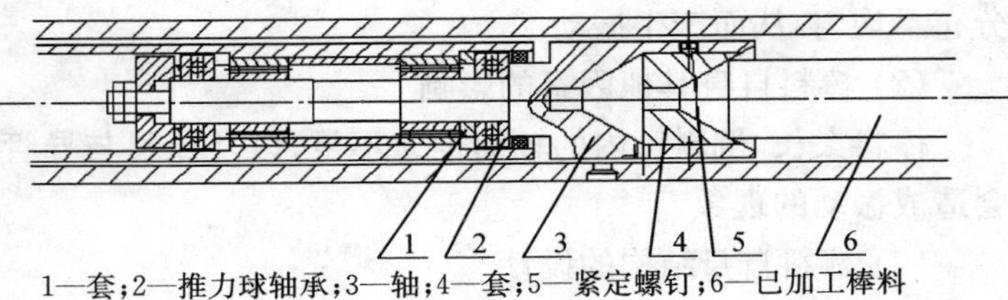

1—套；2—推力球轴承；3—轴；4—套；5—紧定螺钉；6—已加工棒料

图 7.6　送料器前端承料器结构

7.4.3　送料支架料管结构规格的确定

为了避免棒料与料管直径相差过大无法形成油膜，从而引起振动，不同直径的棒料应选择对应的料管直径，间隙值不得超过 10 mm，但不能小于 1 mm，因此选择了 2 mm 的径向间隙。由于本次设计最大送料棒料规格为 ϕ33×2 000 mm，所以料管内径为 35 mm，单边壁厚 5 mm，管长 3 022 mm，为了减少材料的损耗，提高料管的精度，料管选择了材料为 20 钢的高精度冷拔油缸管，这种紧密钢管与常用无缝钢管相比，不仅有好的力学性能，可以承受较大的压力，而且内孔与外壁的尺寸精度高，有严格的公差及粗糙度，管内外表面光洁度好，经热处理后内外表面均无氧化膜，冷弯无变形，能够做复杂变形和深加工处理。

7.4.4　挡料块的设计

为了能够实现液压送料支架在工作过程中自动确定棒料送进时的位置，本次设计在车床刀架上装有一挡料块，如图 7.7 所示，挡料块的形状设计成 L 形块。

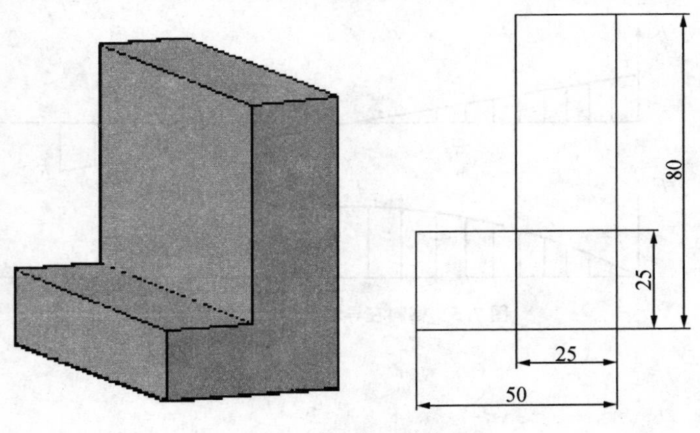

图 7.7　挡料块结构略图

7.4.5　弹簧片的设计

当棒料即将用完时，为了防止顶料杆伸出主轴而出现故障，顶料杆上设计限位挡块5和弹簧片4。在正常送进棒料时，顶料杆上的限位挡块始终与料管(油缸)内壁接触，弹簧受压，当剩下的料头不足以加工一个零件时，顶料杆继续送料时，限位挡块很快脱离同料管的接触而进入一个推套内，如图7.8所示，推套的内径比料管的内径大，且设计有台阶。这样限位挡块在弹簧片的作用下又与推套内径接触，由于有台阶，限位挡块便推着推套一起往前，进入无触点行程开关范围内。

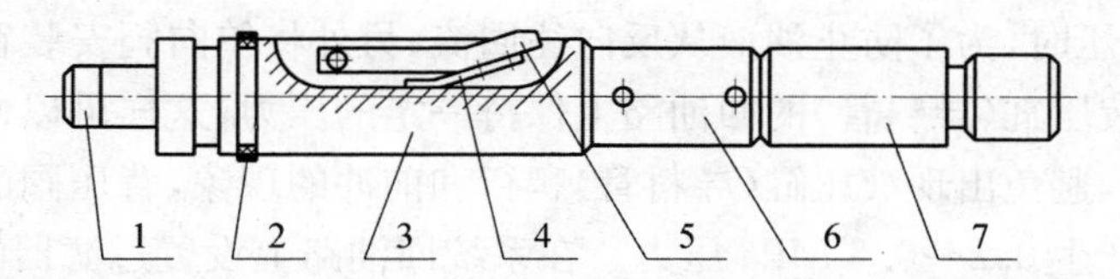

1—缓冲器；2—密封环；3—活塞杆；4—弹簧片；5—限位挡块；6—推套；7—送料器

图7.8　顶料杆结构略图

7.4.6　自动检测装置的安装位置设计

在液压送料支架工作过程中，为了能够满足棒料用完或者剩下的棒料不足以加工一个零件时，主机断电，实现换料功能，液压送料支架的接套上设计了自动检测装置即采用超声波无触点行程开关，超声波无触点行程开关的位置如图7.9所示。

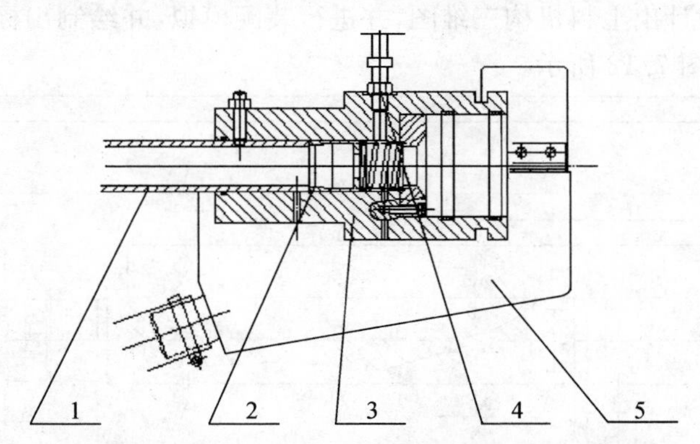

1—料管；2—套筒；3—推套；4—无触点行程开关；5—接油槽

图7.9　液压送料支架接套结构

当限位挡块推着推套一起往前，进入无触点行程开关范围内，无触点行程开关将接收到套筒的反射回波并将其转换成电信号，无触点行程开关接通，主机断电，液压机组马达反转，料管内左腔内产生负压，顶料管吸回至起点，此时径向输油装置也断开，料管内无油。

7.4.7　毛刷清油器

在液压送料支架的集油器内设计一个专用的毛刷清油器，使得棒料在被送入车床主轴之前，毛刷清油器能够将棒料上少量的油膜清除干净，这不仅能减少液压油对棒料加工的影响，而且能够减少液压油的损耗。

7.4.8　回油装置的设计

1）回油装置设计的目的

在液压送料支架的工作过程中，当无触点行程开关接通，主机断电，液压机组马达反转，料管左腔内产生负压，顶料管吸回至起点，这时为了确保液压系统能够正常运行，在液压系统回油路上设计了单向阀、过滤器与空气阀的组合装置。

2）回油装置设计的作用

回油装置由单向阀、过滤器与空气阀组合而成，单向阀的作用是防止油液反向流动。当料管左腔内产生负压时，为了防止油液从反向往回流，另外将单向阀安装在液压缸（导料管）的回油管路中，使液压缸（导料管）的回油路上保持一定的压力，这样可以使液压传动系统的运动变得更加平稳，避免出现液压缸（导料管）爬行和前冲的现象，背压阀的弹簧采用了较硬的弹簧，一般可以产生 0.2～0.6 MPa 压力。在系统回油路上设置过滤器的作用主要是为了使得进入油泵的油能够干净清洁，从而确保油压站的油泵能够安全运行。在油箱上设置空气过滤器，具有防止由于油箱中油量变动污染物随空气混入油箱。所以过滤器的精度应该具有与过滤器同等以上的性能，另外为了防止阻塞使得油箱内压力变成负压，引起液压泵的空穴现象，容量应留有充足的余地。

7.5　工程图设计

根据设计要求设计出上料机构三维图，并进行装配模拟，并绘制出标准二维零件图。如下图 7.10、图 7.11、图 7.12 所示。

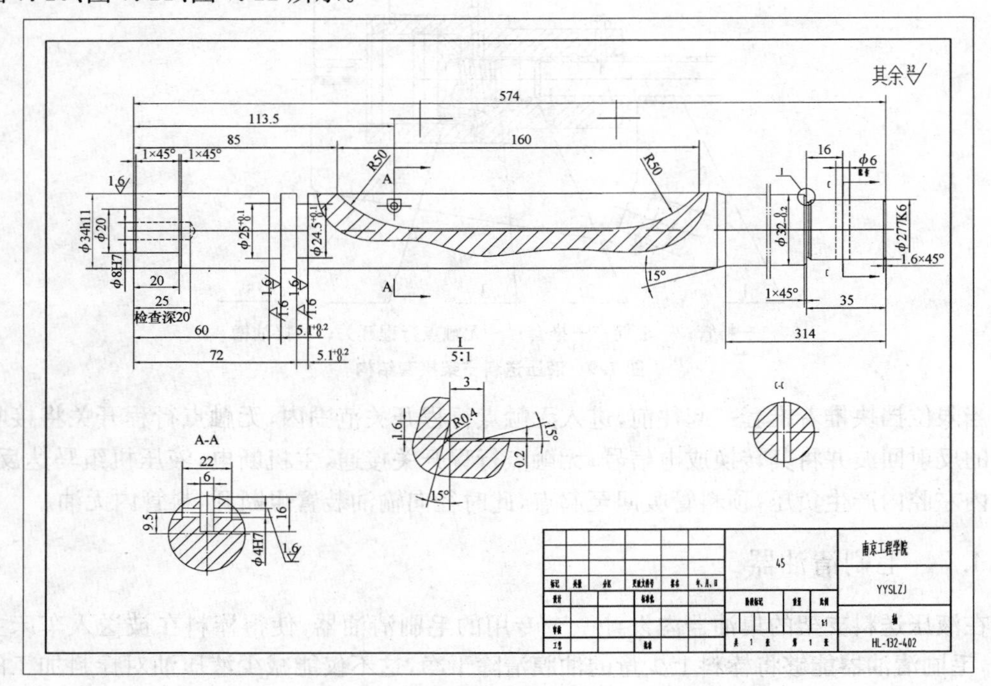

图 7.10　零件图

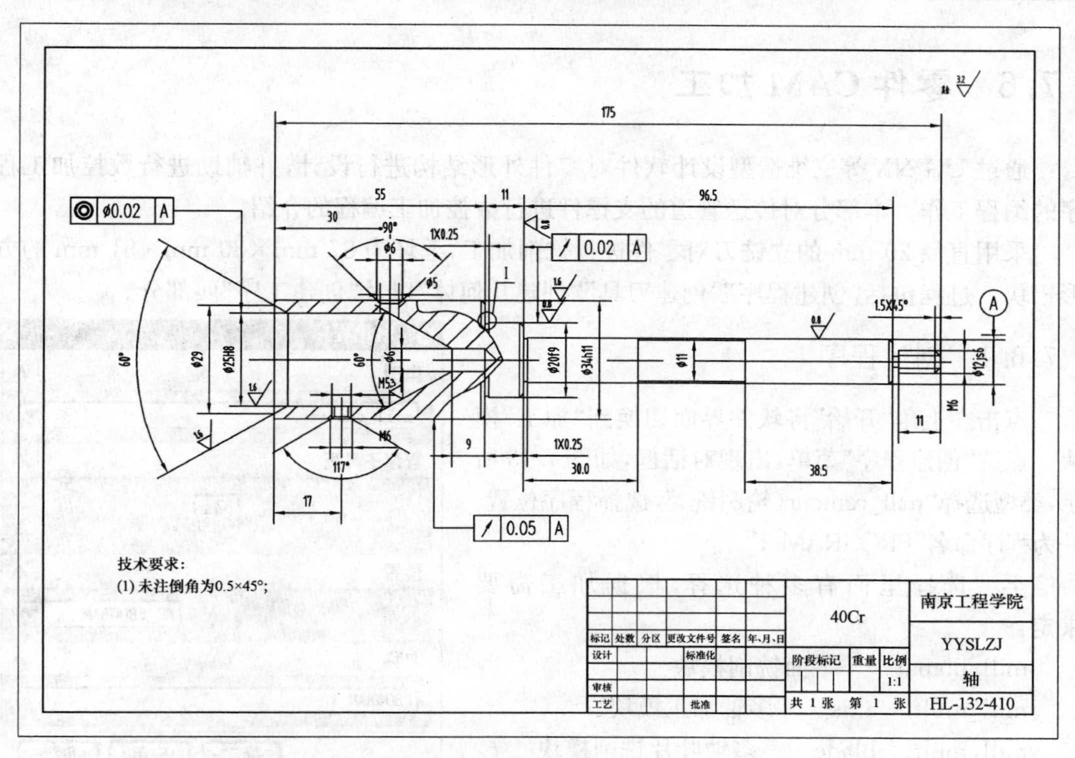

图 7.11　零件图

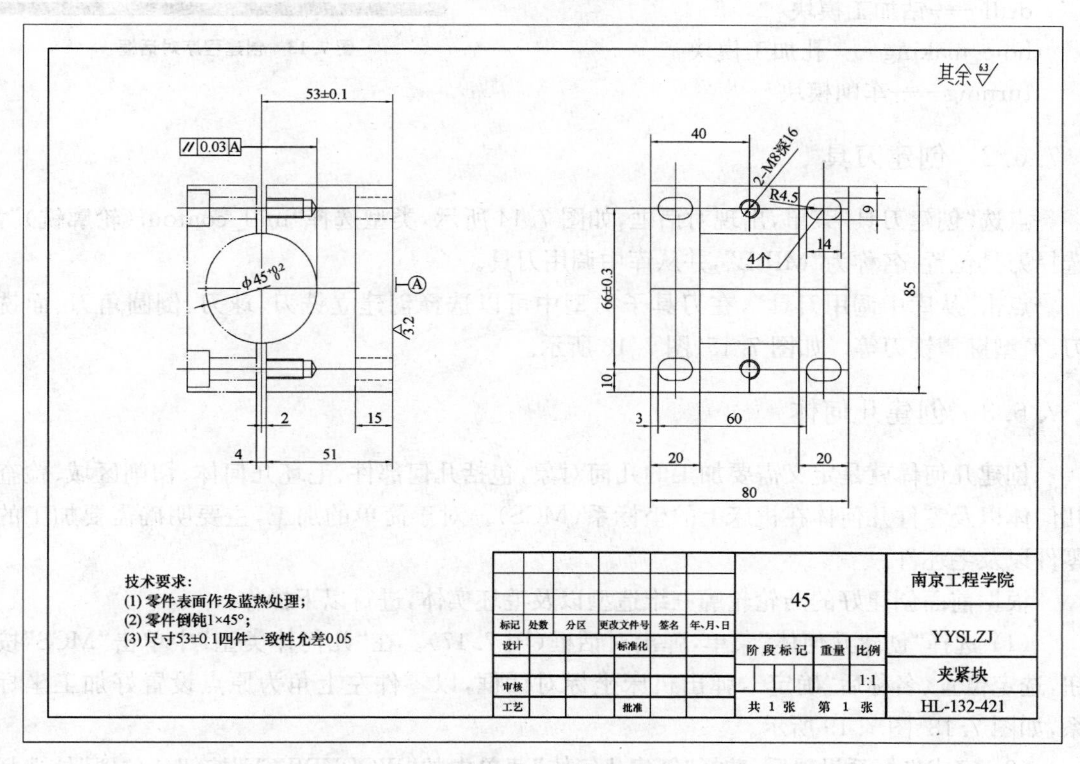

图 7.12　零件图

7.6 零件 CAM 加工

通过 UG NX 等三维造型设计软件对零件外形结构进行设计，并辅助进行数控加工程序的编程工作。本部分对传送管道的支撑件进行数控加工编程的介绍。

采用直径 20 mm 的立铣刀对零件进行铣削加工，毛坯为 87 mm×80 mm×51 mm 的方形铝块。过程包括“创建程序”“创建刀具”“创建几何体”以及“创建工序”四部分。

7.6.1 创建程序

点击左上角“开始”将软件界面切换到“加工”模块。点选“创建程序”菜单，出现对话框，如图 7.13 所示，类型选择“mill_contour（轮廓铣）”，选择程序位置，并为程序命名“PROGRAM_1”。

图 7.13 创建程序对话框

类型选择里面有多种选择，根据加工需要来定：

mill_planar——平面铣削模块
mill_multi—axis——多轴加工模块
mill_multi—blade——多轴叶片铣削模块
drill——钻加工模块
hole_making——孔加工模块
turning——车削模块

7.6.2 创建刀具

点选“创建刀具”菜单，出现对话框，如图 7.14 所示，类型选择“mill_contour（轮廓铣）”，选择刀具位置，名称为“MILL”，并从库中调用刀具。

点击“从库中调用刀具”，在刀具子类型中可以选择创建立铣刀、球刀、倒圆角刀、面铣刀、T 型键槽铣刀等。如图 7.15、图 7.16 所示。

7.6.3 创建几何体

创建几何体就是定义需要加工的几何对象，包括几何部件、毛坯几何体、切削区域、检查几何体以及零件几何体在机床上的坐标系（MCS）。对于简单的加工，主要明确需要加工的零件以及毛坯件。

根据前面创建好的凸轮轮廓三维造型以及毛坯实体，进行以下操作：

（1）选择“创建几何体”菜单，弹出对话框（图 7.17）。在“几何体类型”中单击“MCS”按钮，选定位置、名称后“确定”，弹出机床坐标对话框，以零件左上角为原点设置好加工坐标系，如图 7.18、图 7.19 所示。

（2）完成坐标系设置后，选择“创建几何体”菜单中的“WORKPIECE”按钮，“位置”处选择先前坐标系名称，名称定为“GEOMETRY”。确定后，弹出“工件”对话框，如图 7.20 所示。

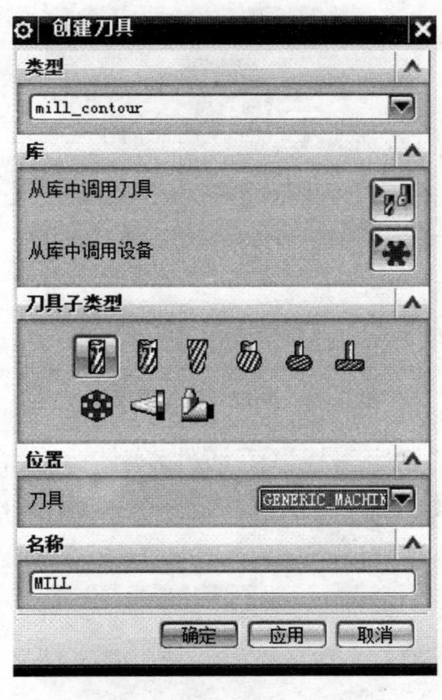

图 7.14 创建刀具对话框

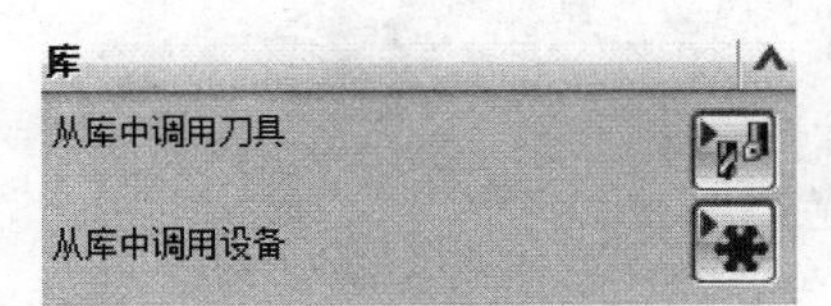

图 7.15 从库中调用刀具

图 7.16 刀具参数对话框

图 7.17 创建几何体对话框

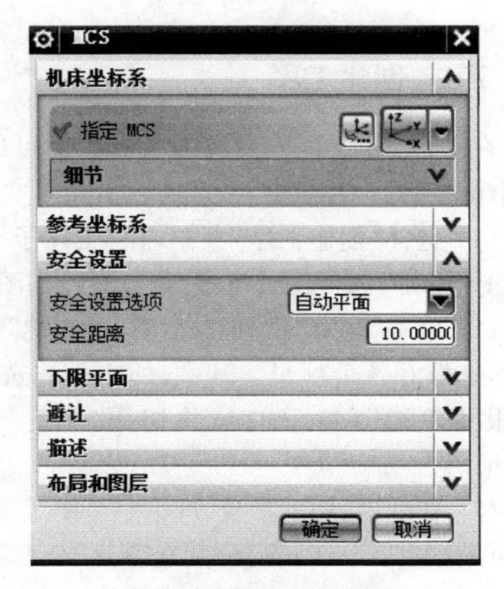

图 7.18 指定机床坐标系

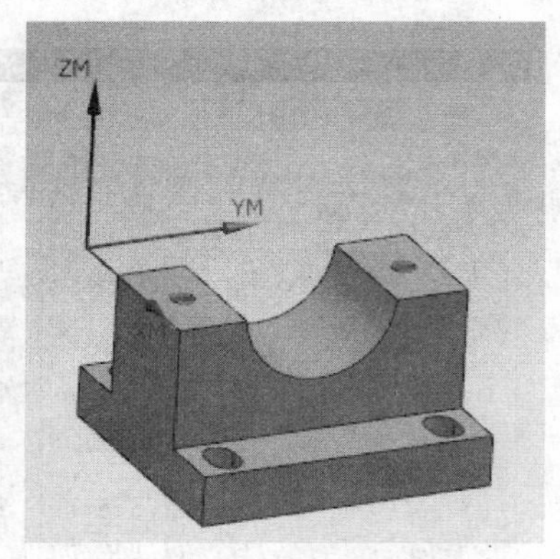

图 7.19 确认工件原点坐标系

图 7.20 创建几何体对话框

(3) 根据对话框选择“指定部件”(零件实体)、“制定毛坯”(毛坯件)实体。在“部件几何体”对话框中选择零件实体,即固定座;在“毛坯几何体”对话框中选择毛坯实体,即“包容块”,如图 7.21、图 7.22 所示。然后按“确认”按钮。

图 7.21 工件对话框

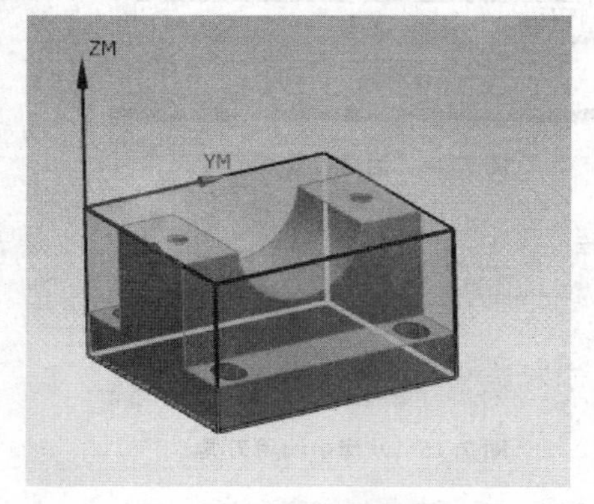

图 7.22 选择工件和毛坯

7.6.4 创建工序

在工件几何体、刀具都准备好后就可以创建工序了,工序创建好后可以生成数控加工代码,用于实际加工。

(1) 选择“创建工序”菜单,在“工序子类型”选择型腔铣“cavity_mill”,按照图选填好每个项目,如图 7.23 所示。

(2) 单击“确定”按钮后,出现“型腔铣”对话框,如图 7.24 所示,选填好各个项目。其中,切削模式选择“跟随部件”或者“跟随轮廓”,每刀的公共切深“恒定”,最大距离设为 7 mm。

(3) 切削层、切削参数、进给率速率等项目均有下级对话框,可根据实际加工情况分别选填。

(4) 选填好个项目后,点击“生成”按钮,自动生成刀轨,如图 7.24 所示。点击“确认”生成刀轨,弹出“刀轨可

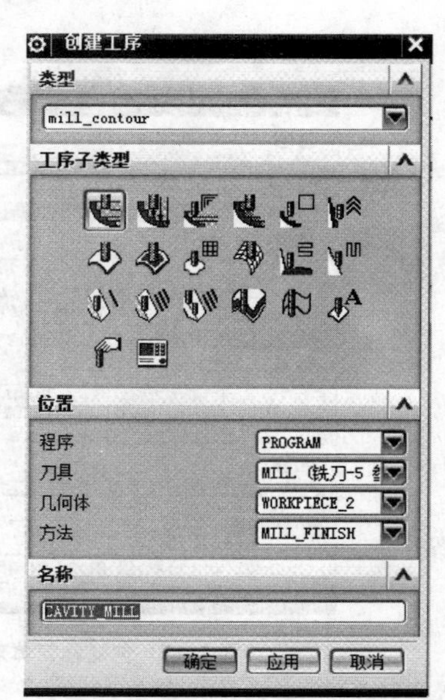

图 7.23 创建工序对话框

视化”对话框，此处可以预览加工过程动画，以及进行一些加工质量分析。

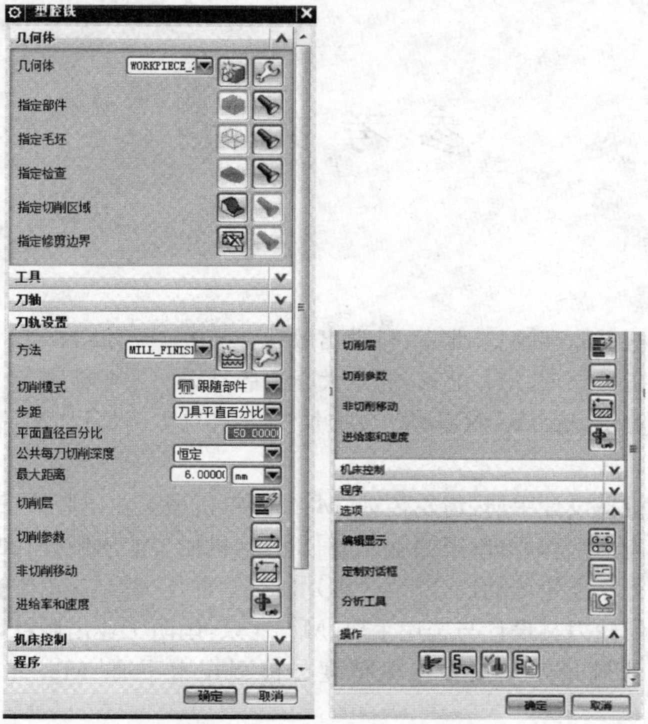

图 7.24　型腔铣对话框

7.6.5　生成 NC 代码

通过后处理功能可以将刀具路径生成合适的机床 NC 代码。

(1) 在工序导航栏中选择“LUNKUO_MILL_1”节点，右击选择“后处理”按钮，系统弹出后处理对话框，如图 7.25 所示。

(2) 在“后处理器”区域中选择“MILL 3 AXIS”，单位选择“公制/部件”选项。

(3) 填好文件路径、名称后，点击“确定”，生成 NC 代码文件“1. ptp”。

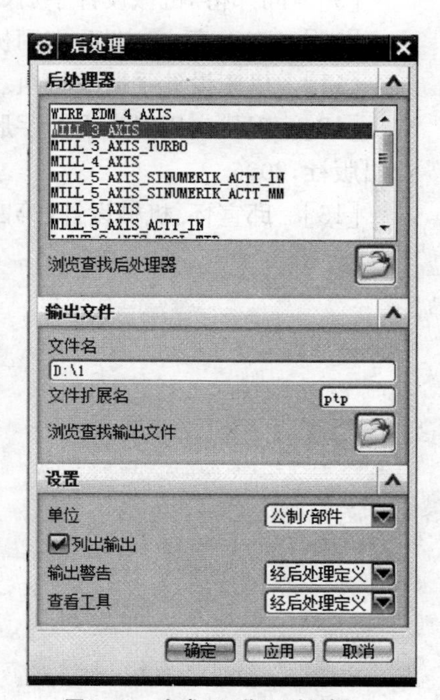

图 7.25　生成 NC 代码对话框

参考文献

［1］ 李树军. 机械原理［M］. 北京：科学出版社，2009

［2］ 杨松华. 机械原理［M］. 北京：北京大学出版社，2011

［3］ 陈平，郑贞平，等. UG NX 8.5 数控加工入门与实例精讲［M］. 北京：机械工业出版社，2015

［4］ 闻邦椿. 机械设计手册：齿轮传动［M］. 北京：机械工业出版社，2015

［5］ 孟繁忠. 齿形啮合原理（第二版）［M］. 北京：机械工业出版社，2015

［6］ 饶振纲. 行星齿轮传动设计（第二版）［M］. 北京：化学工业出版社，2014

［7］ 田培棠. 齿轮刀具设计与选用手册［M］. 北京：国防工业出版社，2011

［8］ 高延新，张晓琳，李慧鹏. 齿轮精度与检测技术手册［M］. 北京：机械工业出版社，2014

［9］ 闻邦椿. 机械设计手册（第五版）［M］. 北京：机械工业出版社，2010

［10］ 隋秀凛，高安邦. 实用机床设计手册［M］. 北京：机械工业出版社，2010

［11］ 机床设计手册编导组. 机床设计手册［M］. 北京：机械工业出版社，1997

［12］ 现代实用机床设计手册编委会主编. 现代实用机床设计手册［M］. 北京：机械工业出版社，2006

［13］ 邱宣怀. 机械设计（第四版）［M］. 北京：高等教育出版社，1995